日本統計学会
公式認定

日本統計学会 ◉ 編

データに基づく数量的な思考力を測る全国統一試験

統計検定
1級・準1級
公式問題集
2018〜2019年

実務教育出版

まえがき

　昨今の目まぐるしく変化する世界情勢の中，日本全体のグローバル化とそれに対応した社会のイノベーションが重要視されている。イノベーションの達成には，あらたな課題を自ら発見し，その課題を解決する能力を有する人材育成が不可欠であり，課題を発見し，解決するための能力の一つとしてデータに基づく数量的な思考力，いわゆる統計的思考力が重要なスキルと位置づけられている。

　現代では，「統計的思考力（統計的なものの見方と統計分析の能力）」は市民レベルから研究者レベルまで，業種や職種を問わず必要とされている。実際に，多くの国々において統計的思考力の教育は重視され，組織的な取り組みのもとに，あらたな課題を発見し，解決する能力を有する人材が育成されている。我が国でも，初等教育・中等教育においては統計的思考力を重視する方向にあるが，中高生，大学生，職業人の各レベルに応じた体系的な統計教育はいまだ十分であるとは言えない。しかし，最近では統計学に関連するデータサイエンス学部を新設する大学も現れ，その重要性は少しずつ認識されてきた。現状では，初等教育・中等教育での統計教育の指導方法が未成熟であり，能力の評価方法も個々の教員に委ねられている。今後，さらに進むことが期待されている日本の小・中・高等学校および大学での統計教育の充実とともに，統計教育の質保証をより確実なものとすることが重要である。

　このような背景と問題意識の中，統計教育の質保証を確かなものとするために，日本統計学会は2011年より「統計検定」を実施している。現在，能力に応じた以下の「統計検定」を実施し，各能力の評価と認定を行っているが，着実に受験者が増加し，認知度もあがりつつある。

1級	実社会の様々な分野でのデータ解析を遂行する統計専門力
準1級	統計学の活用力 — データサイエンスの基礎
2級	大学基礎統計学の知識と問題解決力
3級	データの分析において重要な概念を身につけ，身近な問題に活かす力
4級	データや表・グラフ，確率に関する基本的な知識と具体的な文脈の中での活用力
統計調査士	統計に関する基本的知識と利活用
専門統計調査士	調査全般に関わる高度な専門的知識と利活用手法

（「統計検定」に関する最新情報は統計検定センターのウェブサイトで確認されたい）

「統計検定　公式問題集」の各書には，過去に実施した「統計検定」の実際の問題を掲載している。そのため，使用した資料やデータは検定を実施した時点のものである。また，問題の趣旨やその考え方を理解するために解答のみでなく解説を加えた。過去の問題を解くとともに，統計的思考力を確実なものとするために，あわせて是非とも解説を読んでいただきたい。ただし，統計的思考では数学上の問題の解とは異なり，正しい考え方が必ずしも一通りとは限らないので，解説として説明した解法とは別に，他の考え方もあり得ることに注意いただきたい。

　「統計検定　公式問題集」の各書は，「統計検定」の受験を考えている方だけでなく，統計に関心ある方や統計学の知識をより正確にしたいという方にも読んでいただくことを望むが，統計を学ぶにはそれぞれの級や統計調査士，専門統計調査士に応じた他の書物を併せて読まれることを勧めたい。

　最後に，「統計検定　公式問題集」の各書を有効に利用され，多くの受験者がそれぞれの「統計検定」に合格されることを期待するとともに，日本統計学会は今後も統計学の発展と統計教育への貢献に努める所存です。

一般社団法人　日本統計学会

会　長　川崎　茂

理事長　山下智志

（2020年2月1日現在）

日本統計学会公式認定

統計検定1級・準1級
公式問題集

CONTENTS

まえがき	ii
目次	iv

PART 1　**統計検定　受験ガイド** ·················· vii

PART 2　**1級　2019年11月　問題／解答例**·········· 1

統計数理··· 2

統計応用（人文科学）······························· 15

　（統計応用4分野の共通問題）····················· 25

統計応用（社会科学）······························· 30

統計応用（理工学）································· 45

統計応用（医薬生物学）····························· 55

PART 3　**1級　2018年11月　問題／解答例**·········· 73

統計数理··· 74

統計応用（人文科学）······························· 92

　（統計応用4分野の共通問題）····················· 104

統計応用（社会科学）‥‥‥‥‥‥‥‥‥‥‥‥‥‥ 110

統計応用（理工学）‥‥‥‥‥‥‥‥‥‥‥‥‥‥‥ 123

統計応用（医薬生物学）‥‥‥‥‥‥‥‥‥‥‥‥‥ 134

PART 4　準1級　2019年6月　問題／解説‥‥‥‥‥‥‥‥ 155

選択問題及び部分記述問題　問題 ‥‥‥‥‥‥‥‥‥ 157

選択問題及び部分記述問題　正解一覧／解説 ‥‥‥‥ 176

論述問題　問題／解答例‥‥‥‥‥‥‥‥‥‥‥‥‥ 191

PART 5　準1級　2018年6月　問題／解説‥‥‥‥‥‥‥‥ 205

選択問題及び部分記述問題　問題 ‥‥‥‥‥‥‥‥‥ 206

選択問題及び部分記述問題　正解一覧／解説 ‥‥‥‥ 228

論述問題　問題／解答例‥‥‥‥‥‥‥‥‥‥‥‥‥ 242

付表 ‥‥‥‥‥‥‥‥‥‥‥‥‥‥‥‥‥‥‥‥‥‥‥‥‥ 255

PART 1

統計検定
受験ガイド

「統計検定」ってどんな試験?
いつ行われるの?　試験会場は?　受験料は?
何が出題されるの?　学習方法は?
そうした疑問に答える、公式ガイドです。

受験するための基礎知識

●統計検定とは

「統計検定」とは，統計に関する知識や活用力を評価する全国統一試験です。

データに基づいて客観的に判断し，科学的に問題を解決する能力は，仕事や研究をするための21世紀型スキルとして国際社会で広く認められています。日本統計学会は，中高生・大学生・職業人を対象に，各レベルに応じて体系的に国際通用性のある統計活用能力評価システムを研究開発し，統計検定として資格認定します。

統計検定の試験制度は年によって変更されることもあるので，**統計検定のウェブサイト（http://www.toukei-kentei.jp/）**で最新の情報を確認してください。

●統計検定の種別

統計検定は2011年に発足し，現在は以下の種別が設けられています。

試験の種別	試験日	試験時間	受験料
統計検定1級	11月	90分（10：30～12：00）統計数理 90分（13：30～15：00）統計応用	各6,000円 両方の場合10,000円
統計検定準1級	6月	120分（13：30～15：30）	8,000円
統計検定2級	6月と11月	90分（10：30～12：00）	5,000円
統計検定3級	6月と11月	60分（13：30～14：30）	4,000円
統計検定4級	6月と11月	60分（10：30～11：30）	3,000円
統計調査士	11月	60分（13：30～14：30）	5,000円
専門統計調査士	11月	90分（10：30～12：00）	10,000円

（2020年2月現在）

●受験資格

誰でもどの種別でも受験できます。

各試験種別では目標とする水準を定めていますが，年齢，所属，経験等に関して，受験上の制限はありません。

●併願

同一の試験日であっても，異なる試験時間帯の組合せであれば，複数の種別を受験することが認められます。

●統計検定1級とは

「統計検定1級」は，準1級までの基礎知識を基に，それらをさらに発展させ，実社会におけるさまざまな分野におけるデータ解析のニーズに応えるための基本的な能力の習得如何を問うものです。レベル的には定量的なデータ解析に深くかかわるような大学での専門分野修了程度となっています。

●統計検定準1級とは

「統計検定準1級」は，2級までの基礎知識をもとに，実社会のさまざまな問題に対して適切な統計学の諸手法を応用できる能力を問うものです。大学において統計学の基礎的講義に引き続いて学ぶ応用的な統計学の諸手法の習得について検定します。

●試験の実施結果

これまでの実施結果は以下のとおりです。

統計検定1級　実施結果

	申込者数	受験者数	合格者数	合格率
2019年11月 数理	1,285	878	202	23.01%
2019年11月 応用	1,221	793	125	15.76%
2018年11月 数理	881	592	124	20.95%
2018年11月 応用	853	548	108	19.71%
2017年11月 数理	526	322	79	24.53%
2017年11月 応用	499	302	79	26.16%
2016年11月 数理	499	266	70	26.32%
2016年11月 応用	477	243	58	23.87%
2015年11月 数理	415	244	26	10.66%
2015年11月 応用	450	249	56	22.49%
2014年11月	484	288	38	13.19%
2013年11月	402	227	32	14.10%
2012年11月	228	158	25	15.82%

統計検定準1級　実施結果

	申込者数	受験者数	合格者数	合格率
2019年6月	1,314	853	179	20.98%
2018年6月	1,001	643	130	20.22%
2017年6月	829	552	164	29.71%
2016年6月	755	485	107	22.06%
2015年6月	699	458	110	24.02%

統計検定１級・準１級の実施方法

●試験日程（試験日は2020年，申込期間は2019年のもの）

①統計検定１級

　試験日：11月22日（日）

　申込期間：９月４日（水）〜10月11日（金）（個人申込の場合）

②統計検定準１級

　試験日：６月21日（日）

　申込期間：４月８日（月）〜５月10日（金）（個人申込の場合）

●申込方法

　個人申込の場合，Web申込，郵送申込の２つの申込方法があります（団体申込については省略します）。

①Web申込

　統計検定のウェブサイトから受験申込サイトにアクセスし，必要情報を入力してください。

　受験料の支払いは，クレジットカードによる決済とコンビニ決済のいずれかを選べます。

②郵送申込

　統計検定のウェブサイトから「受験申込用紙（個人申込用)」をダウンロード・印刷し，必要事項を記入してください。

　銀行振込または郵便振替にて受験料を入金し，支払証明書類（原本またはコピー）を申込用紙に貼り付けて，統計検定センターに郵送してください。締切日必着です。

●受験料

　１級（統計数理および統計応用）　10,000円

　１級（統計数理のみ）　　　　　　　6,000円

　１級（統計応用のみ）　　　　　　　6,000円

　準１級　　　　　　　　　　　　　　8,000円

●受験地（予定）

　１級：札幌，仙台，東京23区内，立川，松本，名古屋，大阪，福岡

　準１級：札幌，東京23区内，名古屋，大阪，福岡

　※具体的な試験会場は，申込完了後に送られる受験票に記載されています。

●**試験時間**

　　1級（統計数理）：10：30〜12：00の90分間

　　1級（統計応用）：13：30〜15：00の90分間

　　準1級　　　　　：13：30〜15：30の120分間

●**試験の方法**

　　1級：論述式です。「統計数理」と「統計応用」で構成されます。

　　　　　「統計数理」は5問出題され，受験時に3問選択します。

　　　　　「統計応用」は「人文科学」「社会科学」「理工学」「医薬生物学」の4分野が

　　　　　あり，申込時点で1分野を選択します。各分野5問出題され，受験時に3問

　　　　　選択します。

　　準1級：4〜5肢選択問題（マークシート）20〜30問，部分記述問題5〜10問，

　　　　　論述問題3問中1問選択。

xi

統計検定1級の出題範囲

●試験内容

　大学専門課程（3・4年次）で習得すべきことについて，専門分野ごとに検定を行います。

　具体的には，下記の①，②を踏まえ，各専門分野において研究課題の定式化と研究仮説の設定に基づき適切なデータ収集法を計画・立案し，データの吟味を行ったうえで統計的推論を行い，結果を正しく解釈しコミュニケートする力を試験します。

　①統計検定準1級の内容をすべて含みます。

　②各種統計解析法の考え方および数理的側面の正しい理解

　以下の出題範囲表を参照してください。

　なお，統計検定1級では，解答に必要な統計数値表は問題冊子に掲載されます。

統計検定1級出題表（統計数理）

大項目	小項目	ねらい	項目（学習しておきべき用語）例
確率と確率変数	事象と確率	確率と確率分布に関する基礎的な事項を理解し，種々の場面に応じた確率計算が正しくできる。	確率の計算，統計的独立，条件付き確率，ベイズの定理，包除原理
	確率分布と母関数		確率関数，確率密度関数，累積分布関数，生存関数，危険率，同時分布，周辺分布，条件付き分布
			確率母関数，モーメント母関数（積率母関数）
	分布の特性値	分布の各種特性値の意味を理解すると共に，特性値の値から分布の形状が推測できる。	モーメント，期待値，分散，標準偏差，歪度，尖度，変動係数，パーセント点，中央値，四分位数，範囲，四分位範囲，最頻値，共分散，相関係数，偏相関係数
	変数変換	変数変換後の分布が導出できる。	変数変換，確率変数の線形結合
	極限定理と確率分布の近似	確率分布の極限的な性質を理解すると共に，分布の近似に応用できる。	大数の弱法則，中心極限定理
			二項分布の正規近似とポアソン近似，少数法則，連続修正
種々の確率分布	離散型分布	基本的な離散型分布を理解すると共に，各種の確率計算ができる。	一様分布，ベルヌーイ分布，二項分布，超幾何分布，幾何分布，ポアソン分布，負の二項分布，多項分布
	連続型分布	基本的な連続型分布を理解すると共に，各種の確率計算ができる。	一様分布，正規分布（ガウス分布），指数分布，ガンマ分布，ベータ分布，コーシー分布，対数正規分布，ワイブル分布，ロジスティック分布，多変量正規分布
	標本分布	標本分布を理解し，応用に用いることができる。	t分布，カイ二乗分布，F分布
統計的推測（推定）	母集団と標本・統計量	尤度などの統計的推測に重要な役割を果たす概念を理解すると共に，パラメータの推定法の原理を知り，推定量の良さを数学的に立証できる。また，区間推定とは何かを理解し，信頼区間の性質を正しく述べることができる。	十分統計量，ネイマンの分解定理，順序統計量
	尤度と最尤推定		尤度関数，対数尤度関数，有効スコア関数，最尤推定
	各種推定法		モーメント法，最小二乗法，線形推定（BLUE），その他の手法
	点推定量の性質		不偏性，一致性，十分性，有効性，推定量の相対効率
	モデル評価規準		カルバック・ライブラー情報量，情報量規準AIC，クロスバリデーション
	漸近的性質など		クラーメル・ラオの不等式，フィッシャー情報量（1次元），最尤推定量の漸近正規性，デルタ法
	区間推定		信頼係数，信頼区間の構成，被覆確率

xii

	検定の基礎	統計的検定の原理を理解し、種々の最適化で検定が構成でき、その性質を数学的に立証できる。特に正規分布に関する検定を正しく理解すると共に、そのほかの代表的な分布に関する検定ができる。	仮説、検定統計量、P値、有意水準、棄却域、第一種の過誤、第二種の過誤、検出力（検定力）、検出力曲線
統計的推測（検定）	検定法の導出		ネイマン・ピアソンの基本定理、尤度比検定、ワルド型検定、スコア型検定
	正規分布に関する検定		平均値と分散に関する検定、複数の平均に関する検定
	種々の検定法		二項分布・ポアソン分布など基本的な分布に関する検定、適合度の検定、ノンパラメトリック検定
	分散分析	データ解析法の中でも重要な位置を占める分散分析と回帰分析について正しく理解し、応用することができる。	一元配置分散分析、二元配置分散分析、交互作用、共分散分析、多重比較
	回帰分析		線形単回帰、線形重回帰、最小二乗推定、回帰の分散分析、重相関係数、決定係数、残差、変数変換、平均への回帰（回帰効果）
データ解析法の考え方と各種分析手法	分割表の解析	実際問題で遭遇する分割表の解析ならびにノンパラメトリックな方法について理解し、実践することができる。	カイ二乗検定、フィッシャー検定、マクネマー検定、イェーツの補正
	ノンパラメトリック法		符号検定、ウィルコクソン順位和検定（マン・ホイットニーU検定）、ウィルコクソン符号付き順位和検定、順位相関係数
	不完全データ	不完全データの分析について理解すると共に、コンピュータを用いたシミュレーションができる。モデル構築に役立てる。	欠測（欠損）、打ち切り、トランケーション
	シミュレーション		乱数、モンテカルロシミュレーション、MCMC、ブートストラップ
	ベイズ法		事前分布、事後分布、階層ベイズモデル、ギブスサンプリング

統計検定 1 級出題表（統計応用）

大項目	小項目	ねらい	項目（学習しておきべき用語）例
	確率・統計の基礎事項（統計検定 2 級の範囲）に加え、各応用分野に共通した事項		
	研究の種類	研究法の違いを理解すると共に、データの取り方に関する基礎事項を理解し実践に応用できる。	実験研究、観察研究、調査
	標本調査法		完全無作為抽出、層化抽出、二段階抽出、サンプルサイズの設計
	実験計画法		フィッシャーの 3 原則、一元配置法、二元配置法、ブロック化、乱塊法、一部実施要因計画
共通した事項	重回帰分析	重回帰分析・各種多変量解析法・確率過程・時系列解析について正しく理解すると共に、ソフトウェアの出力結果の解釈ができる。	重回帰モデル、変数選択、残差分析、一般化最小二乗推定、ガウス・マルコフの定理、多重共線性、L_1正則化法、回帰診断法
	各種多変量解析法		主成分分析、因子分析、判別分析、クラスター分析、ロジスティック回帰分析、プロビット分析、一般化線形モデル、非線形回帰モデル、サポートベクターマシン
	確率過程		マルコフ連鎖、ランダムウォーク、ポアソン過程、ブラウン運動
	時系列解析		ARIMAモデル、状態空間モデル
	想定分野：文学、心理、教育、社会、地理、言語、体育、人間科学		
	データの取得法	研究の目的を達成しかつ実行可能なデータの収集法を理解し、得られたデータの基本的な集計ができる。	実験と準実験、アンケート調査の設計と実践
	データの集計		クロス集計、独立性の検定、連関の指標、四分位相関
人文科学分野	多変量データ分析法	人文科学分野に特有な分析法を理解すると共に実際のデータ解析に応用できる。分析ソフトウェアの出力の解釈が的確にできる。	数量化理論、コレスポンデンス分析、パス解析、多次元尺度構成法、構造方程式モデル、共分散構造分析、（確証的、探索的）因子分析
	潜在構造モデル		潜在特性、潜在クラス分析
	テストの分析		テストの信頼性・妥当性、外的妥当性、内的妥当性、項目反応理論、困難度、識別力、クロンバックのアルファ

xiii

社会科学分野	想定分野：経済，経営，社会，政治，金融工学，保険		
	調査の企画と実施	目的に合った調査法を企画立案すると共に調査法の特質を理解する。	標本誤差，非標本誤差，センサス，無作為抽出，系統抽出，二段階抽出，集落抽出
	重回帰モデルとその周辺	社会科学分野におけるデータの特徴を理解すると共に，それらを分析する力を身につける。特に，モデルの標準的な仮定が満たされない場合の影響ならびにそれらに対する対処法を理解する。コンピュータの出力を読み取る力を身につけ，的確な判断ができる。	重回帰分析，多重共線性，一般化最小二乗法（誤差項の系列相関と不均一分散），変数選択
	計量モデル分析		外生変数，内生変数，同時方程式モデル，操作変数法（二段階最小二乗法），連立方程式モデル，構造変化検定，質的選択モデル，切断回帰モデル
	時系列解析		トレンド，季節調整，自己相関，自己回帰，移動平均，単位根，共和分，ARCHモデル，指数平滑化法
	パネル分析		固定効果モデル，変量効果モデル，ハウスマン検定
	経済指数		経済指数（総合指数，景気判断指数），経済指数の例（ラスパイレス指数，パーシェ指数，フィッシャー指数），ジニ係数，ローレンツ曲線
理工学分野	想定分野：数学，物理，化学，地学，工学，環境		
	多変量解析法	統計手法の数理的な側面を正しく理解し，応用に結び付けることができる。特に，解析や線形代数などの数学的な理論が実際の応用にどう結び付くのかを理解する。	多変量正規分布，平均ベクトル，分散共分散行列，相関行列，固有値・固有ベクトル
	確率過程		ランダムウォーク，マルコフ過程，ポアソン過程，マルコフ連鎖，時系列解析，自己回帰過程，移動平均過程，ARIMA過程
	線形推測		線形モデル，一般化線形モデル，線形結合の分布，線形対比，線形制約
	漸近理論		大数の法則，中心極限定理，最尤推定量の漸近正規性，漸近分散，一致性，デルタ法
	品質管理	品質管理に関する種々の統計手法を正しく使うことができる。	管理図，信頼性，保全性，プロセス管理，工程能力指数
	実験計画		実験の計画と実施，固定効果，変量効果，交絡因子，ブロック化，直交表，交絡法
医薬生物学分野	想定分野：医学，歯学，薬学，疫学，公衆衛生，看護学，生物学，農・林・水産学		
	研究の種類	医薬生物学分野における種々の研究法を理解し，研究目的に応じかつ実行可能な研究デザインは何かを理解する。	介入研究と観察研究，コホート研究，ケース・コントロール研究，臨床試験
	データ収集法	研究目的に応じ，交絡を排除したデータを得るための方法論を理解する。	無作為抽出と無作為割り付け，盲検化，ダブルブラインド，プラセボ対照
	処置効果	医薬生物学のデータ解析に特有な概念を理解すると共に，実際問題によく用いられる統計手法について正しい知識を身につけ，実際の場面での応用ができる。特に，人間に関するデータを扱う上での留意点についても正しく理解する。	効果の大きさ，サロゲートエンドポイント，サンプルサイズ設計
	効果の指標		変化量，変化率，リスク比，リスク差，相対リスク，オッズ，オッズ比，対数オッズ比，ハザード，ハザード比
	カテゴリカルデータ解析		カイ二乗検定，残差，標準化残差，順序カテゴリカルデータ，分割表の解析，フィッシャー検定，多重ロジスティック回帰分析，対数線形モデル
	ノンパラメトリック法		ウィルコクソン順位和検定（マン・ホィットニーU検定），ウィルコクソン符号付き順位和検定，順位相関係数，マクネマー検定
	交絡の調整		交絡，層別解析，標準化，SMR
	生存時間と繰り返し測定		生存時間解析，繰り返し測定データの解析，カプラン・マイヤー法，打ち切りデータ，LOCF，比例ハザード
	検査の性能評価		検査の感度・特異度，ROC曲線

統計検定準1級の出題範囲

●試験内容

　大学おいて統計学の基礎的講義に引き続いて学ぶ応用的な統計学の諸手法の習得について検定します。具体的には下記の①，②を踏まえ，適切なデータ収集法を計画・立案し，問題に応じて適切な統計的手法を適用し，結果を正しく解釈する力を試験します。

　①統計検定2級の内容をすべて含みます。

　②各種統計解析法の使い方および解析結果の正しい解釈

　以下の出題範囲表を参照してください。

　なお，解答に必要な統計数値表は問題冊子に掲載されます。

統計検定準1級　出題範囲表

大項目	小項目	項目（学習しておきべき用語）例
確率と確率変数	事象と確率	確率の計算，統計的独立，条件付き確率，ベイズの定理，包除原理
	確率分布と母関数	確率関数，確率密度関数，同時確率関数，同時確率密度関数，周辺確率関数，周辺確率密度関数，条件つき確率関数，条件つき確率密度関数，累積分布関数，生存関数
		モーメント母関数（積率母関数），確率母関数
	分布の特性値	モーメント，歪度，尖度，変動係数，相関係数，偏相関係数，分位点関数，条件つき期待値，条件つき分散
	変数変換	変数変換，確率変数の線形結合の分布
	極限定理，漸近理論	大数の弱法則，少数法則，中心極限定理，極値分布
		二項分布の正規近似，ポアソン分布の正規近似，連続修正，デルタ法
種々の確率分布	離散型分布	離散一様分布，ベルヌーイ分布，二項分布，超幾何分布，ポアソン分布，幾何分布，負の二項分布，多項分布
	連続型分布	連続一様分布，正規分布，指数分布，ガンマ分布，ベータ分布，コーシー分布，対数正規分布，多変量正規分布
	標本分布	t分布，カイ二乗分布，F分布（非心分布を含む）
統計的推測 （推定）	統計量	十分統計量，ネイマンの分解定理，順序統計量
	各種推定法	最尤法，モーメント法，最小二乗法，線形模型
	点推定の性質	不偏性，一致性，十分性，有効性，推定量の相対効率，ガウス・マルコフの定理，クラーメル・ラオの不等式
	漸近的性質	フィッシャー情報量，最尤推定量の漸近正規性，デルタ法，ジャックナイフ法，カルバック・ライブラーの情報量
	区間推定	信頼係数，信頼区間の構成（母平均，母分散，母比率，2標本問題），被覆確率，片側信頼限界

統計的推測 (検定)	検定の基礎	仮説，検定統計量，P 値，棄却域，第一種の過誤，第二種の過誤，検出力（検定力），検出力曲線，サンプルサイズの決定，多重比較
	検定法の導出	ネイマン・ピアソンの基本定理，尤度比検定，ワルド型検定，スコア検定，正確検定
	正規分布に関する検定	母平均，母分散に関する検定，2 標本問題に関する検定，母相関係数に関する検定
	一般の分布に関する検定法	二項分布，ポアソン分布など基本的な分布に関する検定，適合度検定
	ノンパラメトリック法	ウィルコクソン検定，並べ替え検定，符号付き順位検定，クラスカル・ウォリス検定，順位相関係数
マルコフ連鎖と確率過程の基礎	マルコフ連鎖	推移確率，既約性，再帰性，定常分布
	確率過程の基礎	ランダムウォーク，ポアソン過程，ブラウン運動
回帰分析	重回帰分析	重回帰モデル，変数選択，残差分析，一般化最小二乗推定，多重共線性，L_1正則化法
	回帰診断法	系列相関，DW 比，はずれ値，leverage，Q-Q プロット
	質的回帰	ロジスティック回帰，プロビット分析
	その他	一般化線形モデル，打ち切りのある場合，比例ハザード，ニューラルネットワークモデル
分散分析と実験計画法		一元配置，二元配置，分散分析表，交互作用，ブロック化，乱塊法，一部実施要因計画，直交配列，ブロック計画
標本調査法		有限母集団，有限修正，各種の標本抽出法
多変量解析	主成分分析	主成分スコア，主成分負荷量，寄与率，累積寄与率
	判別分析	フィッシャー線形判別，2 次判別，SVM，正準判別，ROC，AUC，混同行列
	クラスター分析	階層型クラスター分析・デンドログラム，k-means 法，距離行列
	共分散構造分析と因子分析	パス解析，因果図，潜在変数，因子の回転
	その他の多変量解析手法	多次元尺度法，正準相関，対応分析，数量化法
時系列解析		自己相関，偏自己相関，ペリオドグラム，ARIMA モデル，定常性，階差，状態空間モデル
分割表	分割表の解析	オッズ比，連関係数，ファイ係数，残差分析
	分割表のモデル	対数線形モデル，階層モデル，条件つき独立性，グラフィカルモデル
欠測値		欠測メカニズム，EM アルゴリズム
モデル選択		情報量規準，AIC，cross validation
ベイズ法		事前分布，事後分布，階層ベイズモデル，ギブスサンプリング，Metropolis-Hastings 法
シミュレーション，計算多用手法		ジャックナイフ，ブートストラップ，乱数，棄却法，モンテカルロ法，マルコフ連鎖モンテカルロ（MCMC）法

試験当日および試験終了後

●試験当日に持参するもの
・受験票（受験者本人の写真を貼付したもの）
・筆記用具（HBまたはBの鉛筆・シャープペンシル，消しゴム）
・時計
・電卓

<持ち込み可の電卓>四則演算（＋－×÷）や百分率（％），平方根（$\sqrt{\ }$）の計算ができる一般電卓または事務用電卓

<持ち込み不可の電卓>上記の電卓を超える計算機能を持つ関数電卓やプログラム電卓，電卓機能を持つ携帯端末

＊試験会場では筆記用具・電卓の貸出しは行いません。
＊携帯電話などを電卓として使用することはできません。

●試験終了後

　試験日の約1ヶ月後に統計検定センターのウェブサイトに合格者の受験番号を掲載します（試験当日にWeb合格発表のご希望の有無を確認します）。

　試験日の1～2ヶ月後に，すべての受験者に「試験結果通知書」を，合格者には「合格証」を，受験票に記載された住所宛に発送します（個人申込の場合）。

　なお，**統計検定1級**合格には，「統計数理」および「統計応用（少なくとも1分野）」の合格が必要です。「統計数理」にのみ合格した場合，経過措置として試験合格の有効期間内に「統計応用」に合格すれば「1級合格」とします。同様に「統計応用」にのみ合格した場合，試験合格の有効期間内に「統計数理」に合格すれば「1級合格」とします。経過措置は9年（試験合格の有効期間10年間）です。

xvii

統計検定の標準テキスト

　日本統計学会では，統計検定1～4級にそれぞれ対応した標準テキストを刊行しています。学習に役立ててください。

● 1 級対応テキスト
日本統計学会公式認定　統計検定 1 級対応

統計学

日本統計学会 編
定価：本体3,200円＋税
東京図書

● 2 級対応テキスト
改訂版　日本統計学会公式認定　統計検定 2 級対応

統計学基礎

日本統計学会 編
定価：本体2,200円＋税
東京図書

● 3 級対応テキスト
改訂版　日本統計学会公式認定　統計検定 3 級対応

データの分析

日本統計学会 編
定価：本体2,200円＋税
東京図書

※改訂前のもの

● 4 級対応テキスト
改訂版　日本統計学会公式認定　統計検定 4 級対応

データの活用

日本統計学会 編
定価：本体2,000円＋税
東京図書

PART 2

1級
2019年11月
問題／解答例

2019年11月に実施された
統計検定1級で実際に出題された問題文および、
解答例を掲載します。

統計数理 ………………………… 2

統計応用（人文科学）…………… 15

（統計応用4分野の共通問題）………25

統計応用（社会科学）…………… 30

統計応用（理工学）……………… 45

統計応用（医薬生物学）………… 55

※**統計数理**（必須解答）は5問中3問に解答します。

　　統計応用は選択した分野の5問中3問を選択します。

※統計数値表は本書巻末に「付表」として掲載しています。

統計数理　問1

非負の整数値を取る離散型確率変数 X に対し，確率分布と一対一の対応関係にある確率母関数が

$$G_X(t) = E[t^X] = \sum_k t^k P(X = k) \quad (-1 \leq t \leq 1) \tag{1}$$

によって定義される。ここで和 $\displaystyle\sum_k$ は X の定義範囲すべてに渡るものとする。以下の各問に答えよ。

〔1〕　確率母関数の1階および2階微分により X の期待値および分散を求める式を導け。

〔2〕　試行回数 n，成功の確率 p の二項分布 $B(n, p)$ の確率母関数 $G_X(t)$ を求め，上問〔1〕の方法により $B(n, p)$ の期待値と分散を導出せよ。

〔3〕　一般に，正の実数 r とすべての $0 < t \leq 1$ に対し，

$$P(X \leq r) \leq t^{-r} G_X(t) \tag{2}$$

が成り立つことを示せ。
ヒント：$G_X(t)$ の定義 (1) における和 $\displaystyle\sum_k$ を $\displaystyle\sum_{k \leq r}$ と $\displaystyle\sum_{k > r}$ に分ける。

〔4〕　二項分布 $B(n, p)$ に従う確率変数 X と実数 a（ただし $0 < a < p$）に対し

$$P(X \leq an) \leq \left(\frac{p}{a}\right)^{an} \left(\frac{1-p}{1-a}\right)^{(1-a)n}$$

が成り立つことを示せ。
ヒント：上問〔3〕の (2) の右辺の t に関する最小値を求める。

統計検定　1級

解答例

〔1〕　確率母関数 $G_X(t)$ を t で微分して $t=1$ と置くことにより

$$\frac{d}{dt}G_X(t)|_{t=1} = \sum_{k \geq 1} k t^{k-1} P(X=k)|_{t=1} = \sum_{k \geq 1} k P(X=k) = E[X]$$

を得る。また，$G_X(t)$ を t で再度微分して $t=1$ と置くと

$$\frac{d^2}{dt^2}G_X(t)|_{t=1} = \sum_{k \geq 2} k(k-1) t^{k-2} P(X=k)|_{t=1}$$

$$= \sum_{k \geq 2} k(k-1) P(X=k) = E[X(X-1)]$$

となるので，分散は

$$V[X] = E[X(X-1)] + E[X] - (E[X])^2$$

により求められる。

〔2〕　二項分布 $B(n,p)$ の確率母関数は

$$G_X(t) = \sum_{k=0}^{n} t^k {}_nC_k p^k (1-p)^{n-k} = \sum_{k=0}^{n} {}_nC_k (pt)^k (1-p)^{n-k} = (pt+1-p)^n$$

となる。期待値は

$$E[X] = \frac{d}{dt}G(t)|_{t=1} = np(pt+1-p)^{n-1}|_{t=1} = np$$

である。また，

$$\frac{d^2}{dt^2}G(t)|_{t=1} = n(n-1)p^2(pt+1-p)^{n-2}|_{t=1} = n(n-1)p^2$$

であるので，分散は

$$V[X] = E[X(X-1)] + E[X] - (E[X])^2 = n(n-1)p^2 + np - (np)^2 = np(1-p)$$

と求められる。

〔3〕　確率母関数 $G_X(t)$ の定義における和を $k \leq r$ と $k > r$ の2つに分けると

$$G_X(t) = \sum_{k} t^k P(X=k)$$

$$= \sum_{k \leq r} t^k P(X=k) + \sum_{k > r} t^k P(X=k)$$

$$\geq \sum_{k \leq r} t^k P(X=k)$$

3

である。$0 < t \leq 1$ のとき，$k \leq r$ であれば $t^k \geq t^r$ であるので，

$$G_X(t) \geq \sum_{k \leq r} t^r P(X = k) = t^r P(X \leq r)$$

であり，これより与式の

$$P(X \leq r) \leq t^{-r} G_X(t)$$

が導かれる。

〔4〕 上問〔2〕と〔3〕より，$0 < t \leq 1$ において $r = an$ とすると $(0 < a < p)$

$$P(X \leq an) \leq (pt + 1 - p)^n t^{-an} \tag{1}$$

が成り立つ。そして不等式 (1) の右辺の $(pt + 1 - p)^n t^{-an}$ の t に関する最小値を求める。
右辺の $(pt + 1 - p)^n t^{-an}$ の対数を取ったものを $f(t)$ とし，対数関数は単調増加関数であるので $f(t)$ の最小値を与える t を求める。関数は

$$f(t) = \log\{(pt + 1 - p)^n t^{-an}\} = n\{\log(pt + 1 - p) - a \log t\}$$

であり，これを t で微分して 0 と置くと

$$\begin{aligned}
f'(t) &= n\left(\frac{p}{pt + 1 - p} - \frac{a}{t}\right) \\
&= \frac{n}{t(pt + 1 - p)}\{pt - a(pt + 1 - p)\} \\
&= \frac{n}{t(pt + 1 - p)}\{p(1 - a)t - a(1 - p)\} = 0
\end{aligned}$$

より $t_0 = \dfrac{(1 - p)a}{p(1 - a)} = \left(\dfrac{a}{1 - a}\right)\bigg/\left(\dfrac{p}{1 - p}\right)$ にて最小値を取ることが分かる（$a < p$ の条件より $t_0 < 1$ である）。これを不等式 (1) の右辺に代入して

$$\begin{aligned}
\left\{p \cdot \frac{(1 - p)a}{p(1 - a)} + 1 - p\right\}^n &\left\{\frac{(1 - p)a}{p(1 - a)}\right\}^{-an} = \left\{\frac{1 - p}{1 - a}\right\}^n \left\{\frac{(1 - p)a}{p(1 - a)}\right\}^{-an} \\
&= \left(\frac{p}{a}\right)^{an} \left(\frac{1 - p}{1 - a}\right)^{(1 - a)n}
\end{aligned}$$

を得る。

統計検定　1級

統計数理　問2

確率変数 X_1, X_2 は互いに独立に確率密度関数

$$f(x) = \begin{cases} \lambda e^{-\lambda x} & (x > 0) \\ 0 & (x \leq 0) \end{cases}$$

を持つ指数分布に従うとし $(\lambda > 0)$，それらの和を $U = X_1 + X_2$，標本平均を $\bar{X} = \dfrac{U}{2}$ とする。このとき，以下の各問に答えよ。

〔1〕 U の期待値 $E[U]$ を求めよ。

〔2〕 U の確率密度関数 $g(u)$ を求めよ。

〔3〕 期待値 $E\left[\dfrac{1}{U}\right]$ を求めよ。

〔4〕 α を正の定数とし，パラメータ $\theta = \dfrac{1}{\lambda}$ を $\alpha\bar{X}$ で推定する。そのときの損失関数を

$$L(\alpha\bar{X}, \theta) = \frac{\alpha\bar{X}}{\theta} + \frac{\theta}{\alpha\bar{X}} - 2$$

として期待値 $R(\alpha, \theta) = E[L(\alpha\bar{X}, \theta)]$ を導出し，$R(\alpha, \theta)$ が最小となる α の値を求めよ。

解答例

〔1〕 X_1 の期待値は，部分積分により

$$E[X_1] = \int_0^\infty x\lambda e^{-\lambda x}dx = \left[-xe^{-\lambda x}\right]_0^\infty + \int_0^\infty e^{-\lambda x}dx = 0 + \left[-\frac{1}{\lambda}e^{-\lambda x}\right]_0^\infty = \frac{1}{\lambda}$$

である。X_2 の期待値も同じ値になるので，$E[U] = E[X_1] + E[X_2] = \dfrac{2}{\lambda}$ となる。

〔2〕 X_1, X_2 から U, V への一対一変換を

$$\begin{cases} U = X_1 + X_2 \\ V = X_1 \end{cases}$$

とする。このとき，逆変換は

$$\begin{cases} X_1 = V \\ X_2 = U - V \end{cases}$$

5

であり，変換のヤコビアンは

$$|J| = \text{abs} \begin{vmatrix} 0 & 1 \\ 1 & -1 \end{vmatrix} = 1$$

となる。これより，(U, V) の同時確率密度関数 $h(u, v)$ は，$v > 0$ および $u - v > 0$ の範囲で

$$h(u, v) = f(v)f(u - v)|J| = \lambda e^{-\lambda v} \lambda e^{-\lambda(u-v)} = \lambda^2 e^{-\lambda u}$$

となる。よって，$h(u, v)$ を v の定義範囲 $0 < v < u$ で積分して，U の確率密度関数 $g(u)$ は，

$$g(u) = \int_0^u \lambda^2 e^{-\lambda u} dv = \lambda^2 e^{-\lambda u} [v]_0^u = \lambda^2 u e^{-\lambda u}$$

より

$$g(u) = \begin{cases} \lambda^2 u e^{-\lambda u} & (u > 0) \\ 0 & (u \le 0) \end{cases}$$

と求められる。

〔3〕 期待値は

$$E\left[\frac{1}{U}\right] = \int_0^\infty \frac{1}{u} \cdot \lambda^2 u e^{-\lambda u} du = \lambda^2 \int_0^\infty e^{-\lambda u} du = \lambda^2 \left[-\frac{1}{\lambda} e^{-\lambda u}\right]_0^\infty = \lambda$$

となる。

〔4〕 上問〔1〕と〔3〕の結果より，$E[\bar{X}] = \dfrac{1}{\lambda} = \theta$ および $E\left[\dfrac{1}{\bar{X}}\right] = 2\lambda = \dfrac{2}{\theta}$ に注意すると，期待値は

$$R(\alpha, \theta) = E[L(\alpha\bar{X}, \theta)] = \frac{\alpha}{\theta}E[\bar{X}] + \frac{\theta}{\alpha}E\left[\frac{1}{\bar{X}}\right] - 2 = \frac{\alpha}{\theta} \times \theta + \frac{\theta}{\alpha} \times \frac{2}{\theta} - 2$$

$$= \alpha + \frac{2}{\alpha} - 2$$

と求められ，θ に無関係になるので，これを $R(\alpha)$ と書いておく。この $R(\alpha)$ を最小にする α は，$R(\alpha)$ を α で微分して 0 と置いて

$$R'(\alpha) = 1 - \frac{2}{\alpha^2} = 0$$

となるので，$\alpha = \sqrt{2}$ となる。このとき，$R(\sqrt{2}) = 2(\sqrt{2} - 1)$ であり，実際，

$$R''(\alpha)|_{\alpha=\sqrt{2}} = \frac{4}{\alpha^3}\Big|_{\alpha=\sqrt{2}} = \sqrt{2} > 0$$

であるので，$\alpha = \sqrt{2}$ は $R(\alpha)$ の最小値を与えることが確かめられる。

統計検定　1級

統計数理　問3

確率変数 $X_1, \ldots, X_n$ を互いに独立に区間 $(0, \theta)$ 上の一様分布に従う確率変数とする。ここで，$\theta > 0$ は未知パラメータである。$X_1, \ldots, X_n$ の最大値を $Y = \max(X_1, \ldots, X_n)$ とするとき，以下の各問に答えよ。

〔1〕　Y はパラメータ θ に関する十分統計量であることを示せ。

〔2〕　Y の確率密度関数 $g(y)$ は $0 < y < \theta$ の範囲で $g(y) = \dfrac{n}{\theta^n} y^{n-1}$ となることを示せ。

〔3〕　$Y = y$ が与えられたときの条件の下での $X_1, \ldots, X_n$ の条件付き同時分布を求めよ。

〔4〕　Y の期待値 $E[Y]$ を求め，それにより，Y の関数としてパラメータ θ の不偏推定量 $\tilde{\theta}$ を構成せよ。

〔5〕　なめらかな関数 $u(Y)$ に対し，すべての θ で $E[u(Y)] = 0$ が成り立つならば，$u(Y) \equiv 0$ となることを示せ。

〔6〕　Y の関数である θ の不偏推定量としては，上問〔4〕の $\tilde{\theta}$ は唯一の不偏推定量であることを示せ。

解答例

〔1〕　確率変数 X_i は区間 $(0, \theta)$ 上の一様分布に従うので，その確率密度関数は

$$f_i(x_i) = \frac{1}{\theta} \quad (x_i \leq \theta)$$

である $(i = 1, \ldots, n)$。$X_1, \ldots, X_n$ は互いに独立であることから，$X_1, \ldots, X_n$ の同時確率密度関数は

$$f(x_1, \ldots, x_n) = \begin{cases} \dfrac{1}{\theta^n} & (x_1, \ldots, x_n \leq \theta) \\ 0 & (\text{その他}) \end{cases}$$

となる。条件の $(x_1, \ldots, x_n \leq \theta)$ は $(y \leq \theta)$ と同値であるので，同時確率密度関数 $f(x_1, \ldots, x_n)$ は y のみの関数となる。よって，Fisher-Neyman の分解定理により，Y は θ に関する十分統計量である。

〔2〕　各 X_i は互いに独立に区間 $(0, \theta)$ 上の一様分布に従い，その累積分布関数は $0 < x < \theta$ の範囲で $F_i(x) = P(X_i \leq x) = \dfrac{x}{\theta}$ である $(i = 1, \ldots, n)$。よって，Y の累積分布関数は，$0 < y < \theta$ の範囲で

7

$$G(y) = P(Y \leq y) = P(X_1, \ldots, X_n \leq y) = P(X_1 \leq y) \cdots P(X_n \leq y) = \left(\frac{y}{\theta}\right)^n$$

となる。これより，Y の確率密度関数 $g(y)$ は，$G(y)$ を y で微分して

$$g(y) = G'(y) = \frac{n}{\theta^n} y^{n-1}$$

と求められる。

〔3〕 $Y = y$ が与えられたとき，$X_1, \ldots, X_n$ の変量の条件付き同時確率密度関数は，Y の選び方が n 通りあることに注意すると，Y 以外の変量を便宜上 $X_1, \ldots, X_{n-1}$ と置いて，上問〔2〕より

$$f(x_1, \ldots, x_{n-1}, y|y) = \frac{f(x_1, \ldots, x_{n-1}, y)}{g(y)} = \frac{\dfrac{n}{\theta^n}}{\dfrac{n}{\theta^n} y^{n-1}} = \frac{1}{y^{n-1}}$$

となる。あるいは，$Y = X_n$ となる確率が $1/n$ であるとして

$$f(x_1, \ldots, x_{n-1}, y|y) = \frac{f(x_1, \ldots, x_{n-1}, y)}{g(y)} = \frac{\dfrac{1}{\theta^n}}{\dfrac{n}{\theta^n} y^{n-1}} = \frac{1}{ny^{n-1}}$$

としてもよい。

上問〔1〕では，$X_1, \ldots, X_n$ の同時確率密度関数が y のみの関数であることから，Fisher-Neyman の分解定理により Y の十分性を示したが，十分統計量の定義「$Y = y$ が与えられた下での $X_1, \ldots, X_n$ の条件付き同時確率密度関数がパラメータ θ に依存しない」ことは本問の証明から示される。

〔4〕 Y の期待値は

$$E[Y] = \int_0^\theta y \cdot \frac{n}{\theta^n} y^{n-1} dy = \frac{n}{\theta^n} \int_0^\theta y^n dy = \frac{n}{\theta^n} \left[\frac{y^{n+1}}{n+1}\right]_0^\theta = \frac{n}{n+1}\theta$$

となる。よって，$\tilde{\theta} = \dfrac{n+1}{n} Y$ とすれば θ の推定量として不偏性を持つ。

〔5〕 関数 $u(Y)$ の期待値が 0 であることより

$$E[u(Y)] = \int_0^\theta u(y) \frac{n}{\theta^n} y^{n-1} dy = 0 \Rightarrow \int_0^\theta u(y) y^{n-1} dy = 0$$

となる。これがすべての θ で成り立つためには，関数 $u(Y)$ はなめらかであることより $u(y) \equiv 0$ でなければならない。すなわち，積分を θ の関数とみると，θ で微分することにより $u(y)y^{n-1} = 0$ が $y > 0$ で成立する。したがって，$y > 0$ で $u(y) = 0$ である。関数 $u(y)$ が連続であれば $u(0) = 0$ も成り立つ。

〔6〕 $s(Y)$ を θ の別の不偏推定量であるとする。すなわち $E[s(Y)] = \theta$ である。このとき，

$$E[s(Y) - \tilde{\theta}] = E\left[s(Y) - \frac{n+1}{n}Y\right] = E[u(Y)] = \theta - \theta = 0$$

となる。上問〔5〕より $u(Y) \equiv 0$ であるので $s(Y) \equiv \tilde{\theta}$ が示される。このことより，上問〔1〕および〔3〕より Y は十分統計量であるので，Y は θ の完備十分統計量であることが分かる。

統計数理　問4

位置パラメータ θ を持つコーシー分布を考える。確率密度関数は

$$f_\theta(x) = \frac{1}{\pi\{1 + (x - \theta)^2\}} \quad (-\infty < x < \infty)$$

である。この分布からの大きさ 1 の標本 X に基づき，帰無仮説：$\theta = 0$ を対立仮説：$\theta = 1$ に対して検定したい。この検定問題に対し，棄却域を

$$R = \{x : 1 < x < 3\}$$

とする（非確率化）検定を考える。以下の各問に答えよ。ただし，$\tan^{-1} 2 = 1.107$，$\tan^{-1} 3 = 1.249$，$\pi = 3.1416$ とし，$\dfrac{d}{dx}\tan^{-1}(x) = \dfrac{1}{1 + x^2}$ を用いてもよい。

〔1〕 この検定のサイズ（第一種の過誤確率）α を小数第 3 位まで求めよ。

〔2〕 この検定の検出力 $1 - \beta$（$= 1-$「第二種の過誤確率」）の値を小数第 3 位まで求めよ。

〔3〕 尤度比 $\lambda(x) = \dfrac{f_1(x)}{f_0(x)}$ の $x = 1$ および $x = 3$ における値を求め，$\lambda(x)$ の概形を描け。

〔4〕 この検定は，上問〔1〕におけるサイズ α を有意水準とする検定の中での最強力検定となることを，ネイマン・ピアソンの基本定理を用いて示せ。

解答例

〔1〕 検定におけるサイズ（第一種の過誤確率）α は

$$\alpha = P(1 < X < 3 | \theta = 0) = \int_1^3 f_0(x)dx = \frac{1}{\pi}\int_1^3 \frac{1}{1 + x^2}dx = \frac{1}{\pi}[\tan^{-1} x]_1^3$$
$$= \frac{1}{\pi}\left(\tan^{-1} 3 - \frac{\pi}{4}\right) = \frac{1.249}{3.1416} - \frac{1}{4} \approx 0.148$$

9

である。

[2] 検出力 $1-\beta$ は

$$1-\beta = P(1<X<3|\theta=1) = \int_1^3 f_1(x)dx = \frac{1}{\pi}\int_1^3 \frac{1}{1+(x-1)^2}dx$$
$$= \frac{1}{\pi}[\tan^{-1}(x-1)]_1^3 = \frac{1}{\pi}\left(\tan^{-1}2 - 0\right) = \frac{1.107}{3.1416} \approx 0.352$$

となる。

[3] 尤度比は

$$\lambda(x) = \frac{f_1(x)}{f_0(x)} = \frac{1+x^2}{1+(x-1)^2}$$

であり，$\lambda(1) = \lambda(3) = 2$ となる。ここで $\lambda(x) > 2$ となる x の範囲を求める。$\lambda(x) > 2$ を変形して

$$1+x^2 > 2\{1+(x-1)^2\}$$
$$x^2 - 4x + 3 = (x-3)(x-1) < 0$$
$$1 < x < 3$$

を得る。$\lambda(x)$ の関数形を詳しく調べると，$\lambda(x) = \dfrac{1+x^2}{1+(x-1)^2} \geq 1$ を解いて，$x \geq 0.5$ のとき $\lambda(x) \geq 1$ であり，$\lambda'(x) = -2(x^2-x-1)$ であるので，$\lambda'(x) = 0$ より $x = \dfrac{1\pm\sqrt{5}}{2}$ で極値を取る。また，$\displaystyle\lim_{x\to-\infty}\lambda(x) = 1$, $\displaystyle\lim_{x\to\infty}\lambda(x) = 1$ となることが分かる。実際，$\lambda(x)$ のグラフは次のようである。

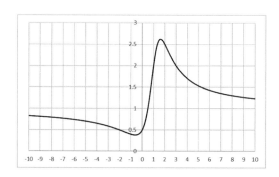

[4] ネイマン・ピアソンの基本定理により，与えられたサイズの下での最強力検定は，尤度比がある値以上の領域を棄却域とするものである。上問 [1] から [3] により，$R = \{x : 1 < x < 3\}$ を棄却域にする検定が最強力検定となる。

統計数理 問5

確率変数 Y は分散が 1 の正規分布 $N(\mu, 1)$ に従うとし $(-\infty < \mu < \infty)$，期待値 μ のベイズ推定を行う。$N(\mu, 1)$ の確率密度関数は

$$f(y) = \frac{1}{\sqrt{2\pi}} \exp\left[-\frac{(y-\mu)^2}{2}\right] \quad (-\infty < y < \infty)$$

である。ここでは μ の事前分布としてパラメータ λ および ξ が既知のラプラス分布（両側指数分布）を想定する。ただし，$0 < \lambda < \infty$ および $-\infty < \xi < \infty$ である。ラプラス分布の確率密度関数は

$$g(\mu) = \frac{\lambda}{2} \exp[-\lambda|\mu - \xi|]$$

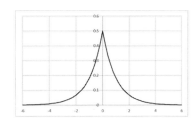

であり，右図は $\xi = 0, \lambda = 1$ のラプラス分布の確率密度関数である。

$N(\mu, 1)$ からの大きさ n の無作為標本 $Y_1, \ldots, Y_n$ の実現値 $y_1, \ldots, y_n$ が得られたとして，以下の各問に答えよ。

〔1〕 事前分布であるラプラス分布の期待値は $E[\mu] = \xi$ であること，および分散は $V[\mu] = \dfrac{2}{\lambda^2}$ であることを示せ。

〔2〕 観測値 $\boldsymbol{y} = (y_1, \ldots, y_n)$ が与えられたとき，μ の事後確率密度関数 $g(\mu|\boldsymbol{y})$ を求めよ。ただし $g(\mu|\boldsymbol{y})$ の正規化定数は無視してよい。

〔3〕 期待値 μ の推定値 $\hat{\mu}$ を事後確率密度関数 $g(\mu|\boldsymbol{y})$ の最大値を与える値 (posterior mode) とする。$\hat{\mu}$ を求めよ。

〔4〕 事前分布の想定によるベイズ推定では，μ の最尤推定値である標本平均 $\bar{y} = \dfrac{1}{n}\sum_{i=1}^{n} y_i$ に比べ上問〔3〕で求めた推定値 $\hat{\mu}$ はどのような特徴を持つか。横軸に $\bar{y}$，縦軸に $\bar{y}$ および $\hat{\mu}$ の値を取ったグラフを描き，それを基に論ぜよ。

解答例

〔1〕 分布は ξ を中心に左右対称であり，

$$\int_{\xi}^{\infty} \mu \times \frac{\lambda}{2} \exp[-\lambda(\mu - \xi)]d\mu = \frac{1}{2\lambda} + \frac{\xi}{2} < \infty$$

と片側の積分が有限であるので，$E[\mu] = \xi$ となる。分散は以下の計算により $V[\mu] = \dfrac{2}{\lambda^2}$ と求められる。なお，式変形の途中で $x = \lambda(\mu - \xi)$ と置き，$\mu - \xi = \dfrac{x}{\lambda}$ と $d\mu = \dfrac{1}{\lambda}dx$ および $\displaystyle\int_0^{\infty} x^2 \exp[-x]dx = 2$ を用いている。

$$\begin{aligned}
V[\mu] &= E[(\mu - \xi)^2] \\
&= \int_{-\infty}^{\infty} (\mu - \xi)^2 \times \frac{\lambda}{2} \exp[-\lambda|\mu - \xi|]d\mu \\
&= \int_{-\infty}^{\xi} (\mu - \xi)^2 \times \frac{\lambda}{2} \exp[\lambda(\mu - \xi)]d\mu + \int_{\xi}^{\infty} (\mu - \xi)^2 \times \frac{\lambda}{2} \exp[-\lambda(\mu - \xi)|]d\mu \\
&= \int_{-\infty}^{0} \left(\frac{x}{\lambda}\right)^2 \times \frac{\lambda}{2} \exp[x]\frac{1}{\lambda}dx + \int_{0}^{\infty} \left(\frac{x}{\lambda}\right)^2 \times \frac{\lambda}{2} \exp[-x]\frac{1}{\lambda}dx \\
&= \frac{1}{2\lambda^2} \left\{ \int_{-\infty}^{0} x^2 \exp[x]dx + \int_{0}^{\infty} x^2 \exp[-x]dx \right\} \\
&= \frac{2}{\lambda^2}
\end{aligned}$$

〔2〕 観測値 $\boldsymbol{y} = (y_1, \ldots, y_n)$ の標本平均を $\bar{y} = \dfrac{1}{n}\displaystyle\sum_{i=1}^{n} y_i$ とする。$Y_1, \ldots, Y_n$ の同時確率密度関数は

$$f(\boldsymbol{y}) = \prod_{i=1}^{n} \frac{1}{\sqrt{2\pi}} \exp\left[-\frac{(y_i - \mu)^2}{2} \right] = \frac{1}{(2\pi)^{n/2}} \exp\left[-\frac{1}{2}\sum_{i=1}^{n} (y_i - \mu)^2 \right]$$

である。よって，μ の事後確率密度関数は，正規化定数を無視すると

$$\begin{aligned}
g(\mu|\boldsymbol{y}) &\propto \frac{1}{(2\pi)^{n/2}} \exp\left[-\frac{1}{2}\sum_{i=1}^{n} (y_i - \mu)^2 \right] \times \frac{\lambda}{2} \exp\left[-\lambda|\mu - \xi|\right] \\
&= \frac{\lambda}{2(2\pi)^{n/2}} \exp\left[-\frac{1}{2}\sum_{i=1}^{n} (y_i - \mu)^2 - \lambda|\mu - \xi| \right] \\
&= \frac{\lambda}{2(2\pi)^{n/2}} \exp\left[-\frac{1}{2}\left\{ \sum_{i=1}^{n} (y_i - \bar{y})^2 + n(\mu - \bar{y})^2 \right\} - \lambda|\mu - \xi| \right]
\end{aligned}$$

となる。

12

〔3〕 事後分布において，$\log g(\mu|\boldsymbol{y})$ で μ に関係した部分は

$$h(\mu) = -\frac{1}{2}n(\mu - \bar{y})^2 - \lambda|\mu - \xi| \tag{1}$$

であるので，$h(\mu)$ の最大値を求める。式 (1) を変形すると

$$h(\mu) = -\frac{1}{2}n\{(\mu - \xi) - (\bar{y} - \xi)\}^2 - \lambda|\mu - \xi|$$

となるが，μ の推定値を $\hat{\mu}$ とすると，この式から $\bar{y} - \xi$ と $\hat{\mu} - \xi$ とは同符号であることが分かる（異符号と同符号では右辺第 2 項の値は等しいが異符号の場合には右辺第 1 項の値が同符号の場合に比べ小さくなる）。

まず $\bar{y} - \xi > 0$ とする。$\mu - \xi > 0$ とした $h(\mu)$ を μ で微分して 0 と置き，

$$\begin{aligned} h'(\mu) &= \left\{-\frac{1}{2}n(\mu - \bar{y})^2 - \lambda(\mu - \xi)\right\}' \\ &= -n(\mu - \bar{y}) - \lambda = 0 \end{aligned}$$

より

$$\hat{\mu} = \max\left(\bar{y} - \frac{\lambda}{n}, \xi\right)$$

を得る。ここで $\max(a, b)$ は a と b の大きいほうを意味する。

$\bar{y} - \xi < 0$ とすると，$\mu - \xi < 0$ とした $h(\mu)$ を μ で微分して 0 と置き，

$$\begin{aligned} h'(\mu) &= \left\{-\frac{1}{2}n(\mu - \bar{y})^2 + \lambda(\mu - \xi)\right\}' \\ &= -n(\mu - \bar{y}) + \lambda = 0 \end{aligned}$$

より

$$\hat{\mu} = \min\left(\bar{y} + \frac{\lambda}{n}, \xi\right)$$

を得る。また，$\bar{y} - \xi = 0$ のときは $\hat{\mu} = \xi$ である。よってこれらをまとめ，

$$\hat{\mu} = \begin{cases} \max\left(\bar{y} - \dfrac{\lambda}{n}, \xi\right) & (\bar{y} > \xi) \\ \xi & (\bar{y} = \xi) \\ \min\left(\bar{y} + \dfrac{\lambda}{n}, \xi\right) & (\bar{y} < \xi) \end{cases} \tag{2}$$

となる。

〔4〕 ラプラス分布を事前分布に想定したときの事後分布に基づく推定値は，最尤推定値 $\bar{y}$ に比べ事前分布の平均値 ξ に近づく。このとき，$\bar{y}$ がかなり ξ に近い場合には，$\bar{y}$ の値によらず推定値が事前分布の平均値 ξ となる点が興味深い。次の図は $\lambda = 1$，$n = 5$ の場合に，横軸に $\bar{y}$，縦軸に最尤推定値および上問〔3〕の推定値 (2) を取ったものである。

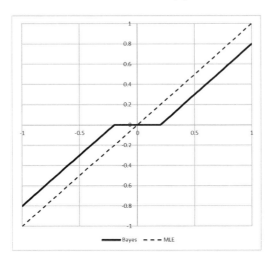

統計検定　1 級

統計応用（人文科学）　問 1

　S 大学の入試では，受験者の得点により合格者を決定している。ある年，受験者全体の得点の上位半分を合格とした。また，受験者全体での得点の上位 10 ％の合格者は入学しなかった。この年，A 君は S 大学を受験し合格した。A 君の得点は受験者全体の中で偏差値が 54 であった。

　受験者全体の得点は正規分布 $N(100, 20^2)$ とみなし，以下の各問に答えよ。なお，標準正規分布の確率密度関数は $\varphi(z) = \dfrac{1}{\sqrt{2\pi}} \exp\left[-\dfrac{z^2}{2}\right]$ である。

〔1〕　A 君の得点はいくらで，それは受験者全体の中で上位何％に位置する得点であるかを示せ。また，A 君の得点は合格者および入学者の中で上位何％に位置する得点であるかをそれぞれ示せ。

〔2〕　入学者の最低点と最高点はいくらか。

〔3〕　合格者の得点の分布の確率密度関数を，標準正規分布の確率密度関数 $\varphi(z)$ を用いて示せ。

〔4〕　合格者の得点の平均および分散はそれぞれいくらか。

解答例

〔1〕　全受験者の中で偏差値が 54 なので，標準化得点は 0.4 である。よって A 君の得点は，$100 + 20 \times 0.4 = 108$（点）であることが分かる。また，標準化得点の 0.4 は，標準正規分布の数表より，全受験者の中で上位 34.46 ％に位置することが分かる。したがってこの得点は，合格者の中で上位 $34.46/0.5 = 68.92$ ％，入学者の中で上位 $24.46/0.4 = 61.15$ ％に位置する。

〔2〕　試験の点数の分布が $N(100, 20^2)$ とみなされる受験者の上位半分が合格であるので，入学者の最低点は 100 点である。合格者の上位 10 ％は入学しなかったので，標準正規分布の数表から $Z \sim N(0, 1)$ のとき $P(Z > 1.28) = 0.1$ が読み取れ，入学者の最高点は $100 + 1.28 \times 20 = 125.6$ 点であることが分かる。

〔3〕　合格者の得点の確率密度関数は正規分布の片側上半分の 2 倍になるので，

$$\frac{2}{\sqrt{2\pi} \times 20} \exp\left[-\frac{(x-100)^2}{2 \times 20^2}\right] \quad (x \geq 100)$$

となる。これは標準正規分布の確率密度関数 $\phi(z)$ を用いると

$$\frac{1}{10} \varphi\left(\frac{x-100}{20}\right) \quad (x \geq 100)$$

15

と書くことができる。

〔4〕 ここで求める平均と分散は，合格者のみで考えた条件付き期待値と条件付き分散であることに注意する。標準正規分布での 0 以上のみの条件付き期待値は，$z\varphi(z) = -\varphi'(z)$ を用いて

$$E[Z|Z \geq 0] = 2 \times \frac{1}{\sqrt{2\pi}} \int_0^\infty z \cdot \exp\left[-\frac{z^2}{2}\right] dz = \frac{2}{\sqrt{2\pi}}\left[-\exp\left[-\frac{z^2}{2}\right]\right]_0^\infty = \sqrt{\frac{2}{\pi}}$$

となる。よって，合格者のみの得点の条件付き期待値は，$X = 100 + 20Z$ より

$$100 + 20\sqrt{\frac{2}{\pi}} \approx 115.96$$

と求められる。標準正規分布での 0 以上のみの条件付き分散は，$z^2\varphi(z) = z \cdot z\varphi(z)$ とした部分積分により

$$E[Z^2|Z \geq 0] = 2\int_0^\infty z^2\varphi(z)dz = 2[-z\varphi(z)]_0^\infty + 2\int_0^\infty \varphi(z)dz = 1$$

であるので，

$$V[Z|Z \geq 0] = E[Z^2|Z \geq 0] - (E[Z|Z \geq 0])^2 = 1 - \left(\sqrt{\frac{2}{\pi}}\right)^2 = 1 - \frac{2}{\pi}$$

となる。よって，元の分布での条件付き分散は

$$V[X|X \geq 100] = 20^2\left(1 - \frac{2}{\pi}\right) \approx 145.35$$

と求められる。

統計検定　1級

統計応用（人文科学）　問2

　ある不動産会社が，ある駅近辺のマンションの分類のため，A 〜 F の 6 棟のマンションの築年数（単位：年）と駅からの所要時間（単位：分）を調査したところ，表 1 のような結果を得た。また，表 2 は表 1 から求めたユークリッド距離によるマンション間の距離行列である。これらの表を基にしたクラスター分析について，以下の各問に答えよ。

表 1：築年数と駅からの所要時間

マンション	築年数	所要時間
A	1	3
B	2	2
C	3	4
D	7	9
E	8	7
F	9	9

表 2：表 1 から作成したユークリッド距離による各マンション間の距離行列

	A	B	C	D	E	F
A	0.00	1.41	2.24	8.49	8.06	10.00
B	1.41	0.00	2.24	8.60	7.81	9.90
C	2.24	2.24	0.00	6.40	5.83	7.81
D	8.49	8.60	6.40	0.00	2.24	2.00
E	8.06	7.81	5.83	2.24	0.00	2.24
F	10.00	9.90	7.81	2.00	2.24	0.00

　表 1 のデータに対し，階層的クラスター分析を適用することでクラスターを求める。

〔1〕　最短距離法（single-linkage method）を用いた階層的クラスター分析を行い，デンドログラムを作成せよ。

〔2〕　2 つのクラスターに分けたいとき，デンドログラムをどの距離の区間で分ければよいか述べよ。

　次に，表 1 のデータに対して非階層的クラスター分析を行う。ここでは，初期値としてデータセットの中からランダムに k 点の代表点を選んでクラスターを決定していく k-means 法を適用する。

17

〔3〕 初期割り振りとしてマンション D をクラスター 1, マンション E をクラスター 2 の代表点に割り振った状態を考える。クラスター代表点を 1 回更新したときの, 各クラスターの代表点座標を計算し, 更新後の各クラスターに属するマンションの記号をそれぞれ答えよ。

〔4〕 k-means 法によるクラスター分析では初期値依存性があることが知られている。初期値依存性とは何かについて簡潔に説明せよ。また, 初期値依存性によって誤った結論になるのを避けるための対策について述べよ。

解答例

〔1〕 距離行列より, 以下の順序で最短距離法のクラスターは形成される。
 ・距離 1.41 で A, B が結合
 ・距離 2 で D, F が結合
 ・距離 2.24 で C と (A, B) が結合
 ・距離 2.24 で E と (D, F) が結合
 ・距離 5.83 で (C, (A, B)) と (E, (D, F)) が結合
よってデンドログラムは以下のようになる。

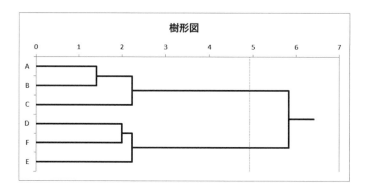

〔2〕 上問〔1〕より, 最短距離法を用いた場合, 2.24 より大きく 5.83 以下のクラスター形成距離で分けることにより, 2 つのクラスターを形成することが可能となる。

〔3〕 選択された 2 点の初期代表点の座標
 ・マンション D : (7, 9)
 ・マンション E : (8, 7)
より 2 つのクラスターを分ける。2 つの代表点から等距離にある点の集合が辺 DE の垂直二等分線であるので, 2 クラスターを分ける直線の方程式は

統計検定　1級

$$y = \frac{1}{2}x + \frac{17}{4}$$

となる。よって，クラスター1側のマンションは D，F であり，クラスター2側のマンションは A，B，C，E となる。ここから新たな代表点の座標を計算すると，

　　クラスター1：(8, 9)

　　クラスター2：(3.5, 4)

となり，このときの新たなクラスターに属するマンションは

　　クラスター1：D，E，F

　　クラスター2：A，B，C

となる。

〔4〕　初期値依存性とは，選択される初期代表点に依存してアルゴリズムが収束した際のクラスターが大きく異なる場合がある問題点のことである。この問題の回避策として，何度か非階層的クラスタリングを実行し，結果が安定しているか調査することがあげられる。これによって，誤った結論へ導かれることを回避できる可能性が高くなる。

統計応用（人文科学）　問3

項目反応理論における2パラメータロジスティックモデルでは，パラメータ θ の参加者が項目 j に正答する確率を表す項目反応関数 (item response function) が

$$P_j(\theta) = \frac{1}{1 + \exp[-a_j(\theta - b_j)]}$$

によって与えられる（$\exp[x] = e^x$ である）。ここで a_j と b_j は項目パラメータである。データとして与えられるのは，各項目について正答のとき 1，誤答のとき 0 の値を取る 2 値観測変数とする。このとき，以下の各問に答えよ。

〔1〕　項目パラメータが次のように与えられる4つの項目がある。

	a_j	b_j
項目1	1.0	2.0
項目2	1.0	1.0
項目3	0.5	2.0
項目4	0.5	−2.0

$\theta = 0$ の参加者にとって正答確率が等しい2つの項目はどれとどれかを示せ。

〔2〕　参加者パラメータ θ が参加者集団において標準正規分布に従うとき，この参加者集団にとって，上問〔1〕の4つの項目の中で最も正答しやすいと考えられる項目はどれかを求めよ。

〔3〕　項目反応関数の θ に関する偏導関数は，$P_j(\theta) = 0.5$ である点においてどのようになるかを項目パラメータの式で示せ。

〔4〕　項目 j について

$$f_j(\theta) = \frac{\left(\dfrac{\partial P_j(\theta)}{\partial \theta}\right)^2}{P_j(\theta)\{1 - P_j(\theta)\}}$$

によって与えられる関数の名称を述べ，これが何を表すかを説明せよ。

〔5〕　パラメータ c_j を追加した3パラメータロジスティックモデル

$$P_j(\theta) = c_j + \frac{1 - c_j}{1 + \exp[-a_j(\theta - b_j)]}$$

におけるパラメータ c_j の意味を述べよ。

解答例

この問題の状況における 4 つの項目の項目反応関数（項目特性曲線）をグラフで表すと次のようになる。

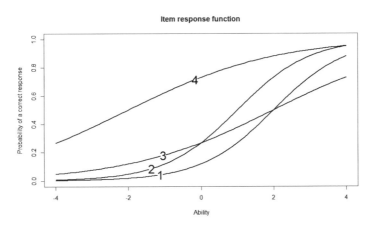

〔1〕 それぞれの項目の $\theta = 0$ での項目反応曲線の値を求めると以下のようになる。

$$項目 1 : P_1(\theta = 0) = \frac{1}{1 + \exp[-1(0-2)]} = \frac{1}{1 + \exp[2]} \approx 0.119$$

$$項目 2 : P_2(\theta = 0) = \frac{1}{1 + \exp[-1(0-1)]} = \frac{1}{1 + \exp[1]} \approx 0.269$$

$$項目 3 : P_3(\theta = 0) = \frac{1}{1 + \exp[-0.5(0-2)]} = \frac{1}{1 + \exp[1]} \approx 0.269$$

$$項目 4 : P_4(\theta = 0) = \frac{1}{1 + \exp[-0.5(0+2)]} = \frac{1}{1 + \exp[-1]} \approx 0.731$$

よって，$\theta = 0$ の参加者にとって正答確率が等しいのは項目 2 と項目 3 である。

〔2〕 $\theta = -2.0, -1.0, 0.0, 1.0, 2.0$ などを代入して項目特性曲線の形状を考えると，上図にも示したように，標準正規分布に従う参加者パラメータ θ が通常取り得る範囲の値に対して，項目 4 の正答確率が一貫して最も高いことが分かる。したがって，この参加者集団にとって，項目 4 が最も正答しやすい項目と考えられる。困難度パラメータ b_j が最も小さいのが項目 4 という解答でもよい。

あるいは，次の考察によっても正解が得られる：

$$P_1(\theta) = \frac{1}{1 + \exp[-1(\theta - 2)]} = \frac{1}{1 + \exp[-1(\theta - 1) - 1]} = P_2(\theta - 1)$$

かつ $P_j(\theta), j = 1, 2, 3, 4$ は θ の増加関数であるので，$P_2(\theta) > P_1(\theta)$ である。

同様に，$P_4(\theta) > P_3(\theta)$ も示される。よって，$P_2(\theta)$ と $P_4(\theta)$ を比較すればよい。$-a_2(\theta - b_2) = -\theta + 1$，$-a_4(\theta - b_4) = -0.5\theta - 1$ であるので，$\theta < 4$ の範囲で $-a_2(\theta - b_2) > -a_4(\theta - b_4)$ である。よって，参加者パラメータが標準正規分布に従うとき，項目 4 が最も正答しやすい項目である。

〔3〕 項目反応関数

$$P_j(\theta) = \frac{1}{1 + \exp[-a_j(\theta - b_j)]}$$

を θ について偏微分すると，

$$\frac{\partial P_j(\theta)}{\partial \theta} = P_j(\theta)\{1 - P_j(\theta)\}a_j$$

となり，$P_j(\theta) = 0.5$ のときこれは $\dfrac{a_j}{4}$ になる。

〔4〕 これは項目 j についての項目情報関数（item information function：単に情報関数 information function でもよい）であり，参加者パラメータ θ の関数として，当該項目による θ についての推定（測定）の精度を表す。

〔5〕 3 パラメータロジスティックモデルの項目反応関数

$$P_j(\theta) = c_j + \frac{1 - c_j}{1 + \exp[-a_j(\theta - b_j)]}$$

では，追加されたパラメータ c_j は当て推量パラメータと呼ばれ，項目 j に対して参加者が単に当て推量で解答したときに偶然正答できる確率を表す。すなわち，正答は単なる当て推量によるものとそうでないもののいずれかによって得られ，当て推量で正答する確率が c_j で，そうでない確率は，項目反応確率の $1 - c_j$ 倍によって得られるというモデルである。

統計応用(人文科学) 問4

次の図は,あるソフトウェアを用いて,あるデータについて構造方程式モデリング(共分散構造分析)を行った結果から得られたパス図と各パラメータの推定値である。図中に示された推定値に基づき,以下の各問に答えよ。

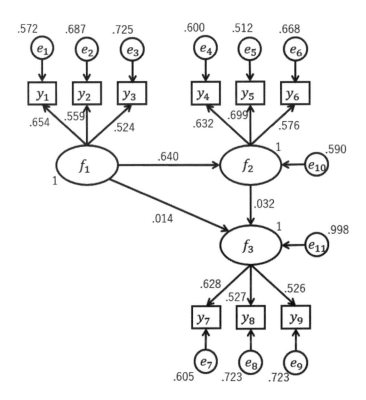

〔1〕 この結果は標準解と非標準解のどちらと考えられるか。理由とともに述べよ。

〔2〕 上問〔1〕で答えた解における, f_1 から f_2 への直接効果,間接効果,総合効果の推定値をそれぞれ求めよ。

〔3〕 上問〔1〕で答えた解における, f_1 から f_3 への直接効果,間接効果,総合効果の推定値をそれぞれ求めよ。

〔4〕 このモデルにおける潜在変数の構造方程式は，$\boldsymbol{f} = \begin{pmatrix} f_1 \\ f_2 \\ f_3 \end{pmatrix}$ とするとき，

$$\boldsymbol{f} = A\boldsymbol{f} + \boldsymbol{e}$$

と表現できる。行列 A とベクトル $\boldsymbol{e}$ の要素を具体的に示せ。ただし，必要な場合には $\boldsymbol{f}$ および $\boldsymbol{e}$ の要素は記号のままでよい。

〔5〕 構造方程式モデリングでは，同値モデルの存在が問題となることがある。同値モデルとは何かを説明せよ。

解答例

〔1〕 たとえば観測変数 y_1 の分散は $(.654)^2 + .572 = 1.00$ と求められ，1 になっている。同様にすべての観測変数 y_1 から y_9 について，観測変数の分散が 1 となっている。したがって，図に示されているのは標準解であると考えられる。

〔2〕 図より，f_1 から f_2 への直接効果の推定値は .640 である。また間接効果は 0 であり，したがって両者の和である総合効果の推定値は .640 である。

〔3〕 図より，f_1 から f_3 への直接効果の推定値は .014，間接効果の推定値は $.640 \times .032 = .020$ である。したがって両者の和である総合効果の推定値は $.014 + .020 = .034$ である。

〔4〕 図より，潜在変数の構造方程式は

$$\begin{pmatrix} f_1 \\ f_2 \\ f_3 \end{pmatrix} = \begin{pmatrix} 0 & 0 & 0 \\ .640 & 0 & 0 \\ .014 & .032 & 0 \end{pmatrix} \begin{pmatrix} f_1 \\ f_2 \\ f_3 \end{pmatrix} + \begin{pmatrix} f_1 \\ e_{10} \\ e_{11} \end{pmatrix}$$

となる。したがって $A = \begin{pmatrix} 0 & 0 & 0 \\ .640 & 0 & 0 \\ .014 & .032 & 0 \end{pmatrix}$，$\boldsymbol{e} = \begin{pmatrix} f_1 \\ e_{10} \\ e_{11} \end{pmatrix}$ である。

〔5〕 同値モデルとは，異なるモデルであっても同じ分散共分散行列を与える複数のモデルのことである。複数の同値モデルでは，たとえモデルが異なっていても，どのようなデータであっても適合度が常に同じになる。したがって，同値モデルの間では，適合度による統計的モデル選択を行うことができない。

統計検定 1級

統計応用（人文科学）　問5　統計応用4分野の共通問題

ABO 血液型の分布は O 型，A 型，B 型，AB 型の比率で示され，この比率は国や地域によって違いが見られる。日本のある地域 C から無作為に抽出した 100 人を調べたところ，血液型の分布は表1のようになった。以下の各問に答えよ。

表1：地域 C の血液型分布（観測度数）

血液型	O 型	A 型	B 型	AB 型	合計
観測度数	24	48	16	12	100

〔1〕 日本人の ABO 血液型は

$$\text{O 型} : \text{A 型} : \text{B 型} : \text{AB 型} = 3 : 4 : 2 : 1 \tag{1}$$

の比率で分布するといわれている。帰無仮説を 式 (1) の比率とし，表1について適合度のカイ2乗検定を有意水準5％で行い，その結果を述べよ。

〔2〕 血液型の分布の観測度数が，k を自然数として $6k$, $12k$, $4k$, $3k$ であったとしたとき（表1では $k = 4$），適合度のカイ2乗検定が有意水準5％で有意になる最小の k はいくらか。

〔3〕 一般に，適合度のカイ2乗検定統計量は，近似的にカイ2乗分布に従うことからその名があるが，その統計量が近似的にカイ2乗分布に従う根拠は何かを詳細に述べよ。厳密に証明する必要はない。

〔4〕 ABO 血液型は，親から受け継いだ3つの遺伝子 O，A，B の組合せによって決まることが知られていて，表2のように血液型が決まる。これより，遺伝子 O，A，B はそれぞれ r, p, q $(r + p + q = 1)$ の比率で分布しているとすると，各血液型の比率は表2の最後の行に示したようになる。

表2：遺伝子を考慮した血液型分布

血液型	O 型	A 型	B 型	AB 型
遺伝子型	OO	AA AO OA	BB BO OB	AB BA
比率	r^2	$p^2 + 2pr$	$q^2 + 2qr$	$2pq$

全観測度数を N とし，各血液型の観測度数をそれぞれ n_O, n_A, n_B, n_{AB}，各遺伝子型の度数を f_{OO}, f_{AA}, f_{AO}, f_{BB}, f_{BO}, f_{AB} とする（f_{AO}, f_{BO}, f_{AB} はそれぞ

25

れ AO と OA，BO と OB，AB と BA の合計度数である）。このとき，$f_{OO} = n_O$，$f_{AA} + f_{AO} = n_A$，$f_{BB} + f_{BO} = n_B$，$f_{AB} = n_{AB}$ であり，f_{AA}，f_{AO}，f_{BB}，f_{BO} は実際は観測されない度数である。

比率 r，p，q の最尤推定値を求める。度数 f_{OO}，f_{AA}，f_{AO}，f_{BB}，f_{BO}，f_{AB} に基づく尤度関数は，r，p，q に依存しない定数を無視すると

$$L(r, p, q) \propto (r^2)^{f_{OO}} (p^2)^{f_{AA}} (2pr)^{f_{AO}} (q^2)^{f_{BB}} (2qr)^{f_{BO}} (2pq)^{f_{AB}}$$

となる。次の (i) および (ii) に答え，最尤推定値を求める数値計算の反復法を構築せよ。ただし実際に数値を求める必要はない。

(i) ラグランジュの未定乗数を λ とした

$$Q = \log L(r, p, q) - \lambda(r + p + q - 1)$$

を r，p，q でそれぞれ偏微分して 0 と置き，$L(r, p, q)$ を最大化する r，p，q の値を求める式を示せ。

(ii) 上記 (i) で求めた r，p，q を用いて度数 f_{AA}，f_{AO}，f_{BO}，f_{BB} の期待値を求める式を示せ。

解答例

〔1〕 適合度のカイ 2 乗検定統計量の値は

$$Y = \frac{(24 - 30)^2}{30} + \frac{(48 - 40)^2}{40} + \frac{(16 - 20)^2}{20} + \frac{(12 - 10)^2}{10} = 4.0$$

となる。自由度 3 のカイ 2 乗分布の上側 5 ％点は 7.81 であるので $Y < 7.81$ となり，有意水準 5 ％で帰無仮説は棄却されない。

〔2〕 観測度数の比率はそのままに各度数を c 倍すると，カイ 2 乗統計量の値も c 倍になる。したがって，自由度 3 のカイ 2 乗分布の上側 5 ％点の 7.81 を超える Y となる最小の k が答えである。$k = 4$ で $Y = 4.0$ であるので，$k = 7$ では $Y = 7.0$ であり，$k = 8$ とすると $Y = 8.0$ となるので $k = 8$ が答えとなる。

〔3〕 一般に，カテゴリー数が K の度数分布表の各度数を $f_1, \ldots, f_K$ とし，全観測値数を $N = f_1 + \ldots + f_K$ としたとき，各カテゴリーの生起確率を $p_1, \ldots, p_K$ とすると，$f_1, \ldots, f_K$ は，パラメータ $(N, p_1, \ldots, p_K)$ の多項分布に従う。N が大きいとき，多項分布は多変量正規分布で近似できるので，$f_1, \ldots, f_K$ の線形変換によって互いに独立に標準正規分布に従う確率変数を構成し，適合度のカイ 2 乗検定統計量 Y がそれらの 2 乗和となることを示して Y がカイ 2 乗分布に従うとする。

カイ 2 乗近似の妥当性は多項分布の正規近似に依存する。したがって，各カテゴリー度数

26

の期待値が小さいなど，その近似がうまくいかない場合には Y のカイ 2 乗近似の精度は悪くなる。

（コメント）なお，本問では求められていないが，実用上重要な結果であるので参考のため，Y が近似的にカイ 2 乗分布に従うことの証明のアウトラインを示しておく。

観測度数ベクトル $\boldsymbol{f} = (f_1, \ldots, f_K)'$ は試行回数 N および各カテゴリーの確率 $\boldsymbol{p} = (p_1, \ldots, p_K)'$ の多項分布に従うので（プライム（$'$）は行列あるいはベクトルの転置を表す），観測度数の期待値と分散および共分散はそれぞれ

$$
\begin{aligned}
&E[f_k] = Np_k,\ V[f_k] = Np_k(1-p_k) \quad (k = 1, \ldots, K) \\
&Cov[f_j, f_k] = -Np_j p_k \quad (j, k = 1, \ldots, K; j \neq k)
\end{aligned}
\tag{1}
$$

となる。N が大きいとき，$\boldsymbol{f}$ の分布は K 変量正規分布 $N_K(N\boldsymbol{p}, \Sigma)$ で近似される。ここで，$N\boldsymbol{p}$ は期待値ベクトル，Σ は各要素が式 (1) で与えられる分散と共分散からなる分散共分散行列である。したがって，

$$
x_k = \frac{f_k - Np_k}{\sqrt{Np_k}} \quad (k = 1, \ldots, K)
$$

とすると，$\boldsymbol{x} = (x_1, \ldots, x_K)'$ は近似的に K 変量正規分布 $N_K(\boldsymbol{0}, R)$ に従う。ここで $\boldsymbol{0}$ は成分がすべて 0 の零ベクトルで，分散共分散行列 R は

$$
R = \begin{pmatrix}
1 - p_1 & -\sqrt{p_1}\sqrt{p_2} & \cdots & -\sqrt{p_1}\sqrt{p_K} \\
-\sqrt{p_2}\sqrt{p_1} & 1 - p_2 & \cdots & -\sqrt{p_2}\sqrt{p_K} \\
\vdots & \vdots & \ddots & \vdots \\
-\sqrt{p_K}\sqrt{p_1} & -\sqrt{p_K}\sqrt{p_2} & \cdots & 1 - p_K
\end{pmatrix}
$$

である。

R は固有値 0（単根）と 1（$(K-1)$ 重根）を持ち，固有値 0 に対応する正規化された固有ベクトルは $\boldsymbol{h}_1 = (\sqrt{p_1}, \cdots, \sqrt{p_K})'$ である。よって，H_2 を $H = (\boldsymbol{h}_1 : H_2)$ が K 次直交行列となるような固有値 1 に対応する $K-1$ 本の固有ベクトルからなる $K \times (K-1)$ 行列とすれば，R は $R = H_2 H_2'$ と表される。$\boldsymbol{z} = H'\boldsymbol{x}$ とすると，$E[\boldsymbol{z}] = \boldsymbol{0}$ であり，$\boldsymbol{z}$ の分散共分散行列は，$H_2'\boldsymbol{h}_1 = \boldsymbol{0}$ に注意すると，

$$
V[\boldsymbol{z}] = H'RH = \begin{pmatrix}
0 & 0 & \cdots & 0 \\
0 & 1 & \cdots & 0 \\
\vdots & \vdots & \ddots & \vdots \\
0 & 0 & \cdots & 1
\end{pmatrix}
$$

となる。よって，$z_1 \equiv 0$ であり，$z_2, \ldots, z_K$ は互いに独立に $N(0, 1)$ に従う。

以上より，

$$\boldsymbol{x}'\boldsymbol{x} = \sum_{k=1}^{K} \frac{(f_k - Np_k)^2}{Np_k} = \boldsymbol{x}'HH'\boldsymbol{x} = (H'\boldsymbol{x})'(H'\boldsymbol{x}) = \boldsymbol{z}'\boldsymbol{z} = \sum_{k=2}^{K} z_k^2$$

となるので，$Y = \sum_{k=1}^{K} \dfrac{(f_k - Np_k)^2}{Np_k}$ の分布は，近似的に互いに独立に $N(0,1)$ に従う変量の $K-1$ 個の 2 乗和に等しく，自由度 $K-1$ のカイ 2 乗分布に従うことが示される。

〔4〕 (i) 目的関数は

$$Q = \log L(r, p, q) - \lambda(r + p + q - 1)$$
$$= 2f_{OO} \log r + 2f_{AA} \log p + f_{AO} \log(2pr) + 2f_{BB} \log q + f_{BO} \log(2qr)$$
$$+ f_{AB} \log(2pq) - \lambda(r + p + q - 1)$$

である。これを r，p，q でそれぞれ偏微分して 0 と置くと，

$$\frac{\partial Q}{\partial r} = \frac{2f_{OO}}{r} + \frac{f_{AO}}{r} + \frac{f_{BO}}{r} - \lambda = 0$$
$$\frac{\partial Q}{\partial p} = \frac{2f_{AA}}{p} + \frac{f_{AO}}{p} + \frac{f_{AB}}{p} - \lambda = 0$$
$$\frac{\partial Q}{\partial q} = \frac{2f_{BB}}{q} + \frac{f_{BO}}{q} + \frac{f_{AB}}{q} - \lambda = 0$$

となるので，関係式

$$2f_{OO} + f_{AO} + f_{BO} = \lambda r$$
$$2f_{AA} + f_{AO} + f_{AB} = \lambda p$$
$$2f_{BB} + f_{BO} + f_{AB} = \lambda q$$

を得る。これらの両辺を加えると，

$$2(f_{OO} + f_{AO} + f_{BO} + f_{AA} + f_{BB} + f_{AB}) = 2N = \lambda(r + p + q) = \lambda$$

より $\lambda = 2N$ となる。よって，各比率の推定値は

$$\hat{r} = \frac{2f_{OO} + f_{AO} + f_{BO}}{2N}$$
$$\hat{p} = \frac{2f_{AA} + f_{AO} + f_{AB}}{2N}$$
$$\hat{q} = \frac{2f_{BB} + f_{BO} + f_{AB}}{2N}$$

となる。

(ii) パラメータの値 p, q が与えられたとき，観測されない度数の期待値は

$$E[f_{AA}] = Np^2, \ E[f_{AO}] = n_A - Np^2$$
$$E[f_{BB}] = Nq^2, \ E[f_{BO}] = n_B - Nq^2$$

で与えられる。

（コメント）問題の解答としては以上であるが，実際の計算では，上問 (i) および (ii) で得られた結果を用い，適当な初期値 $f_{AA}^{(0)}$, $f_{BB}^{(0)}$ から出発し，

$$r^{(t)} = \frac{2f_{OO} + f_{AO}^{(t-1)} + f_{BO}^{(t-1)}}{2N}$$
$$p^{(t)} = \frac{2f_{AA}^{(t-1)} + f_{AO}^{(t-1)} + f_{AB}}{2N}$$
$$q^{(t)} = \frac{2f_{BB}^{(t-1)} + f_{BO}^{(t-1)} + f_{AB}}{2N}$$

および

$$f_{AA}^{(t)} = N(p^{(t)})^2, \quad f_{AO}^{(t)} = n_A - N(p^{(t)})^2$$
$$f_{BB}^{(t)} = N(q^{(t)})^2, \quad f_{BO}^{(t)} = n_B - N(q^{(t)})^2$$

を繰り返す反復計算アルゴリズムにより解を求める。これは，(i) で求めた結果を M ステップ，(ii) で得られた結果を E ステップとする EM アルゴリズムである。
　なお上記で，

$$f_{AO}^{(t)} = N \cdot 2p^{(t)}r^{(t)}, \quad f_{BO}^{(t)} = N \cdot 2q^{(t)}r^{(t)}$$

としたアルゴリズムはうまくいかない。$f_{AA}^{(t)} + f_{AO}^{(t)} = n_A$, $f_{BB}^{(t)} + f_{BO}^{(t)} = n_B$ が成り立つとは限らないためである。

統計応用（社会科学）　問1

大きさ N の有限母集団が L 個の部分母集団（層）に分割され，各層の大きさを N_h $(h = 1, \ldots, L)$ とする $\left(N = \sum_{h=1}^{L} N_h \text{ である}\right)$。ある測定項目 Y について，第 h 層における第 i 番目の個体の値を y_{hi} $(i = 1, \ldots, N_h; h = 1, \ldots, L)$ と書き，各層の母平均と母分散を

$$\bar{Y}_h = \frac{1}{N_h} \sum_{i=1}^{N_h} y_{hi}, \quad S_h^2 = \frac{1}{N_h - 1} \sum_{i=1}^{N_h} (y_{hi} - \bar{Y}_h)^2$$

で定める。第 h 層の大きさの相対比率を $W_h = \dfrac{N_h}{N}$ とし，全体の母集団平均 $\bar{Y} = \sum_{h=1}^{L} W_h \bar{Y}_h$ を推定する目的で，層別に標本を抽出することを考える。

各層の標本の大きさを n_h として，全体で大きさ $n = \sum_{h=1}^{L} n_h$ の標本を抽出する。各層では，他の層とは独立に非復元単純無作為抽出を行い，第 h 層での標本平均を $\bar{y}_h = \dfrac{1}{n_h} \sum_{i=1}^{n_h} y_{hi}$ とする。また，$w_h = \dfrac{n_h}{n}$, $f_h = \dfrac{n_h}{N_h}$ と記号を定める。このとき，以下の各問に答えよ。ただし，$\bar{y}_h$ の期待値と分散がそれぞれ

$$E[\bar{y}_h] = \bar{Y}_h, \quad V[\bar{y}_h] = \frac{1 - f_h}{n_h} S_h^2 \quad (h = 1, \ldots, L)$$

となることを用いてもよい。

〔1〕　層化推定量 $\hat{Y} = \sum_{h=1}^{L} W_h \bar{y}_h$ の期待値 $E[\hat{Y}]$ と分散 $V[\hat{Y}]$ を求めよ。

〔2〕　各層の標本を大きさ $n_h = W_h n$ で割り当てたときの層化推定量を $\hat{Y}_{(1)}$ と表す。分散 $V[\hat{Y}_{(1)}]$ を求めよ。

〔3〕　標本の大きさ n が与えられたとき，層化推定量の分散を最小にするような標本の配分 n_h を求めよ。

〔4〕　上問〔3〕の配分 n_h を用いた層化推定量を $\hat{Y}_{(2)}$ と表す。分散 $V[\hat{Y}_{(2)}]$ を求めよ。

〔5〕　層の情報を用いない大きさ n の非復元無作為標本 $y_1, \ldots, y_n$ から求めた推定量を $\hat{Y}_{(0)} = \bar{y} = \dfrac{1}{n} \sum_{i=1}^{n} y_i$ と書く。有限母集団の修正項が $1 - f_h \approx 1$ と無視できるほど各層の大きさ N_h が大きい場合，関係式

統計検定　1級

$$V[\hat{Y}_{(2)}] \leq V[\hat{Y}_{(1)}] \leq V[\hat{Y}_{(0)}]$$

が成り立つことを示せ。

解答例

〔1〕　期待値は

$$E[\hat{Y}] = \sum_{h=1}^{L} W_h E[\bar{y}_h] = \sum_{h=1}^{L} W_h \bar{Y}_h = \bar{Y}$$

である（不偏推定量）。分散は

$$V[\hat{Y}] = V\left[\sum_{h=1}^{L} W_h \bar{y}_h\right] = \sum_{h=1}^{L} W_h^2 V[\bar{y}_h] = \sum_{h=1}^{L} W_h^2 \frac{1-f_h}{n_h} S_h^2 = \sum_{h=1}^{L} W_h^2 S_h^2 \left(\frac{1}{n_h} - \frac{1}{N_h}\right)$$

となる。

〔2〕　各層の標本の大きさを $n_h = W_h n$ とすると，$f_h = \dfrac{n_h}{N_h} = \dfrac{n}{N}$ と h に依存せず一定とな

る。よって，$f = \dfrac{n}{N}$ としてこれを〔1〕の $V[\hat{Y}]$ の式に代入すると $W_h^2 \dfrac{1-f_h}{n_h} = W_h \dfrac{1-f}{n}$

となる。これより

$$V[\hat{Y}_{(1)}] = \frac{1-f}{n} \sum_{h=1}^{L} W_h S_h^2$$

を得る。

〔3〕　上問〔1〕の分散

$$V[\hat{Y}] = \sum_{h=1}^{L} W_h^2 S_h^2 \left(\frac{1}{n_h} - \frac{1}{N_h}\right) = \sum_{h=1}^{L} \frac{W_h^2}{n_h} S_h^2 - \sum_{h=1}^{L} \frac{W_h^2}{N_h} S_h^2$$

の第1項だけが n_h に関係するので，Lagrange の未定乗数を λ として，

$$Q = \sum_{h=1}^{L} \frac{W_h^2}{n_h} S_h^2 - \lambda \left(\sum_{h=1}^{L} n_h - n\right)$$

とする。これを n_h で偏微分して 0 と置くと

$$\frac{\partial Q}{\partial n_h} = -\frac{W_h^2}{n_h^2} S_h^2 - \lambda = 0$$

となるので，これより $n_h \propto W_h S_h \propto N_h S_h$ を得る。また，$\dfrac{\partial^2 Q}{\partial n_h^2} = 2\dfrac{W_h^2}{n_h^3} S_h^2 \geq 0$ かつ，

すべての $h_1 \neq h_2$ について $\dfrac{\partial^2 Q}{\partial n_{h1} \partial n_{h2}} = 0$ であるので，最小化の条件も満たしていることが分かる。よって，最適配分は

$$\frac{n_h}{n} = \frac{W_h S_h}{\sum\limits_{h=1}^{L} W_h S_h} = \frac{N_h S_h}{\sum\limits_{h=1}^{L} N_h S_h}$$

とすればよい。

〔4〕 上問〔3〕より

$$V[\hat{Y}_{(2)}] = \sum_{h=1}^{L} W_h^2 S_h^2 \left(\frac{1}{n_h} - \frac{1}{N_h} \right) = \frac{1}{n} \left(\sum_{h=1}^{L} W_h S_h \right)^2 - \frac{1}{N} \sum_{h=1}^{L} W_h S_h^2$$

を得る。

〔5〕 $1 - f_h \approx 1$ と想定し得るほど各層の大きさ N_h が大きいとすると，上問〔2〕および〔4〕より

$$V[\hat{Y}_{(1)}] = \frac{1}{n} \sum_{h=1}^{L} W_h S_h^2, \quad V[\hat{Y}_{(2)}] = \frac{1}{n} \left(\sum_{h=1}^{L} W_h S_h \right)^2$$

となる。仮定より $1 - \dfrac{1}{N} \approx 1$ であるので，母集団における個体の値の偏差平方和は，分散を S^2 とすると

$$(N-1)S^2 = \sum_{h=1}^{L} \sum_{i=1}^{N_h} (y_{hi} - \bar{Y})^2 = \sum_{h=1}^{L} \sum_{i=1}^{N_h} (y_{hi} - \bar{Y}_h)^2 + \sum_{h=1}^{L} N_h (\bar{Y}_h - \bar{Y})^2$$

であり，分散は

$$S^2 \approx \sum_{h=1}^{L} W_h S_h^2 + \sum_{h=1}^{L} W_h (\bar{Y}_h - \bar{Y})^2$$

となる。よって，

$$V[\hat{Y}_{(0)}] = \frac{1}{n} S^2 \approx \frac{1}{n} \sum_{h=1}^{L} W_h S_h^2 + \frac{1}{n} \sum_{h=1}^{L} W_h (\bar{Y}_h - \bar{Y})^2$$

$$= V[\hat{Y}_{(1)}] + \frac{1}{n} \sum_{h=1}^{L} W_h (\bar{Y}_h - \bar{Y})^2 \geq V[\hat{Y}_{(1)}]$$

を得る。$V[\hat{Y}_{(1)}]$ と $V[\hat{Y}_{(2)}]$ については，$\bar{S} = \sum\limits_{h=1}^{L} W_h S_h$ を加重平均とすると，

統計検定 1級

$$n(V[\hat{Y}_{(1)}] - V[\hat{Y}_{(2)}]) \approx \sum_{h=1}^{L} W_h S_h^2 - \left(\sum_{h=1}^{L} W_h S_h\right)^2 = \sum_{h=1}^{L} W_h (S_h - \bar{S})^2 \geq 0$$

となることより示される。

統計応用（社会科学） 問2

　ある大きな母集団における世帯所得の分布を考える。この分布に従う確率変数 $X \geq 0$ は連続型で，その累積分布関数を $F(x)$，確率密度関数を $f(x)$ とし，X の期待値を $\mu = E[X] < \infty$ とする。ここでは，$u = F(x)$ が $0 < F(x) < 1$ となる x で狭義単調増加，すなわち $0 < u < 1$ で逆関数 $x = F^{-1}(u)$ が存在する場合のみを考える。

　この分布のローレンツ曲線 $L(u)$ は，$0 \leq u \leq 1$ で

$$L(u) = \frac{\displaystyle\int_0^u F^{-1}(t)dt}{\displaystyle\int_0^1 F^{-1}(t)dt} = \frac{\displaystyle\int_0^{F^{-1}(u)} yf(y)dy}{\mu} \tag{1}$$

により定義される（$u = 1$ のときは，式 (1) の最右辺の分子における積分範囲の $F^{-1}(u)$ は ∞ もしくは $\lim_{u\uparrow 1} F^{-1}(u)$ と考える）。また，ジニ係数 G は 45 度線とローレンツ曲線で囲まれた部分の面積の 2 倍として定義される。すなわち，

$$G = 2\int_0^1 \{u - L(u)\}du$$

である。このとき，以下の各問に答えよ。なお以下では，上で述べた条件を満たす分布のみを考える。

〔1〕 ローレンツ曲線およびジニ係数は所得分布のどのような特徴を表すかを簡潔に述べよ。

〔2〕 確率変数 $U = F(X)$ は区間 $(0,1)$ 上の一様分布に従うことを示せ。

〔3〕 $\sigma > 0$，$\alpha > 1$ に対して

$$F(x) = \begin{cases} 1 - \left(\dfrac{x}{\sigma}\right)^{-\alpha} & (x > \sigma) \\ \\ 0 & (0 \leq x \leq \sigma) \end{cases}$$

を累積分布関数として持つ分布をパレート分布といい，$\mathrm{Pareto}(\sigma, \alpha)$ と書く。パレート分布 $\mathrm{Pareto}(\sigma, \alpha)$ のローレンツ曲線 $L(u)$ $(0 \leq u \leq 1)$ を求めよ。またそれを利用してジニ係数は $G = \dfrac{1}{2\alpha - 1}$ となることを示せ。

33

〔4〕 一般に，2つの分布 F_1, F_2 の累積分布関数を $F_1(x), F_2(x)$ とし，ローレンツ曲線を
それぞれ $L_1(u), L_2(u)$ としたとき，すべての $0 \leq u \leq 1$ に対して $L_1(u) \geq L_2(u)$ で
あり，かつある $0 < u < 1$ において $L_1(u) > L_2(u)$ となるとき，F_1 は F_2 をローレン
ツ優越するという。

上問〔3〕で定義したパレート分布に対し，$\text{Pareto}(\sigma_1, \alpha_1)$ が $\text{Pareto}(\sigma_2, \alpha_2)$ をロー
レンツ優越するための必要十分条件を $\sigma_1, \alpha_1, \sigma_2, \alpha_2$ を用いて表せ。

〔5〕 ある分布の期待値が $\mu > 0$ であり，ローレンツ曲線が

$$L(u) = u + (1 - u) \log(1 - u) \quad (0 \leq u \leq 1)$$

であるとする。このとき，この分布の累積分布関数 $F(x)$ を求めよ。なお，ここで $\log$ は
自然対数である。

解答例

〔1〕 ローレンツ曲線 $L(u)$ は，横軸に母集団の構成比率 $(0 \leq u \leq 1)$，縦軸に所得の累積比
率 $(0 \leq L(u) \leq 1)$ を取ったもので，所得分布の不平等度を曲線によって表している。母
集団を構成する人々全員の所得が同じであった場合にはローレンツ曲線は傾き $45°$ の直線
となり，所得の不平等度が大きくなるにつれ曲線は下方に大きく膨らむ。ジニ係数 G はそ
の不平等度を数値で表したもので，完全に平等な場合は $G = 0$，極端に不平等な場合には
1 に近づく。

〔2〕 U の累積分布関数を $G(u)$ とすると，$0 < u < 1$ において

$$G(u) = P(U \leq u) = P(F(X) \leq u) = P(X \leq F^{-1}(u)) = F(F^{-1}(u)) = u$$

であり，$G(u) = u$ は区間 $(0, 1)$ 上の一様分布の累積分布関数である。

〔3〕 $0 < F(x) < 1$ となる x すなわち $x < \sigma$ に対して，$u = F(x) = 1 - (x/\sigma)^{-\alpha}$ を x
について解くと $x = F^{-1}(u) = \sigma(1 - u)^{-1/\alpha}$ となる。これよりローレンツ曲線は

$$L(u) = \frac{\int_0^u \sigma(1 - t)^{-1/\alpha} dt}{\int_0^1 \sigma(1 - t)^{-1/\alpha} dt} = \frac{\left[-\dfrac{1}{1 - (1/\alpha)}(1 - t)^{1 - (1/\alpha)} \right]_0^u}{\left[-\dfrac{1}{1 - (1/\alpha)}(1 - t)^{1 - (1/\alpha)} \right]_0^1}$$

$$= 1 - (1 - u)^{1 - (1/\alpha)} \quad (0 \leq u \leq 1)$$

となり，ジニ係数は

$$G = 2 \int_0^1 \left[u - \left\{ 1 - (1-u)^{1-(1/\alpha)} \right\} \right] du = 2 \left[\frac{u^2}{2} - u - \frac{1}{2-(1/\alpha)}(1-u)^{2-(1/\alpha)} \right]_0^1$$

$$= 2 \left\{ -\frac{1}{2} + \frac{1}{2-(1/\alpha)} \right\} = \frac{1}{2\alpha-1}$$

となる。

〔4〕 任意の $0 < u < 1$ と任意の $\alpha_1 > \alpha_2 > 1$ に対して，$0 < 1 - u < 1$ と
$1 - \dfrac{1}{\alpha_1} > 1 - \dfrac{1}{\alpha_2} > 0$ より，$(1-u)^{1-(1/\alpha_1)} < (1-u)^{1-(1/\alpha_2)}$ となる。

このことと，上問〔3〕のローレンツ曲線より，$\mathrm{Pareto}(\sigma_1, \alpha_1)$ が $\mathrm{Pareto}(\sigma_2, \alpha_2)$ を
ローレンツ優越するための必要十分条件は

$$\alpha_1 > \alpha_2 \quad (\sigma_1, \sigma_2 \text{は任意})$$

となることが分かる。

〔5〕 $L(u) = \dfrac{\int_0^u F^{-1}(t)dt}{\mu}$ を u で微分すると

$$\frac{d}{du}L(u) = \frac{F^{-1}(u)}{\mu} \quad (0 < u < 1)$$

となる。一方，問題で与えられた $L(u) = u + (1-u)\log(1-u)$ を u で微分すると

$$\frac{d}{du}L(u) = 1 - \log(1-u) - 1 = -\log(1-u) \quad (0 < u < 1)$$

となる。よって，

$$F^{-1}(u) = -\mu \log(1-u) \quad (0 < u < 1)$$

となるので，$x = -\mu \log(1-u)$ を u について解いて

$$u = F(x) = 1 - e^{-x/\mu} \quad (x > 0)$$

を得る。これは期待値 μ の指数分布の累積分布関数である。

統計応用（社会科学） 問3 — 理工学 問4と共通問題

時系列データ $(\ldots, X_{-1}, X_0, X_1, \ldots, X_n, \ldots)$ は1次の自己回帰（AR(1)）モデル

$$X_t = \phi X_{t-1} + \epsilon_t \quad (t = \ldots, -1, 0, 1, \ldots) \tag{1}$$

に従うとする。ここで ϵ_t は互いに独立に $N(0, \sigma^2)$ に従う確率変動項であり，定常性の条件
$|\phi| < 1$ を仮定する。$(X_1, \ldots, X_n)$ につき以下の各問に答えよ。

〔1〕 モデル (1) における $(X_1, \ldots, X_n)$ の自己共分散行列 $T = \{\tau_{ij}\}$ の各成分は

$$\tau_{ij} = \frac{\sigma^2}{1 - \phi^2} \phi^{|i-j|} \quad (i, j = 1, \ldots, n)$$

で与えられ，自己相関行列は $R = \{\rho_{ij}\} = \{\phi^{|i-j|}\}$ となることを示せ。

〔2〕 n 次対称行列 $A = \{a_{ij}\}$ を

$$a_{ij} = \left\{ \begin{array}{ll} 1 & (i = j = 1, i = j = n) \\ 1 + \phi^2 & (i = j = 2, \ldots, n - 1) \\ -\phi & (|i - j| = 1) \\ 0 & (|i - j| \geq 2) \end{array} \right.$$

とする。たとえば $n = 4$ では

$$A = \begin{pmatrix} 1 & -\phi & 0 & 0 \\ -\phi & 1 + \phi^2 & -\phi & 0 \\ 0 & -\phi & 1 + \phi^2 & -\phi \\ 0 & 0 & -\phi & 1 \end{pmatrix}$$

である。

　一般の n および上問〔1〕の行列 T に対し，$\dfrac{1}{\sigma^2} T$ の逆行列は A で与えられることを示せ。また，A の行列式 $|A|$ および R の行列式 $|R|$ の値を求めよ。

〔3〕 $\boldsymbol{x} = (x_1, \ldots, x_n)'$ を n 次ベクトルとしたとき（プライム ($'$) は転置を表す），上問〔2〕の行列 A に関する 2 次形式 $Q_A = \boldsymbol{x}'A\boldsymbol{x}$ を $x_1, \ldots, x_n$ を用いて書き下し，$|\phi| < 1$ のとき，Q_A はすべての $\boldsymbol{x} \neq \boldsymbol{0}$ （成分がすべて 0 のベクトル）に対して常に正であること，すなわち A は正定値であることを示せ。

〔4〕 上問〔2〕の行列 A の $(1, 1)$ 要素の 1 のみを ϕ^2 に変えた行列を B とする。たとえば $n = 4$ の場合は

$$B = \begin{pmatrix} \phi^2 & -\phi & 0 & 0 \\ -\phi & 1 + \phi^2 & -\phi & 0 \\ 0 & -\phi & 1 + \phi^2 & -\phi \\ 0 & 0 & -\phi & 1 \end{pmatrix}$$

である。一般の n について，B に関する 2 次形式 $Q_B = \boldsymbol{x}'B\boldsymbol{x}$ はすべての $\boldsymbol{x}$ に対して ϕ の値によらず非負となること，すなわち Q_B は非負定値であることを示せ。また，$Q_B = 0$ となる $\boldsymbol{x}$ （ただし，$\boldsymbol{x} \neq \boldsymbol{0}$) はどのようなベクトルであるか。

統計検定　1級

〔5〕 モデル (1) における自己回帰係数 ϕ が既知もしくはきわめて精度よく推定されている
が誤差分散 σ^2 は未知であるとき，σ^2 の 95 ％信頼区間の構成法を示せ。

解答例

〔1〕 X_t の分散は，X_{t-1} と ε_t が独立であることおよび定常性により

$$\tau^2 = V[X_t] = \phi^2 V[X_{t-1}] + V[\varepsilon_t] = \phi^2 \tau^2 + \sigma^2$$

となるので，$\tau^2 = \dfrac{\sigma^2}{1-\phi^2}$ となる。X_t と X_{t+1} の共分散は

$$Cov[X_t, X_{t+1}] = \phi V[X_t] = \frac{\sigma^2}{1-\phi^2} \phi$$

となる。同様に，X_t と X_{t+2} の共分散は

$$Cov[X_t, X_{t+2}] = \phi Cov[X_t, X_{t+1}] = \phi^2 V[X_t] = \frac{\sigma^2}{1-\phi^2} \phi^2$$

となり，以下同様に，

$$Cov[X_t, X_{t+k}] = \frac{\sigma^2}{1-\phi^2} \phi^k$$

を得る。よって定常性より

$$Cov[X_i, X_j] = \frac{\sigma^2}{1-\phi^2} \phi^{|i-j|}$$

となる。自己相関係数は自己共分散を自己分散で割ればいいので，$\rho_{ij} = \phi^{|i-j|}$ となる。

〔2〕 行列の積 AR の対角要素はすべて $1-\phi^2$ であること，および非対角要素がすべて 0 で
あることを行列の積によって示す。具体的に $n=4$ を参照しながら結果を導く。

$$AR = \begin{pmatrix} 1 & -\phi & 0 & 0 \\ -\phi & 1+\phi^2 & -\phi & 0 \\ 0 & -\phi & 1+\phi^2 & -\phi \\ 0 & 0 & -\phi & 1 \end{pmatrix} \begin{pmatrix} 1 & \phi & \phi^2 & \phi^3 \\ \phi & 1 & \phi & \phi^2 \\ \phi^2 & \phi & 1 & \phi \\ \phi^3 & \phi^2 & \phi & 1 \end{pmatrix}$$

AR の $(1,1)$ 要素は

$$1 \times 1 - \phi \times \phi = 1 - \phi^2$$

であり，(n,n) 要素は

$$-\phi \times \phi + 1 \times 1 = 1 - \phi^2$$

37

である。(k, k) 要素は

$$-\phi \times \phi + (1 + \phi^2) \times 1 - \phi \times \phi = 1 - \phi^2$$

となる。これより AR のすべての対角要素は $1 - \phi^2$ であることが示される。非対角要素については，$(1, k)$ 要素は

$$1 \times \phi^{k-1} - \phi \times \phi^{k-2} = 0$$

であり，(n, k) 要素は

$$-\phi \times \phi^{k-2} + 1 \times \phi^{k-1} = 0$$

となる。(k, l) 要素 $(k \neq l)$ は，ある自然数 a に対し，

$$-\phi \times \phi^a + (1 + \phi^2)\phi^{a+1} - \phi \times \phi^{a+2} = 0$$

となり，AR のすべての非対角要素は 0 になることが分かる。よって，A は $\dfrac{1}{1 - \phi^2} R$ すなわち $\dfrac{1}{\sigma^2} T$ の逆行列となる。

A に対し，行列式の値を変えない行基本変形，すなわち第 1 行目を ϕ 倍して 2 行目に加える，その第 2 行目を ϕ 倍して第 3 行目に加える，という作業を最後まで施す。これにより A は上三角行列となり，その第 1 対角要素から第 $n-1$ 対角要素までは 1，第 n 対角要素は $1 - \phi^2$ となるので $|A| = 1 - \phi^2$ となる。具体的に $n = 4$ で示すと以下のようになる。

$$A = \begin{pmatrix} 1 & -\phi & 0 & 0 \\ -\phi & 1+\phi^2 & -\phi & 0 \\ 0 & -\phi & 1+\phi^2 & -\phi \\ 0 & 0 & -\phi & 1 \end{pmatrix} \rightarrow \begin{pmatrix} 1 & -\phi & 0 & 0 \\ 0 & 1 & -\phi & 0 \\ 0 & -\phi & 1+\phi^2 & -\phi \\ 0 & 0 & -\phi & 1 \end{pmatrix}$$

$$\rightarrow \begin{pmatrix} 1 & -\phi & 0 & 0 \\ 0 & 1 & -\phi & 0 \\ 0 & 0 & 1 & -\phi \\ 0 & 0 & -\phi & 1 \end{pmatrix} \rightarrow \begin{pmatrix} 1 & -\phi & 0 & 0 \\ 0 & 1 & -\phi & 0 \\ 0 & 0 & 1 & -\phi \\ 0 & 0 & 0 & 1-\phi^2 \end{pmatrix}$$

R の行列式に関しては，

$$\left| \frac{1}{1-\phi^2} R \right| = \frac{1}{(1-\phi^2)^n} |R| = \frac{1}{1-\phi^2}$$

であるので，$|R| = (1-\phi^2)^{n-1}$ を得る。

〔3〕 2 次形式を書き下すと

統計検定　1級

$$Q_A = \boldsymbol{x}'A\boldsymbol{x} = x_1^2 + \sum_{i=2}^{n-1}(1+\phi^2)x_i^2 + x_n^2 - 2\phi\sum_{i=2}^n x_i x_{i-1}$$

$$= (1-\phi^2)x_1^2 + \sum_{i=2}^n (x_i - \phi x_{i-1})^2$$

となり，仮定より $|\phi| < 1$ であるので，すべての $\boldsymbol{x} \neq 0$ に対して $Q_A > 0$ となる。

〔4〕　2次形式を書き下すと

$$Q_B = \boldsymbol{x}'B\boldsymbol{x} = \phi^2 x_1^2 + \sum_{i=2}^{n-1}(1+\phi^2)x_i^2 + x_n^2 - 2\phi\sum_{i=2}^n x_i x_{i-1}$$

$$= \sum_{i=2}^n (x_i - \phi x_{i-1})^2$$

となり，すべての ϕ に対し，$\boldsymbol{x} \neq 0$ であれば $Q_B \geq 0$ となる。$Q_B = 0$ となるのは，$x_i = \phi x_{i-1}(i = 2, \ldots, n)$ の場合であるので，c を定数として $\boldsymbol{x} = c(1, \phi, \phi^2, \ldots, \phi^{n-1})'$ となる。

〔5〕　確率変数列 $(X_1, \ldots, X_n)$ は期待値 0，分散共分散行列 T の n 変量正規分布に従うので，2次形式 $Q = \boldsymbol{x}'T^{-1}\boldsymbol{x}$ は自由度 n のカイ2乗分布に従う。よって，上問〔3〕より $\dfrac{Q_A}{\sigma^2} = \dfrac{1}{\sigma^2}\left\{(1-\phi^2)X_1^2 + \sum_{i=2}^n (X_i - \phi X_{i-1})^2\right\}$ は自由度 n のカイ2乗分布に従うことから，観測データ $(x_1, \ldots, x_n)$ に対し，$s^2 = (1-\phi^2)x_1^2 + \sum_{i=2}^n (x_i - \phi x_{i-1})^2$ を求め，$\chi_{0.025}^2(n)$ および $\chi_{0.975}^2(n)$ をそれぞれ自由度 n のカイ2乗分布の上側および下側 2.5％点として，σ^2 の 95％信頼区間は

$$\frac{s^2}{\chi_{0.025}^2(n)} \leq \sigma^2 \leq \frac{s^2}{\chi_{0.975}^2(n)}$$

と求められる。

統計応用（社会科学）　問4

　あるコーヒーショップチェーンでは，各店舗から報告されるお客さんからのクレーム情報を収集して分析し，よりよい接客につなげようとしている。表1はある日に全国の店舗から無作為に抽出した 100 店舗のクレームの件数の度数とそれらの平均および分散である。この表に関する以下の令央君と和美さんの会話に関する各問に答えよ。なお，パラメータ λ のポアソン分布に従う確率変数 X の確率関数は

$$f(x; \lambda) = P(X = x) = \frac{\lambda^x}{x!}e^{-\lambda} \quad (x = 0, 1, 2, \ldots) \tag{1}$$

である。

表1：クレーム数の度数分布と平均，分散

クレーム数	0	1	2	3	4	5	6	7	計	平均	分散
度数	22	23	26	18	6	4	1	0	100	1.79	2.03

令央：クレームは稀な事象だからポアソン分布が当てはまると思うよ。ポアソン分布のパラメータ λ の最尤推定値は標本平均だから，データから値を求めると $\hat{\lambda} = \bar{x} = 1.79$ だ。これをパラメータ値とするポアソン分布を折れ線に表示して，表1の度数の棒グラフに当てはめると図1になったよ。

和美：なんだか当てはまりが悪いわね。クレーム数の分布はポアソン分布とはちょっと違うんじゃないかしら。ポアソン分布だと平均と分散が等しいはずだけど，分散は 2.03 と平均の 1.79 よりも大きいし。噂だけど本当はクレームがあったのにそれがなかったと報告している店舗があるみたいよ。

令央：では，クレームがあったのにそれを 0 と報告した店舗の割合を ω として，ゼロ度数が多いゼロ過剰なポアソン分布を当てはめてみよう。計算の結果今度は λ の推定値が $\hat{\lambda} = 1.98$ になったので分布形をグラフにしてみると図2のようになったよ。

和美：当てはまりが格段によくなったわ。クレームがあったのにそれを 0 としたショップの割合 ω はどのくらいなのかしら。そういう店舗には正直に報告してもらうようお願いしなくてはいけないわね。クレーム情報は接客の向上のために有用ですもの。

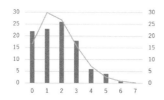 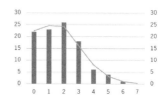

図1：ポアソン分布の当てはめ　　図2：ゼロ過剰なポアソン分布の当てはめ

〔1〕 パラメータ λ のポアソン分布の期待値と分散はともに λ であることを示せ。

〔2〕 パラメータ λ のポアソン分布からの大きさ n の無作為標本が $x_1, \ldots, x_n$ と得られたときのパラメータ λ の最尤推定値は標本平均 $\bar{x} = \dfrac{1}{n}\sum_{i=1}^{n} x_i$ であることを示せ。

〔3〕 $x = k$ となる度数を f_k とし，表1のような観測度数分布 $(f_0, f_1, \ldots, f_K)$ に対するポアソン分布の適合度を統計的に評価する適合度のカイ2乗検定について述べよ。ただし，実際に計算する必要はない。

統計検定　1級

〔4〕　ゼロ過剰パラメータを ω としたときのゼロ過剰なポアソン（Zero-Inflated Poisson ＝ ZIP）分布の確率関数は

$$g(x;\lambda,\omega) = \begin{cases} \omega + (1-\omega)f(x;\lambda) & (x=0) \\ (1-\omega)f(x;\lambda) & (x \geq 1) \end{cases} \tag{2}$$

で与えられる。ここで $f(x;\lambda)$ は式 (1) で与えられるポアソン分布の確率関数である。ZIP 分布からの大きさ n の無作為標本 $x_1,\ldots,x_n$ が与えられたとき，以下の手順に基づき，繰り返し計算による λ の最尤推定法を示せ。

(i)　$x=0$ の観測度数を f_0 とし（表 1 では $f_0 = 22$），$A = x_1 + \cdots + x_n$ と置く。また，便宜的にゼロ過剰部分の（観測されない）度数を m とする。すなわちポアソン分布部分の度数は $n-m$ である。このとき，n,m,A を用いて λ および ω の対数尤度関数 $l(\lambda,\omega)$ を求めよ。

(ii)　$l(\lambda,\omega)$ を λ および ω で偏微分して 0 と置くことにより

$$\begin{cases} \lambda = h_1(n,m,A) \\ \omega = h_2(n,m) \end{cases}$$

となる関係式を導け。

(iii)　m と λ の関係式

$$m = h_3(n,f_0,\lambda)$$

を導き，$\lambda^{(0)}$ を初期値として，繰り返し計算式

$$m^{(t)} = h_3(n,f_0,\lambda^{(t-1)})$$
$$\lambda^{(t)} = h_1(n,m^{(t)},A)$$

を求めよ。

〔5〕　表 1 のデータに基づく，式 (2) の ZIP 分布におけるゼロ過剰パラメータ ω の推定値はいくらか。また，観測されたクレーム数が 0 の度数 22 のうちで，クレームがあったにもかかわらずそれを 0 と報告したショップの割合はいくらか。

解答例

〔1〕　X をパラメータ λ のポアソン分布に従う確率変数とすると，

$$E[X] = \sum_{x=0}^{\infty} x \cdot \frac{\lambda^x}{x!} e^{-\lambda} = \lambda \sum_{y=0}^{\infty} \frac{\lambda^y}{y!} e^{-\lambda} = \lambda$$

となる。ここで，$y = x-1$ と置き，ポアソン分布の全確率は 1 となることを用いた。また，

41

$$E[X(X-1)] = \sum_{x=0}^{\infty} x(x-1) \cdot \frac{\lambda^x}{x!} e^{-\lambda} = \lambda^2 \sum_{z=0}^{\infty} \frac{\lambda^z}{z!} e^{-\lambda} = \lambda^2$$

である。ここで，$z = x - 2$ と置き，ポアソン分布の全確率は 1 となることを用いた。これより分散は

$$V[X] = E[X(X-1)] + E[X] - (E[X])^2 = \lambda^2 + \lambda - \lambda^2 = \lambda$$

と求められる。

〔2〕 観測データを $x_1, \ldots, x_n$ とし，標本平均を $\bar{x} = \frac{1}{n} \sum_{i=1}^{n} x_i$ とすると，尤度関数は

$$L(\lambda) = \prod_{i=1}^{n} \frac{\lambda^{x_i}}{x_i!} e^{-\lambda} = \lambda^{n\bar{x}} e^{-n\lambda} \prod_{i=1}^{n} \frac{1}{x_i!}$$

であるので，対数尤度関数は

$$l(\lambda) = \log L(\lambda) = n\bar{x} \log \lambda - n\lambda - \sum_{i=1}^{n} \log x_i!$$

となる。よってこれを λ で微分して 0 と置き

$$l'(\lambda) = \frac{n\bar{x}}{\lambda} - n = 0$$

より最尤推定値 $\hat{\lambda} = \bar{x}$ を得る。

〔3〕 この設問では，想定したカテゴリー数は $K+1$ であることを注意する。ポアソン分布のパラメータの推定値を $\hat{\lambda}$ とすると，サンプルサイズが n のとき，$x = k$ の期待度数は

$$e_k = nf(k; \hat{\lambda}) = \frac{n\hat{\lambda}^k}{k!} e^{-\hat{\lambda}} \quad (k = 0, 1, \ldots, K)$$

となる。よって，

$$Y = \sum_{k=0}^{K} \frac{(f_k - e_k)^2}{e_k}$$

とし，母集団分布がポアソン分布であるという帰無仮説の下で Y が近似的に自由度 $K-1$ のカイ 2 乗分布に従うことを利用した適合度のカイ 2 乗検定を行う。自由度を $K-1$，すなわちカテゴリー数 $K+1$ よりも 2 だけ小さくする理由は，各カテゴリーの確率の和が 1 であることおよびポアソン分布の期待値 λ を推定しているためである。そして，Y の値が自由度 $K-1$ のカイ 2 乗分布の上側 5 ％点よりも大きなときは有意水準 5 ％で帰無仮説「母集団分布はポアソン分布である」は否定される。ただしここで K は，期待度数 e_k が小さいカテゴリーを併合することによって最後のカテゴリーを「K 以上」とした値とする。たとえば表 1 のデータでは $x \geq 5$ のカテゴリーは併合して $K = 5$ とする。

42

統計検定　1級

〔4〕 (i)　大きさ n の無作為標本 $x_1, \ldots, x_n$ に対して，ゼロ過剰部分の度数が m で，ポアソン部分の度数が $n-m$ であるとし，$x_1, \ldots, x_{n-m}$ がポアソン部分であるとすると，尤度関数は

$$L(\lambda, \omega) = \omega^m \prod_{i=1}^{n-m} \left\{ (1-\omega) \frac{\lambda^{x_i}}{x_i!} e^{-\lambda} \right\} = \omega^m (1-\omega)^{n-m} \lambda^A e^{-(n-m)\lambda} \prod_{i=1}^{n-m} \frac{1}{x_i!}$$

となる。よって対数尤度関数は，

$$l(\lambda, \omega) = \log L(\lambda, \omega)$$
$$= m \log \omega + (n-m) \log(1-\omega) + A \log \lambda - (n-m)\lambda - \log \prod_{i=1}^{n-m} x_i!$$

で与えられる。

(ii)　対数尤度関数 $l(\lambda, \omega)$ を λ および ω で微分して 0 と置くことにより，尤度方程式

$$\frac{\partial l(\lambda, \omega)}{\partial \lambda} = \frac{A}{\lambda} - (n-m) = 0$$
$$\frac{\partial l(\lambda, \omega)}{\partial \omega} = \frac{m}{\omega} - \frac{n-m}{1-\omega} = 0$$

を得る。これらより

$$\lambda = \frac{A}{n-m}, \quad \omega = \frac{m}{n}$$

が得られる。

(iii)　$x \geq 1$ となる観測値数は $n - f_0$ であり，$x = 0$ となるポアソン分布部分の m が与えられた場合の期待観測値数は $(n-m)e^{-\lambda}$ であるので，ポアソン分布部分の観測値数は $n - m = n - f_0 + (n-m)e^{-\lambda}$ となり，これより

$$m = \frac{f_0 - ne^{-\lambda}}{1 - e^{-\lambda}}$$

を得る。よって，λ の適当な初期値 $\lambda^{(0)}$ を選択し，

43

$$
\begin{cases}
m^{(t)} = \dfrac{f_0 - n \exp[-\lambda^{(t-1)}]}{1 - \exp[-\lambda^{(t-1)}]} \\[3mm]
\lambda^{(t)} = \dfrac{A}{n - m^{(t)}}
\end{cases}
$$

ITE	m	Lambda
0		1.790
1	6.367	1.912
2	8.469	1.956
3	9.146	1.970
4	9.363	1.975
5	9.431	1.976
6	9.453	1.977
7	9.460	1.977
8	9.462	1.977
9	9.463	1.977
10	9.463	1.977

となる反復計算式（EM アルゴリズム）が得られる。$\lambda^{(0)}$ としては標本平均を用いればよい。実際に反復計算をすると，右のような経緯をたどって最尤推定値に収束する。

〔5〕 $\tilde{\lambda} = 1.98$ とすると，ゼロ過剰部分の度数 m は

$$
m = \frac{f_0 - ne^{-\tilde{\lambda}}}{1 - e^{-\tilde{\lambda}}} \approx \frac{22 - 100 \times e^{-1.98}}{1 - e^{-1.98}} \approx 9.46
$$

と推定される。もしくは，$\tilde{\lambda} = \dfrac{A}{n - m}$ の式を変形して，

$$
m = n - \frac{A}{\tilde{\lambda}} = 100 - \frac{179}{1.98} \approx 9.46
$$

としても求められる。よって，ω は $\tilde{\omega} = \dfrac{9.46}{100} = 0.0946$ と推定され，$x = 0$ となった度数 $f_0 = 22$ での割合は $\dfrac{9.46}{22} = 0.43$ となる。

統計応用（社会科学） 問5

統計応用（人文科学）問 5 と共通問題。25 ページ参照。

統計検定 1級

統計応用（理工学）　問1

　ある工業製品の寿命を表す連続型の確率変数を T とし $(T \geq 0)$，その累積分布関数を $F(t) = P(T \leq t)$，生存関数を $S(t) = P(T > t) = 1 - F(t)$，確率密度関数を $f(t) = \dfrac{d}{dt}F(t)$ とする。また，ハザード関数を $h(t) = \dfrac{f(t)}{S(t)}$ とし，累積ハザード関数を $H(t) = \displaystyle\int_0^t h(s)ds$ とする。以下では $F(t)$ および $H(t)$ は適当な回数微分可能であり，$E[T] < \infty$ とする。このとき以下の各問に答えよ。

〔1〕　T の期待値を $E[T] = \displaystyle\int_0^\infty tf(t)dt$ とするとき，

$$E[T] = \int_0^\infty S(t)dt$$

となることを示せ。

〔2〕　この製品が時点 t で稼働しているときの余命 $T - t$ の期待値（平均余命関数）を

$$m(t) = E[T - t | T > t]$$

とする。このとき

$$m(t) = \frac{\displaystyle\int_t^\infty S(x)dx}{S(t)}$$

および

$$m(t) = \int_0^\infty \exp[H(t) - H(t+x)]dx$$

であることを示せ。また，$m'(x)$ を $m(x)$ の導関数とするとき

$$S(t) = \exp\left[-\int_0^t \frac{1 + m'(x)}{m(x)}dx\right]$$

であることを示せ。

〔3〕　ハザード関数 $h(t)$ が t の増加（非減少）関数であるとき寿命分布は IFR（increasing failure rate）であるといい，それが t の減少（非増加）関数のとき DFR（decreasing failure rate）であるという。
　(1)　ハザード関数 $h(t)$ は寿命のどのような性質を意味するかを述べよ。
　(2)　累積ハザード関数 $H(t)$ が凸関数のとき寿命分布は IFR であり，それが凹関数のとき分布は DFR であることを示せ。なお，関数 $f(t)$ が区間 I で凸関数であるとは，区

45

間内の任意の 2 点 $t_1 < t_2$ および $0 < p < 1$ なる任意の p に対し,

$$f(pt_1 + (1-p)t_2) \leq pf(t_1) + (1-p)f(t_2) \tag{$*$}$$

が成り立つことをいい,$f(t)$ が凹関数であるとは式 $(*)$ の不等号 $(\leq)$ が逆向きの $\geq$ となることをいう。

〔4〕 パラメータ 1 の指数分布に従う確率変数を X とする。X の累積分布関数は $F(x) = P(X \leq x) = 1 - e^{-x}$ である。β を正の実数とし,$T = X^{1/\beta} = \sqrt[\beta]{X}$ と変数変換する。

(1) T の確率密度関数 $g_\beta(t)$ およびハザード関数 $h_\beta(t)$ を求め,β の値と T の分布の IFR 性および DFR 性との関係を示せ。

(2) $\beta = \dfrac{1}{2}$ および $\beta = 2$ としたときの T のハザード関数 $h_{\frac{1}{2}}(t), h_2(t)$ を求め,$0 < t < 5$ でそれぞれの関数の概形を図示せよ。

解答例

〔1〕 $S'(t) = -f(t)$ であるので,条件 $E[T] < \infty$ より $\lim\limits_{t \to \infty} tS(t) = 0$ であることに注意すると,部分積分により

$$E[T] = \int_0^\infty tf(t)dt = -[tS(t)]_0^\infty + \int_0^\infty S(t)dt$$

となる。

〔2〕 部分積分により

$$\begin{aligned}
\int_t^\infty S(x)dx &= [xS(x)]_t^\infty + \int_t^\infty xf(x)dx = -tS(t) + S(t)\int_t^\infty x\frac{f(x)}{S(t)}dx \\
&= S(t)\left\{-t + \int_t^\infty xf(x|T>t)dx\right\} = S(t)\{E[T|T>t] - t\} \\
&= S(t)E[T-t|T>t]
\end{aligned}$$

となることより与式を得る。また,$h(t) = -\dfrac{d}{dt}\log S(t)$ より $H(t) = -\log S(t)$ であるので,式変形の途中で $y = t + x$ と置いて,

$$\begin{aligned}
\int_0^\infty \exp[H(t) - H(t+x)]dx &= \int_0^\infty \exp[-\log S(t) + \log S(t+x)]dx \\
&= \frac{1}{S(t)}\int_0^\infty S(t+x)dx \\
&= \frac{1}{S(t)}\int_t^\infty S(y)dy = m(t)
\end{aligned}$$

を得る。

次に，

$$\int_t^\infty S(x)dx = m(t)S(t)$$

の両辺を t で微分して

$$-S(t) = m'(t)S(t) + m(t)S'(t)$$

となるので，移項して微分方程式

$$\frac{S'(t)}{S(t)} = -\frac{1 + m'(t)}{m(t)}$$

を得る。両辺を積分して，$\log S(0) = \log 1 = 0$ に注意すると，

$$\log S(t) = -\int_0^t \frac{1 + m'(x)}{m(x)}dx$$

となることより，与式が示される。

〔3〕(1)　ハザード関数 $h(t)$ は，時刻 t まで稼働していた製品が時刻 t で故障する瞬間故障率を表す。すなわち

$$h(t) = \lim_{\Delta t \downarrow 0} \frac{P(t \le T < t + \Delta t | T \ge t)}{\Delta t}$$

である。

(2)　一般にある関数 $g(t)$ がなめらかな凸関数であるときは，その 2 階微分は $g''(x) > 0$ であることより，導関数 $g'(t)$ は t の増加関数となる。よって，$H(t)$ の微分であるハザード関数 $h(t)$ は増加関数であることから T の確率分布は IFR である。凹関数の場合は，導関数は t の減少関数であることから，T の分布は DFR である。

〔4〕(1)　$T = X^{1/\beta}$ と変数変換すると，累積分布関数は

$$G_\beta(t) = P(T \le t) = P(X^{1/\beta} \le t) = P(X \le t^\beta) = 1 - \exp[-t^\beta]$$

となる。よって，確率密度関数は

$$g_\beta(t) = \frac{d}{dt}G_\beta(t) = \beta t^{\beta-1}\exp[-t^\beta]$$

となる。生存関数は $S_\beta(t) = \exp[-t^\beta]$ であるので，ハザード関数は

$$h_\beta(t) = \frac{g_\beta(t)}{S_\beta(t)} = \beta t^{\beta-1}$$

で与えられる。これより，$\beta > 1$ では分布は IFR，$\beta < 1$ では DFR となる。$\beta = 1$ のときは指数分布であり，ハザード関数は定数で IFR かつ DFR となる。

(2) $\beta = 1/2$ とすると，確率密度関数とハザード関数はそれぞれ

$$g_{1/2}(t) = \frac{1}{2}t^{-1/2}\exp[-t^{1/2}] = \frac{1}{2\sqrt{t}}\exp[-\sqrt{t}], \quad h_{1/2}(t) = \frac{1}{2}t^{-1/2} = \frac{1}{2\sqrt{t}}$$

であり，$\beta = 2$ とすると，確率密度関数とハザード関数はそれぞれ

$$g_2(t) = 2t\exp[-t^2], \quad h_2(t) = 2t$$

となる。それぞれの関数形は以下のようである。確率密度関数の概形は参考のために示した。

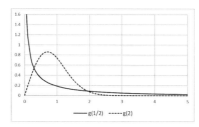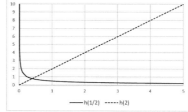

図1：確率密度関数とハザード関数

統計応用（理工学） 問2

ある部品の熱処理工程は，特性 A を管理特性とし，$\bar{X} - R$ 管理図（平均値 $\bar{X}$ と範囲 R の2つの管理図）で管理されている。図1の $\bar{X} - R$ 管理図に示すように，$\bar{X} - R$ 管理図の群の大きさは4であり，群は熱処理バッチに対応する。また，図2は半導体ウェハのある製造工程におけるウェハ上に付着するパーティクル（微少なごみ）の数を管理特性とした C 管理図である。

管理図は中心線 (Center Line) と管理限界線 (Control Limit) から成る。管理図の Center Line (CL) は，管理図に打点される統計量の平均値であり，CL の上側に UCL (Upper Control Limit)，下側に LCL (Lower Control Limit) が設定され，それらの値は，

CL ± (管理図に打点される統計量の標準偏差) × 3

である。$\bar{X} - R$ 管理図での上式における標準偏差は，R 管理図によって安定していることを判断した群内変動より求める。標準偏差の3倍で管理限界を設定する方法を3シグマルールという。ただし，R 管理図は LCL が負になる場合は考えない。$\bar{X} - R$ 管理図は正規分布を仮定して作成される。

また，C 管理図はポアソン分布を仮定して作成される。図2の CL は平均値1.62であり，管理限界線は3シグマルールで計算している。ただし，R 管理図と同様に，LCL が負になる場合は考えない。

図1の $\bar{X}$ 管理図および図2の C 管理図ともに管理限界線を越えた点が多発している。この現象に関連して以下の各問に答えよ。

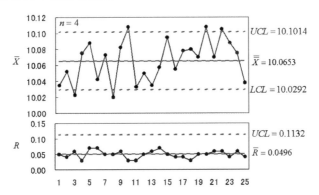

図1：熱処理工程の $\bar{X} - R$ 管理図

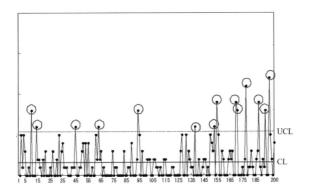

図2：半導体ウェハの製造工程の C 管理図

〔1〕 R 管理図から，熱処理のバッチ内（群内）変動は安定しているとみなされる。図1の $\bar{X}$ の管理図より，処理バッチ内変動（標準偏差 $\hat{\sigma}_W$）を推定せよ。

〔2〕 $\bar{X}$ 管理図は多数の点が管理限界線を外れている。図1の元データ x_{ij} ($i = 1, \ldots, 25; j = 1, 2, 3, 4$) の標準偏差 $\hat{\sigma}_{\text{Total}}$ が 0.0481 であったとしたとき，熱処理バッチ間変動（群間変動 $\hat{\sigma}_B$）を標準偏差で求めよ。

〔3〕 上問〔2〕のバッチ間変動のほとんどが鋼材の変動によることが判明した。ただし，鋼材の変動は鋼材メーカーの問題であり，その変動は熱処理工程からすれば管理外である。鋼材ロットは処理バッチに対応している。熱処理担当のエンジニアは，熱処理後の特性 A

の現状のばらつきは通常のばらつきであり，規格に対しても何ら問題はなく，現状を維持管理したいと判断した．3 シグマルールによって管理するとしたとき，$\bar{X} - R$ 管理図に対する対応策を考えよ．

〔4〕 図 2 の C 管理図は 3 シグマルールを用いている．C 管理図の UCL を求めよ．

〔5〕 図 2 の C 管理図は管理限界外の点が多発している．上問〔3〕と同様に，担当のエンジニアは，この程度のばらつきは通常のばらつきであり問題はなく，現状を維持管理したいと考えている．管理限界外の点が多発している図 2 の現象を説明し，C 管理図を活用するための対応策を考えよ．

解答例

〔1〕 熱処理のバッチ内（群内）変動は安定している．群内変動（標準偏差）の推定量を $\hat{\sigma}_W$ とする．$\bar{X}$ 管理図の CL の値から，

$$\bar{\bar{x}} = \frac{1}{25} \sum_{i-1}^{25} \bar{x}_i = 10.0653$$

となる．$\bar{X}$ 管理図の UCL は 3 シグマルールで設定されるので

$$\text{UCL} = \bar{\bar{x}} + 3.0 \times \frac{\hat{\sigma}_W}{\sqrt{n}}$$

であり，$\bar{X}$ 管理図から

$$10.1014 = 10.0653 + 3.0 \times \frac{\hat{\sigma}_W}{\sqrt{4}}$$

であるので $\hat{\sigma}_W = 0.0241$ となる．

〔2〕 全偏差平方和，群間偏差平方和，群内偏差平方和をそれぞれ SS_T, SS_B, SS_W とすると，平方和の分解 $SS_T = SS_B + SS_W$ が成り立つ．対応する自由度に関しても $df_T = df_B + df_W$ となる．群内分散の推定値は $\hat{\sigma}_W^2 = SS_W / df_W$ で与えられる．また，各群における観測値数が一定で m である場合，群間変動の分散 σ_B^2 の推定値は，

$$\hat{\sigma}_B^2 = \frac{1}{m} \left(\frac{SS_B}{df_B} - \hat{\sigma}_W^2 \right)$$

となる．

題意より，$SS_{Total} = (0.0481)^2 \times 99 = 0.2290$，$SS_W = (0.0241)^2 \times 75 = 0.0436$ であるので，

$$SS_B = 0.2290 - 0.0436 = 0.1855$$

となる。以上を表にまとめると次のようになる。

	SS	df	MS	MS$^{\wedge}(1/2)$
Between	0.1855	24	0.007729	0.0879
Within	0.0436	75	0.000581	0.0241
Total	0.2290	99	0.002314	0.0481

よって,

$$\hat{\sigma}_B^2 = \frac{1}{4}\left(\frac{0.1855}{24} - (0.0241)^2\right) \approx 0.0018$$

であるので,$\hat{\sigma}_B \approx \sqrt{0.0018} \approx 0.0423$ となる。

分散の加法性 $\sigma_{Total}^2 = \sigma_B^2 + \sigma_W^2$ に対して,それぞれの推定値を代入すると

$$(0.0481)^2 = \hat{\sigma}_B^2 + (0.0241)^2$$

となり,これから $\hat{\sigma}_B = 0.0416$ が得られ,上記で導出した値に近似する。導出の簡便さから,近似的にこの値を用いることも考えられる。

〔3〕 対応策として,鋼材による特性 A の変動は熱処理工程にとって偶然変動であるとみなす。すなわち,$\bar{X}$ 管理図の管理限界線の設定に,群内変動 $\hat{\sigma}_W$ を用いるのではなく,群間変動も含めた $\hat{\sigma}_{Total}$ を用いる。$\bar{X}$ 管理図の管理限界線は

$$\text{UCL} = \bar{\bar{x}} + 3.0 \times \frac{\hat{\sigma}_{Total}}{\sqrt{n}} = 10.0653 + 3.0 \times \frac{0.0481}{2} = 10.1375$$

$$\text{LCL} = \bar{\bar{x}} - 3.0 \times \frac{\hat{\sigma}_{Total}}{\sqrt{n}} = 10.0653 - 3.0 \times \frac{0.0481}{2} = 9.9932$$

となる。

群の構成を変えて,鋼材ロットによる変動を群内変動に含めることも考えられるが,品質保証上得策ではない。

〔4〕 ポアソン分布を仮定する C 管理図の 3 シグマルールから,C 管理図の UCL は

$$\text{UCL} = \text{CL} + 3.0\sqrt{\text{CL}} = 1.62 + 3.0\sqrt{1.62} = 5.43$$

となる。

〔5〕 C 管理図の管理限界線は特性値がポアソン分布に従うことを仮定して設定される。この仮定は,ウェハ上にパーティクルが付着する確率(付着率)は均一であるという仮定である。図 2 の C 管理図は,ポアソン分布を仮定したよりも分散が膨張している。この現象は,パーティクルの付着率はウェハ上で均一でなく,そのことが分散の膨張を起こしていると考えら

れる。

　対策としては，ポアソン分布のパラメータがウェハ上で均一でない分布を仮定することである。たとえば，ポアソン分布ではなく，ポアソン分布の母数 λ がガンマ分布に従う負の二項分布を仮定する。

統計応用（理工学）　問3

　ある窯を用いたタイル焼成工程では，焼成後のタイル強度 y を改善するために次の4因子による実験を行い，最も強度が高くなるタイル焼成温度，配合などを求める。

A：タイル焼成温度　　B：成分 B 配合量
C：成分 C 配合量　　D：焼成炉内位置

　すべての因子は2水準である。実験の計画には $L_8(2^7)$ 型直交表を用いる。その直交表を表1の左半分に示す。表1の右半分は実験を行う順序に関する4種類の候補である。

表1：直交表と実験の順序候補

No.	[1]	[2]	[3]	[4]	[5]	[6]	[7]	順序 1	順序 2	順序 3	順序 4
1	1	1	1	1	1	1	1	8	5	6	3
2	1	1	1	2	2	2	2	7	3	8	4
3	1	2	2	1	1	2	2	6	6	7	8
4	1	2	2	2	2	1	1	5	1	5	7
5	2	1	2	1	2	1	2	4	8	2	1
6	2	1	2	2	1	2	1	3	4	1	2
7	2	2	1	1	2	2	1	2	7	4	5
8	2	2	1	2	1	1	2	1	2	3	6
成	a		a		a		a				
分		b	b			b	b				
記				c	c	c	c				
号	1 群	2 群		3 群							

〔1〕　因子 A，B，C，D の主効果をすべて推定するため，次の「因子」の行のように各因子を割り付ける。

No.	[1]	[2]	[3]	[4]	[5]	[6]	[7]
因子	A	B		C			D
平方和	5	4	2	1	1	3	1

52

この表の「平方和」の行には実験結果 y_i $(i = 1, \ldots, 8)$ から求めた列ごとの平方和をあわせて示している。平方和は，第 $[k]$ 列の記号が 1 のときの平均 $\bar{y}_{[k]1}$ と記号が 2 のときの平均 $\bar{y}_{[k]2}$ を用いて $2(\bar{y}_{[k]1} - \bar{y}_{[k]2})^2$ で求められる。因子 A，B，C，D の主効果以外の変動は誤差とみなし，因子 A，B の主効果について F 値を計算せよ。また，完全無作為化実験の実験順序の例として適切なのは，表 1 の右半分の順序 1 から順序 4 のうちのどれかを示せ。

〔2〕 上問〔1〕で，因子 A，B，C，D の主効果に加え，交互作用 A×B もモデルに取り込む。このとき，それら以外の変動を誤差とみなして交互作用 A×B の F 値を計算せよ。

〔3〕 焼成窯ではいくつかのタイルを同時に焼成することができる。そこで，因子 A を 1 次因子，因子 B，C，D を 2 次因子とした分割実験とし，次の表の「因子」の行のような割り付けを行う。なお，1 次単位は {No. 1, No. 2}，{No. 3, No. 4}，{No. 5, No. 6}，{No. 7, No. 8} の 4 つとする。

No.	[1]	[2]	[3]	[4]	[5]	[6]	[7]
因子		A		B	C		D

この場合の実験順序の例として適切なものを，表 1 の順序 1 から順序 4 から選べ。

〔4〕 上問〔1〕の完全無作為化実験の場合，および上問〔3〕の分割実験の場合のそれぞれについて，タイル焼成は何回行うのかを述べよ。

〔5〕 分割実験を実施した際の，上問〔1〕と同様に求めた平方和を次の表の「平方和」の行に示す。1 次誤差，2 次誤差ともに無視できないものとして，因子 A，B，C，D の F 値を計算せよ。

No.	[1]	[2]	[3]	[4]	[5]	[6]	[7]
因子		A		B	C		D
平方和	2	5	2	4	1	1	1

解答例

〔1〕 第 [3]，[5]，[6] 列による変動が誤差となるので，誤差平方和はこれらの列の平方和の合計の 6，自由度は 3 なので誤差分散は 2.0 と推定される。したがって，因子 A，B の主効果の F 値は，それぞれ 2.5，2.0 となる。また，実験全体の順序を無作為に決めている例となるので順序 2 が適切である。

〔2〕 交互作用 A×B の変動は第 [3] 列に現れるので，その平方和は 2 となる。残りの [5]，

[6] 列の変動が誤差によるものとなり，誤差分散は 2.0 と推定される。したがって，交互作用 A × B の F 値は 1.0 となる。

〔3〕 因子 A を 1 次因子，因子 B，C，D を 2 次因子とした場合には，第 [2] 列に基づき 1 次因子の順序をまず無作為化し，そのそれぞれの中で 2 次因子の順序を無作為化する。したがって，順序 4 が適切である。

〔4〕 上間〔1〕の完全無作為化実験の場合には 8 回の焼成になる。一方，上間〔3〕の分割実験の場合には 4 回となる。

〔5〕 一次誤差は第 [1]，[3] 列に現れ，その誤差分散は 2.0 と推定される。したがって，因子 A の F 値は 2.5 となる。また 2 次誤差は第 [6] 列に現れ，その誤差分散は 1 と推定される。したがって因子 B，C，D の F 値はそれぞれ 4.0，1.0，1.0 となる。

統計応用（理工学）　問4

統計応用（社会科学）問 3 と共通。35 ページ参照。

統計応用（理工学）　問5

統計応用（人文科学）問 5 と共通。25 ページ参照。

統計検定　1級

統計応用（医薬生物学）　問1

　T を生存時間を表す確率変数とし，n 人について観測された生存時間を $t_1, t_2, \ldots, t_n$ とする。$r \leq n$ となる r 個のイベントの観測時点を $t_{(1)} < t_{(2)} < \cdots < t_{(r)}$ となるように昇順に並べ替え，j 番目を $t_{(j)}$ $(j = 1, 2, \ldots, r)$ と表す。時点 $t_{(j)}$ の直前にイベントが起きる可能性のある人数（リスク集合）を n_j，時点 $t_{(j)}$ におけるイベント数を d_j とする。5 名を観察した結果，表 1 のような生存時間データが得られたとする。

表1：生存時間データ

生存時間（週）	打ち切りの有無 （1:打ち切り，0:イベント）
10	0
13	0
18	1
19	0
23	1

　このとき，以下の各問に答えよ。

〔1〕　表 1 のデータから表 2 を作成せよ。さらに，カプラン・マイヤー法による生存曲線を図示せよ。ただし，$\hat{S}(t)$ は時点 t におけるカプラン・マイヤー法により推定された生存関数の推定値とする。

表2：生存関数のカプラン・マイヤー推定値

生存時間（週）	n_j	d_j	$\hat{S}(t)$
10			
13			
19			

〔2〕　$t_{(j)} \leq t < t_{(j+1)}$ $(j = 1, 2, \ldots, r)$ における生存関数のネルソン・アーレン推定値は次式で与えられる。

$$\tilde{S}(t) = \prod_{k=1}^{j} \exp\left(-\frac{d_k}{n_k}\right)$$

任意の時点 t において $\tilde{S}(t) \geq \hat{S}(t)$ であることを示せ。

〔3〕　表 1 のデータのように観察されたデータのうち最長の生存時間データが打ち切りの場合，カプラン・マイヤー法により推定された生存曲線は 0 に到達しない。そのため，生存曲線の曲線下面積が定義できず，平均生存時間を推定することはできない。このような場

合に，平均生存時間の代替指標として，境界内平均生存時間を用いることがある．境界内平均生存時間は，境界時間 τ 内での生存時間を $X(\tau)\ (=\min(T, \tau))$ としたとき，$X(\tau)$ の期待値として定義される．境界内平均生存時間は，境界時間 τ 内における生存曲線の曲線下面積に等しくなることを示せ．

〔4〕 生存時間 $X(\tau)$ の分散 $\mathrm{Var}[X(\tau)]$ を導出せよ．ただし，生存関数を $S(t) = \exp(-\lambda t)$ とする．

〔5〕 生存関数を $S(t) = \exp(-\lambda t)$ とする．表 1 のデータからハザード λ の最尤推定値を求めよ．さらに，境界時間を $\tau = 20$ とした境界内平均生存時間とその分散 $\mathrm{Var}[X(\tau)]$ の推定値を求めよ．ただし，指数関数の値は巻末の付表 5 を参照すること．

解答例

〔1〕 $t_{(j)} \le t < t_{(j+1)}\ (j = 1, 2, \ldots, r)$ のカプラン・マイヤー推定値は次式で与えられる．

$$\hat{S}(t) = \prod_{k=1}^{j} \left(\frac{n_k - d_k}{n_k} \right)$$

したがって，表 1 のデータからカプラン・マイヤー推定値は次のようになる．

$$\hat{S}(10) = \frac{5 - 1}{5} = 0.8$$

$$\hat{S}(13) = \frac{5 - 1}{5} \times \frac{4 - 1}{4} = 0.6$$

$$\hat{S}(19) = \frac{5 - 1}{5} \times \frac{4 - 1}{4} \times \frac{2 - 1}{2} = 0.3$$

さらに，表 2 は次のようになる．

表 2：生存関数のカプラン・マイヤー推定値

生存時間（週）	n_j	d_j	$\hat{S}(t)$
10	5	1	0.8
13	4	1	0.6
19	2	1	0.3

表 1 のデータから，カプラン・マイヤー法による生存曲線を図示すると図 1 のようになる．

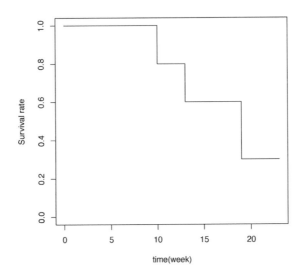

図 1：カプラン・マイヤー法による生存曲線

[2] $f(x) = \exp(-x) - (1-x)$ とする。$f(x)$ の導関数 $f'(x)$ は次式となる。

$$f'(x) = -\exp(-x) + 1$$

また，$f'(x) = 0$ の解は $x = 0$ である。増減表は次のようになる。

x	$\cdots$	0	$\cdots$
$f'(x)$	$-$	0	$+$
$f(x)$	$\searrow$	0	$\nearrow$

したがって，任意の x について，$\exp(-x) \geq 1 - x$ が成り立つ。これより，

$$\exp\left(-\frac{d_k}{n_k}\right) \geq 1 - \frac{d_k}{n_k} = \frac{n_k - d_k}{n_k}$$

が成り立ち，任意の時点 t において $\tilde{S}(t) \geq \hat{S}(t)$ であることが示された。

〔3〕 T の確率密度関数を $f(t)$，累積分布関数を $F(t)$，生存関数を $S(t)$ とする。

$$
\begin{aligned}
E[X(\tau)] &= E[\min(T, \tau)] \\
&= \int_0^\tau tf(t)dt + \int_\tau^\infty \tau f(t)dt \\
&= \left[tF(t)\right]_0^\tau - \int_0^\tau F(t)dt + \tau\left[F(t)\right]_\tau^\infty \\
&= \tau F(\tau) - \int_0^\tau (1 - S(t))dt + \tau(1 - F(\tau)) \\
&= -\left[t\right]_0^\tau + \int_0^\tau S(t)dt + \tau \\
&= -\tau + \int_0^\tau S(t)dt + \tau \\
&= \int_0^\tau S(t)dt
\end{aligned}
$$

以上より，境界内平均生存時間は，境界時間 τ 内における生存曲線の曲線下面積に等しいことが示された。

〔4〕

$$
\begin{aligned}
E[X^2(\tau)] &= \int_0^\tau t^2 f(t)dt + \int_\tau^\infty \tau^2 f(t)dt \\
&= \left[t^2 F(t)\right]_0^\tau - \int_0^\tau 2tF(t)dt + \tau^2\left[F(t)\right]_\tau^\infty \\
&= \tau^2 F(\tau) - \int_0^\tau 2t(1 - S(t))dt + \tau^2(1 - F(\tau)) \\
&= -\left[t^2\right]_0^\tau + 2\int_0^\tau tS(t)dt + \tau^2 \\
&= -\tau^2 + 2\int_0^\tau tS(t)dt + \tau^2 \\
&= 2\int_0^\tau tS(t)dt
\end{aligned}
$$

生存関数 $S(t) = \exp(-\lambda t)$ より

$$
\begin{aligned}
E[X(\tau)] &= \int_0^\tau S(t)dt \\
&= \int_0^\tau \exp(-\lambda t)dt
\end{aligned}
$$

$$= \left[- \frac{\exp(-\lambda t)}{\lambda} \right]_0^\tau$$

$$= \frac{1 - \exp(-\lambda\tau)}{\lambda}$$

$$E[X^2(\tau)] = 2\int_0^\tau tS(t)dt$$

$$= 2\int_0^\tau t\exp(-\lambda t)dt$$

$$= 2\left[- \frac{t\exp(-\lambda t)}{\lambda} \right]_0^\tau + 2\int_0^\tau \frac{\exp(-\lambda t)}{\lambda}dt$$

$$= \frac{2 - 2\lambda\tau\exp(-\lambda\tau) - 2\exp(-\lambda\tau)}{\lambda^2}$$

したがって，分散 $\mathrm{Var}[X(\tau)]$ は次のようになる．

$$\mathrm{Var}[X(\tau)] = E[X^2(\tau)] - (E[X(\tau)])^2$$

$$= \frac{1 - 2\lambda\tau\exp(-\lambda\tau) - \exp(-2\lambda\tau)}{\lambda^2}$$

〔5〕 生存関数 $S(t) = \exp(-\lambda t)$ より，対数尤度関数は次のようになる．

$$\log L = r\log\lambda - \lambda\sum_{i=1}^n t_i$$

ハザード λ の最尤推定量 $\hat{\lambda}$ は次のようになる．

$$\hat{\lambda} = \frac{r}{\sum_{i=1}^n t_i}$$

したがって，表 1 のデータから最尤推定値は，次のようになる．

$$\hat{\lambda} = \frac{3}{10 + 13 + 18 + 19 + 23} = \frac{3}{83} \simeq 0.036$$

$\tau = 20$ とした境界内平均生存時間と分散 $\mathrm{Var}[X(\tau)]$ の推定値は，$\hat{\lambda} = 0.036$ と巻末の付表 5 の値を用いると次のようになる．

$$\widehat{E[X(\tau)]} = \frac{1 - \exp(-\hat{\lambda}\tau)}{\hat{\lambda}} \simeq 14.257$$

$$\widehat{\mathrm{Var}[X(\tau)]} = \frac{1 - 2\hat{\lambda}\tau\exp(-\hat{\lambda}\tau) - \exp(-2\hat{\lambda}\tau)}{\hat{\lambda}^2} \simeq 47.954$$

数値を丸めずに計算すると，$\widehat{E[X(\tau)]} \simeq 14.239$，$\widehat{\mathrm{Var}[X(\tau)]} \simeq 48.018$ となる．

（補足）境界内生存時間の推定としてカプラン・マイヤー法によって推定された生存関数を積分する方法について述べる。境界内生存時間の推定量は次のようになる。

$$\widehat{E[X(\tau)]} = \int_0^\tau \hat{S}(t)dt = \sum_{k=0}^{D}(t_{k+1} - t_k)\hat{S}(t_k)$$

ただし，カプラン・マイヤー法による生存関数の推定量を $\hat{S}(t)$，境界時間 τ 内での相異なる D 個のイベント発現時点を $t_1 < t_2 < \cdots < t_D$ とし，$t_0 = 0, t_{D+1} = \tau$ とする。表1のデータから境界時間 $\tau = 20$ としたカプラン・マイヤー法による境界内生存期間の推定値は次のようになる。

$$\begin{aligned}
\widehat{E[X(\tau)]} &= \sum_{k=0}^{D}(t_{k+1} - t_k)\hat{S}(t_k) \\
&= (10 - 0) \times 1.0 + (13 - 10) \times 0.8 + (19 - 13) \times 0.6 + (20 - 19) \times 0.3 \\
&= 16.3
\end{aligned}$$

統計応用（医薬生物学）　問2

乳がんの切除後に化学療法を受けた女性グループ（$X = 1$）と受けなかった女性グループ（$X = 0$）を5年間追跡した仮想的なコホート研究の結果を以下に示す（*Epidemiology* 2019; 30: 541–548）。共変量 $\boldsymbol{Z} = (\text{Memo}, \text{Grade})$ は，閉経の有無（1: あり，0: なし）とがんの進行度（1: 3以上，0: 1または2）を表し，いずれも再発 D（1: 再発あり，0: なし）のリスク因子として知られている。以下の各問に答えよ。

	$\boldsymbol{Z}$		$X = 1$		$X = 0$	
層 k	Memo	Grade	N	$D = 1$	N	$D = 1$
1	0	0	172	12	1028	58
2	0	1	220	65	180	45
3	1	0	209	48	171	35
4	1	1	597	353	103	57
	Total		$N_1 = 1198$	$Y_1 = 478$	$N_0 = 1482$	$Y_0 = 195$

Memo: 閉経の有無，Grade: がんの進行度

〔1〕　$X = x$ のグループの人数を N_x，再発数を Y_x とし，Y_x は再発確率（リスク）p_x の二項分布に従うとする。データを共変量で層別せずに，未調整のリスク差 $p_1 - p_0$ の推定値とその95％信頼区間を有効数字2桁で求めよ。ただし，p_x の最尤推定量 $\hat{p}_x = \dfrac{Y_x}{N_x}$ とその標準誤差の推定量 $\left\{\dfrac{Y_x(N_x - Y_x)}{N_x^3}\right\}^{1/2}$ を用いて正規近似を行うこととする。

60

〔2〕 共変量 $\boldsymbol{Z}$ で層別したデータについて，層 $k\,(=1,\ldots,4)$ のグループ $X=x$（人数 N_{xk}）の再発数を Y_{xk} とする。さらに，各層の人数の割合を $w_k = \dfrac{N_{0k}+N_{1k}}{N_0+N_1}$，$\displaystyle\sum_{k=1}^{4} w_k = 1$ とし，各層の $X=x$ の再発確率（リスク）p_{xk} の重み付き平均 $R_{xw} = \displaystyle\sum_{k=1}^{4} w_k p_{xk}$ を調整リスクとする。調整リスク差 $R_{1w}-R_{0w}$ の推定値を有効数字 2 桁で求めよ。

〔3〕 各層内での治療確率 $e(\boldsymbol{z}) = P(X=1|\boldsymbol{Z}=\boldsymbol{z})$ を傾向スコアという。傾向スコアの値が同じ集団では，層別に用いた共変量 $\boldsymbol{Z}$ の同時分布が治療群間で等しくなる（傾向スコアのバランス特性）。傾向スコアを求めるために，X を結果変数としてロジスティック回帰モデルを最尤法で当てはめたところ，以下の出力を得た。

Parameter	Estimate	Standard Error	P
Intercept	-1.7879	0.0824	< 0.0001
Memo	1.9885	0.1320	< 0.0001
Grade	1.9885	0.1300	< 0.0001
Memo*Grade	-0.4320	0.1972	0.0285

これらの結果から，各層の傾向スコアを推定できる。推定された傾向スコアのバランス特性をデータから示せ。

〔4〕 上問〔3〕から得られた傾向スコアの値で層別したデータに対して，上問〔2〕と同様の推定量によりグループ $X=1$ と $X=0$ の調整リスク差の推定値を有効数字 2 桁で求めよ。

〔5〕 上問〔2〕の傾向スコアは次式のように表現できる。

$$e(\boldsymbol{z}) = P(X=1|\boldsymbol{Z}=\boldsymbol{z}) = E[X|\boldsymbol{Z}=\boldsymbol{z}]$$

このとき，次式の傾向スコアのバランス特性が成り立つことを証明せよ。

$$P(X=1|\boldsymbol{Z}=\boldsymbol{z}, e(\boldsymbol{Z})=e(\boldsymbol{z})) = P(X=1|e(\boldsymbol{Z})=e(\boldsymbol{z}))$$

ただし，$P(X=1|\boldsymbol{Z}=\boldsymbol{z}, e(\boldsymbol{Z})=e(\boldsymbol{z})) = P(X=1|\boldsymbol{Z}=\boldsymbol{z})$ が成り立つことを用いてよい。

解答例

〔1〕 リスク差 $p_1 - p_0$ の最尤推定量は問題文から

$$\hat{p}_1 - \hat{p}_0 = \frac{Y_1}{N_1} - \frac{Y_0}{N_0}$$

で得られるので, 点推定値は $\dfrac{478}{1198} - \dfrac{195}{1482} = 0.3990 - 0.1316 = 0.2674$ となる。この標準

誤差は, 分散の加法性から $\left(\dfrac{478 \times 720}{1198 \times 1198 \times 1198} + \dfrac{195 \times 1287}{1482 \times 1482 \times 1482}\right)^{\frac{1}{2}} = 0.0167$

となるので, 95 %信頼区間は

$$0.2674 - 1.96 \times 0.0167 = 0.235, \quad 0.2674 + 1.96 \times 0.0167 = 0.300$$

となる。以上より, 未調整のリスク差の推定値は 0.27, その 95 %信頼区間は (0.23, 0.30) となる。

〔2〕 標準化リスク $R_{xw} = \displaystyle\sum_{k=1}^{4} w_k p_{xk}$ を求めるための, 層ごとのリスク (p_{1k}, p_{0k}) と重み w_k は下表のようにまとめられる。

層 k	$\boldsymbol{Z}$ Memo	Grade	$X = 1$ $\hat{p}_{1k}$	w_k	$X = 0$ $\hat{p}_{0k}$	w_k
1	0	0	$\frac{12}{172} = 0.070$	$\frac{1200}{2680}$	$\frac{58}{1028} = 0.056$	$\frac{1200}{2680}$
2	0	1	$\frac{65}{220} = 0.295$	$\frac{400}{2680}$	$\frac{45}{180} = 0.250$	$\frac{400}{2680}$
3	1	0	$\frac{48}{209} = 0.230$	$\frac{380}{2680}$	$\frac{35}{171} = 0.205$	$\frac{380}{2680}$
4	1	1	$\frac{353}{597} = 0.591$	$\frac{700}{2680}$	$\frac{57}{103} = 0.553$	$\frac{700}{2680}$

したがって, 標準化リスクの推定値は

$$\hat{R}_{1w} = \frac{0.070 \times 1200 + 0.295 \times 400 + 0.230 \times 380 + 0.591 \times 700}{2680} = 0.262$$

$$\hat{R}_{0w} = \frac{0.056 \times 1200 + 0.250 \times 400 + 0.205 \times 380 + 0.553 \times 700}{2680} = 0.236$$

となる。したがって, 調整リスク差 $R_{1w} - R_{0w}$ の推定値は 0.026 となる。

〔3〕 ここでの当てはめモデルは, パラメータ数と, あり得る回帰 $E[Y|X = x, \boldsymbol{Z} = \boldsymbol{z}]$ の数 が等しい飽和モデルなので, 最尤推定値による予測値は $(x, \boldsymbol{z})$ ごとの割合に一致する。し たがってこのモデルから推定した各層の傾向スコア PS の値は

層 1 : $\dfrac{172}{172 + 1028} = 0.143$

層 2 : $\dfrac{220}{220 + 180} = 0.550$

層 3 : $\dfrac{209}{209 + 171} = 0.550$

統計検定　1級

層 4：　$\dfrac{597}{597+103} = 0.853$

となる。傾向スコアの値が同じグループで $\boldsymbol{Z} = (\text{Memo}, \text{Grade})$ の同時分布が等しいことを示せばよい。

まず，傾向スコア PS が 0.143 の集団には層 1 のみが含まれ，全員が $\boldsymbol{Z} = (0,0)$ と等しい値を持つので，$X = 1$ と $X = 0$ のグループで $\boldsymbol{Z}$ の分布が等しい。したがって

$$P(\boldsymbol{Z} = (0,0)|X = 1, \text{PS} = 0.143) = P(\boldsymbol{Z} = (0,0)|X = 0, \text{PS} = 0.143) = 1$$

となる。傾向スコアの値が 0.853 である集団も同様に層 4 しかないので，

$$P(\boldsymbol{Z} = (1,1)|X = 1, \text{PS} = 0.853) = P(\boldsymbol{Z} = (1,1)|X = 0, \text{PS} = 0.853) = 1$$

となる。最後に，傾向スコアの値が 0.550 である集団には層 2 と層 3 が含まれ

$$P(\boldsymbol{Z} = (0,0)|X = 1, \text{PS} = 0.550) = P(\boldsymbol{Z} = (0,0)|X = 0, \text{PS} = 0.550) = 0 \quad (1)$$

$$P(\boldsymbol{Z} = (0,1)|X = 1, \text{PS} = 0.550) = \frac{220}{220 + 209} = 0.513 \quad (2)$$

$$P(\boldsymbol{Z} = (0,1)|X = 0, \text{PS} = 0.550) = \frac{180}{180 + 171} = 0.513 \quad (3)$$

式 (2) と (3) より

$$P(\boldsymbol{Z} = (0,1)|X = 1, \text{PS} = 0.550) = P(\boldsymbol{Z} = (0,1)|X = 0, \text{PS} = 0.550) = 0.513 \quad (4)$$

$$P(\boldsymbol{Z} = (1,0)|X = 1, \text{PS} = 0.550) = \frac{209}{220 + 209} = 0.487 \quad (5)$$

$$P(\boldsymbol{Z} = (1,0)|X = 0, \text{PS} = 0.550) = \frac{171}{180 + 171} = 0.487 \quad (6)$$

式 (5) と (6) より

$$P(\boldsymbol{Z} = (1,0)|X = 1, \text{PS} = 0.550) = P(\boldsymbol{Z} = (1,0)|X = 0, \text{PS} = 0.550) = 0.487 \quad (7)$$

$$P(\boldsymbol{Z} = (1,1)|X = 1, \text{PS} = 0.550) = P(\boldsymbol{Z} = (1,1)|X = 0, \text{PS} = 0.550) = 0 \quad (8)$$

となる。式 (1)，(4)，(7)，(8) より傾向スコアのバランス特性が成立している。

（補足）本来は上記のように $\boldsymbol{Z}$ の同時分布が等しいことを示さなければならないが，今回の例では $P(\boldsymbol{Z} = (1,0)|X, \text{PS} = 0.550) = P(\text{Memo} = 1|X, \text{PS} = 0.550)$ かつ $P(\boldsymbol{Z} = (0,1)|X, \text{PS} = 0.550) = P(\text{Grade} = 1|X, \text{PS} = 0.550)$ と周辺分布に帰着するので，「周辺分布のバランスが同時分布のバランスと同値である」ことを示すのでもよい。

〔4〕 上問〔3〕より，層2と層3の傾向スコアの値が等しいので，データを傾向スコアに従って層別すると下表のようになる。

	$X = 1$		$X = 0$	
PS	N	$D = 1$	N	$D = 1$
0.143	172	12	1028	58
0.550	429	113	351	80
0.853	597	353	103	57
Total	$N_1 = 1198$	$Y_1 = 478$	$N_0 = 1482$	$Y_0 = 195$

PS $= 0.550$ の層において，$\dfrac{113}{429} = 0.263$ と $\dfrac{80}{351} = 0.228$ である。したがって，標準化リスク差は

$$\hat{R}_{1w} = \frac{0.070 \times 1200 + 0.263 \times (400 + 380) + 0.591 \times 700}{2680} = 0.262$$

$$\hat{R}_{0w} = \frac{0.056 \times 1200 + 0.228 \times (400 + 380) + 0.553 \times 700}{2680} = 0.262$$

となる。よって，調整リスク差 $R_{1w} - R_{0w}$ の推定値は 0.026 となる。なお，傾向スコアで層別した標準化リスクは上問〔2〕で求めた標準化リスクと一致することが分かる。

〔5〕 条件付き期待値の繰り返し公式を適切に応用できるかを問う問題である。

$$P(X = 1 | \boldsymbol{Z} = \boldsymbol{z}, e(\boldsymbol{Z}) = e(\boldsymbol{z})) = P(X = 1 | \boldsymbol{Z} = \boldsymbol{z}) = e(\boldsymbol{z})$$

$$\begin{aligned}
P(X = 1 | e(\boldsymbol{Z}) = e(\boldsymbol{z})) &= E[X | e(\boldsymbol{Z}) = e(\boldsymbol{z})] \\
&= E_{\boldsymbol{z}}[E[X | e(\boldsymbol{Z}), \boldsymbol{Z}] | e(\boldsymbol{Z}) = e(\boldsymbol{z})] \\
&= E_{\boldsymbol{z}}[E[X | \boldsymbol{Z}] | e(\boldsymbol{Z}) = e(\boldsymbol{z})] \\
&= E_{\boldsymbol{z}}[e(\boldsymbol{Z}) | e(\boldsymbol{Z}) = e(\boldsymbol{z})] \\
&= e(\boldsymbol{z})
\end{aligned}$$

以上より，

$$P(X = 1 | \boldsymbol{Z} = \boldsymbol{z}, e(\boldsymbol{Z}) = e(\boldsymbol{z})) = P(X = 1 | e(\boldsymbol{Z}) = e(\boldsymbol{z})) = e(\boldsymbol{z})$$

となり，傾向スコアのバランス特性が成り立つことが示された。

統計検定　1級

統計応用（医薬生物学）　問3

　ある疾患 D に罹患しているか否かは生検によって確定診断されるが，このためのスクリーニング検査として検査法 A がある。今，この検査法 A とは別に，新たな検査法 B が開発された。このとき，検査法 A と検査法 B の診断性能を比較したい。そこで，被験者 200 名全員に検査法 A と検査法 B，および生検を受けてもらい，その試験の結果を，生検の結果に基づき実際に疾患 D に罹患していると判明した群と疾患 D に罹患していないと判明した群とに分けてまとめたものが次の表である。このとき以下の各問に答えよ。

疾患 D に罹患している群

		検査法 B		
		陽性	陰性	計
検査法	陽性	65	7	72
A	陰性	16	2	18
	計	81	9	90

疾患 D に罹患していない群

		検査法 B		
		陽性	陰性	計
検査法	陽性	2	16	18
A	陰性	7	85	92
	計	9	101	110

〔1〕　この試験のデータから推定される検査法 A および検査法 B の感度を求めよ。また，同様に検査法 A および検査法 B の陽性的中率を求めよ。

〔2〕　検査法 A と B の真の感度を比較したい。このとき次の仮説

$$\begin{cases} H_0 : 検査法 A の真の感度 = 検査法 B の真の感度 \\ H_1 : 検査法 A の真の感度 \neq 検査法 B の真の感度 \end{cases}$$

に対して，正規近似を用いたスコア型の検定統計量（ただし連続性の補正は行わなくてよい）により有意水準 5 ％で検定せよ。

　（ヒント：疾患 D に罹患している群のみを考えればよく，（検査法 A，検査法 B）の結果が異なるという条件の下で，（陽性，陰性）セルの観測度数は，帰無仮説 H_0 の下で Bin(23, 0.5) の二項分布に従うことを用いる。）

〔3〕　検査法 A と検査法 B の真の陽性的中率に関する仮説

$$\begin{cases} H_0 : 検査法 A の真の陽性的中率 = 検査法 B の真の陽性的中率 \\ H_1 : 検査法 A の真の陽性的中率 \neq 検査法 B の真の陽性的中率 \end{cases}$$

を検定することを考える。

　上記の陽性的中率に関する仮説検定を考えるにあたって，先の観測度数に基づく表を改めて次のように示すことにする。

65

疾患 D に罹患している群

検査法 A		検査法 B		
		陽性	陰性	計
検査法	陽性	x_{++D}	x_{+-D}	$x_{+\bullet D}$
A	陰性	x_{-+D}	x_{--D}	$x_{-\bullet D}$
	計	$x_{\bullet+D}$	$x_{\bullet-D}$	$x_{\bullet\bullet D}$

疾患 D に罹患していない群

検査法 A		検査法 B		
		陽性	陰性	計
検査法	陽性	$x_{++\overline{D}}$	$x_{+-\overline{D}}$	$x_{+\bullet\overline{D}}$
A	陰性	$x_{-+\overline{D}}$	$x_{--\overline{D}}$	$x_{-\bullet\overline{D}}$
	計	$x_{\bullet+\overline{D}}$	$x_{\bullet-\overline{D}}$	$x_{\bullet\bullet\overline{D}}$

また，上の表に対する真の確率構造を

疾患 D に罹患している群

検査法 A		検査法 B		
		陽性	陰性	計
検査法	陽性	π_{++D}	π_{+-D}	$\pi_{+\bullet D}$
A	陰性	π_{-+D}	π_{--D}	$\pi_{-\bullet D}$
	計	$\pi_{\bullet+D}$	$\pi_{\bullet-D}$	$\pi_{\bullet\bullet D}$

疾患 D に罹患していない群

検査法 A		検査法 B		
		陽性	陰性	計
検査法	陽性	$\pi_{++\overline{D}}$	$\pi_{+-\overline{D}}$	$\pi_{+\bullet\overline{D}}$
A	陰性	$\pi_{-+\overline{D}}$	$\pi_{--\overline{D}}$	$\pi_{-\bullet\overline{D}}$
	計	$\pi_{\bullet+\overline{D}}$	$\pi_{\bullet-\overline{D}}$	$\pi_{\bullet\bullet\overline{D}}$

とする。ここで，$\boldsymbol{x} = (x_{++D}, x_{+-D}, \ldots, x_{-+\overline{D}}, x_{--\overline{D}})'$（記号 $\prime$ はベクトルの転置を表す）は，確率ベクトル $\boldsymbol{\pi} = (\pi_{++D}, \pi_{+-D}, \ldots, \pi_{-+\overline{D}}, \pi_{--\overline{D}})'$ を持つ多項分布に従うとする。このとき，$x_{\bullet\bullet D} + x_{\bullet\bullet\overline{D}} = n$，$\boldsymbol{p} = \dfrac{\boldsymbol{x}}{n}$ とすると，$n \to \infty$ で

$$\sqrt{n}(\boldsymbol{p} - \boldsymbol{\pi})$$

は多変量中心極限定理により近似的に平均ベクトルが $\boldsymbol{0}$ の多変量正規分布に従う。この統計量の分散共分散行列を $\boldsymbol{\pi}$ またはその成分を用いて表せ。

〔4〕

$$f(\boldsymbol{\pi}) = \frac{\pi_{+\bullet D}}{\pi_{+\bullet D} + \pi_{+\bullet\overline{D}}} - \frac{\pi_{\bullet+D}}{\pi_{\bullet+D} + \pi_{\bullet+\overline{D}}}$$

とするとき，デルタ法の近似による $\sqrt{n}f(\boldsymbol{p})$ の分散を〔3〕で用いた行列によって表現せよ（要素まで計算する必要はない）。

〔5〕 上問〔3〕および〔4〕を用いて，〔3〕で与えられた陽性的中率に関する仮説を有意水準 5 ％で検定せよ。ただし，〔4〕で求めた分散における未知の確率 $\boldsymbol{\pi}$ を $\boldsymbol{p}$ に置き換えた分散の推定値は 0.42 であることを用いてよい。

統計検定　1 級

解答例

〔1〕 この試験における検査法 A および検査法 B の感度（SE）は「実際に疾患 D に罹患している人」の中で「検査法 A（もしくは検査法 B）によって陽性と判断された人」の割合なので，それぞれ

$$\widehat{SE}_A = \frac{72}{90} = 0.8, \quad \widehat{SE}_B = \frac{81}{90} = 0.9$$

となる。また，陽性的中率（Positive Predictive Value;PPV）は「検査法 A（もしくは検査法 B）によって陽性と判断された人」の中で「実際に疾患 D に罹患している人」の割合なので，それぞれ

$$\widehat{PPV}_A = \frac{72}{72 + 18} = 0.8, \quad \widehat{PPV}_B = \frac{81}{81 + 9} = 0.9$$

となる。

〔2〕 疾患 D に罹患している群における集計表を次の問〔3〕の表記にならって次のように表す。

観測値データ			
	検査法 B		
	陽性	陰性	計
検査法　陽性	x_{++D}	x_{+-D}	$x_{+\bullet D}$
A　　陰性	x_{-+D}	x_{--D}	$x_{-\bullet D}$
計	$x_{\bullet+D}$	$x_{\bullet-D}$	$x_{\bullet\bullet D}$

真の確率構造			
	検査法 B		
	陽性	陰性	計
検査法　陽性	π_{++D}	π_{+-D}	$\pi_{+\bullet D}$
A　　陰性	π_{-+D}	π_{--D}	$\pi_{-\bullet D}$
計	$\pi_{\bullet+D}$	$\pi_{\bullet-D}$	$\pi_{\bullet\bullet D}$

このとき，観測値が（陽性，陰性）もしくは（陰性，陽性）のセルに入るという条件の下で，（陽性，陰性）セルの観測度数は二項分布 $B(23, 0.5)$ に従う。したがって，

$$M = \frac{x_{+-D} - \dfrac{23}{2}}{\sqrt{\dfrac{23}{4}}}$$

は帰無仮説の下で近似的に標準正規分布に従う。得られたデータからは $M = -1.88$ となるので，これは有意水準 5 ％で棄却されない。したがって 2 つの検査法 A と B の真の感度に統計的な有意差はない。

※上記の検定統計量を 2 乗したものでも検定を行うことはでき（この場合は M^2 は自由度 1 のカイ二乗分布に従う），これは McNemar 検定もしくは Bowker の対称性の検定として知られている。

〔3〕 このデータ（観測度数）はサンプルサイズ（n）が固定された下で多項分布に従う。した

がって，$\sqrt{n}\boldsymbol{p}$ の分散共分散行列は

$$
\begin{pmatrix}
\pi_{++D}(1-\pi_{++D}) & -\pi_{++D}\pi_{+-D} & \cdots & -\pi_{++D}\pi_{--\overline{D}} \\
\vdots & \ddots & & \vdots \\
-\pi_{++D}\pi_{--\overline{D}} & -\pi_{--\overline{D}}\pi_{+-D} & \cdots & \pi_{--\overline{D}}(1-\pi_{--\overline{D}})
\end{pmatrix}
$$

と表せる。行列を用いれば，これは

$$
\boldsymbol{D} - \boldsymbol{\pi}\boldsymbol{\pi}'
$$

と表現できる。ここに $\boldsymbol{D}$ は $\boldsymbol{\pi}$ の各成分を対角成分とする対角行列である。

〔4〕 上問〔3〕より

$$
\sqrt{n}(\boldsymbol{p} - \boldsymbol{\pi}) \approx N_8(\boldsymbol{0}, \boldsymbol{D} - \boldsymbol{\pi}\boldsymbol{\pi}')
$$

である。ただし，N_8 は 8 変量正規分布を表す。デルタ法より，

$$
\sqrt{n}(f(\boldsymbol{p})-E[f(\boldsymbol{p})]) \simeq \sqrt{n}(f(\boldsymbol{p})-f(\boldsymbol{\pi})) \approx N\left(0, \left[\frac{\partial f(\boldsymbol{\pi})}{\partial \boldsymbol{\pi}'}\right](\boldsymbol{D} - \boldsymbol{\pi}\boldsymbol{\pi}')\left[\frac{\partial f(\boldsymbol{\pi})}{\partial \boldsymbol{\pi}'}\right]'\right)
$$

となり，N は 1 変量正規分布を表す。

したがって，$\sqrt{n}f(\boldsymbol{p})$ の分散は

$$
\left[\frac{\partial f(\boldsymbol{\pi})}{\partial \boldsymbol{\pi}'}\right](\boldsymbol{D} - \boldsymbol{\pi}\boldsymbol{\pi}')\left[\frac{\partial f(\boldsymbol{\pi})}{\partial \boldsymbol{\pi}'}\right]'
$$

となる。

実際に成分まで計算すると，

$$
PPV_A = \frac{\pi_{+\bullet D}}{\pi_{+\bullet D} + \pi_{+\bullet \overline{D}}}, \quad PPV_B = \frac{\pi_{\bullet + D}}{\pi_{\bullet + D} + \pi_{\bullet + \overline{D}}}
$$

と置き，上記の分散を σ^2 と置けば，

$$
\sigma^2 = \frac{PPV_A(1 - PPV_A)}{\pi_{+\bullet D} + \pi_{+\bullet \overline{D}}} + \frac{PPV_B(1 - PPV_B)}{\pi_{\bullet + D} + \pi_{\bullet + \overline{D}}}
$$
$$
- 2 \times \frac{\pi_{++D}(1 - PPV_A)(1 - PPV_B) + \pi_{++\overline{D}}PPV_A PPV_B}{(\pi_{+\bullet D} + \pi_{+\bullet \overline{D}})(\pi_{\bullet + D} + \pi_{\bullet + \overline{D}})}
$$

となる。

〔5〕 帰無仮説の下では $f(\boldsymbol{\pi}) = 0$ より，これを検定するには次の統計量を用いればよい。

$$
z = \frac{\sqrt{n}f(\boldsymbol{p})}{\sqrt{\hat{\sigma}^2}}
$$

ただし，$\hat{\sigma}^2$ は，σ^2 に含まれる未知の π を p に置き換えたものである。この統計量は近似的に標準正規分布に従う。$n = 200, f(p) = -0.1, \hat{\sigma}^2 = 0.42$ より，$z = -2.18$ となり，有意水準 5 ％で有意である。したがって，検査法 A と B の陽性的中率には有意差がある。

統計応用（医薬生物学）　問4

　ある希少疾患の臨床試験において，計6名の被験者にランダムに薬剤Aもしくは薬剤Bを投与し，ある検査の観察終了時の測定値を表にまとめた。以下の各問に答えよ。

群	測定値			平均	標準偏差
薬剤A	2.79	4.64	7.03	4.82	2.13
薬剤B	0.21	0.73	5.52	2.15	2.93

〔1〕　上表のデータに対して，両側有意水準5％で帰無仮説を「2つの群における母平均は等しい」とするStudentのt検定を適用し，有意性を判定せよ。また，この検定の適用が妥当であるための条件を3つ示せ。

〔2〕　上表のデータに対して，ノンパラメトリック法であるWilcoxonの順位和検定を適用する。この検定における帰無仮説を述べよ。

〔3〕　上問〔2〕で適用するWilcoxonの順位和検定における検定統計量を示し，上表のデータにおけるその検定統計量の実現値を求めよ。

〔4〕　上問〔3〕で示されたWilcoxonの検定統計量に対して，帰無仮説の下での取り得る値とそれぞれの値を取る確率を求めよ。

〔5〕　上表のデータに対して，Wilcoxonの順位和検定を適用したときの正確な両側p値を求めよ。さらに，このデータに対して上記の検定を有意水準5％で行うときの第1種の過誤確率を求め，この状況におけるWilcoxonの順位和検定の問題点を指摘せよ。

解答例

〔1〕　Studentのt検定の検定統計量は，

$$t = \sqrt{3+3-2} \times \frac{(4.82 - 2.15)}{\sqrt{\left(2 \times 2.13^2 + 2 \times 2.93^2\right) \times \left(\frac{1}{3} + \frac{1}{3}\right)}} = 1.28$$

となる。この統計量は自由度4のt分布に従い，その上側2.5％点は2.78であるので，有意水準5％の両側検定で有意ではない。

　この検定の帰無仮説は，薬剤A群の母平均をμ_1，薬剤B群の母平均をμ_2とするとき，

$$H_0 : \mu_1 = \mu_2$$

である。この検定の適用が妥当であるための条件は，

70

1. 各測定値が互いに独立であり，

2. 各群の測定値の母集団分布が正規分布であり，

3. 各群の分散が等しいこと

である。

〔2〕 薬剤 A 群の測定値の分布の分布関数を $F_1(x)$，薬剤 B 群の測定値の分布の分布関数を $F_2(x)$ とするとき，Wilcoxon の順位和検定における帰無仮説は，

$$H_0 : F_1(x) = F_2(x)$$

である。

〔3〕 表のデータを順位に変換すると下表のようになる。

群	測定値の順位		
薬剤 A	3	4	6
薬剤 B	1	2	5

検定統計量は，薬剤 A 群の順位和であり，

$$W_A = 3 + 4 + 6 = 13$$

となる。検定統計量は薬剤 B 群の順位和でもよく，その場合は

$$W_B = 1 + 2 + 5 = 8$$

となる。

〔4〕 帰無仮説下では，薬剤 A 群の順位和は全部で 6 個のデータからランダムに 3 個を選んだときの順位和の分布となる。今の場合，${}_6C_3 = 20$ 通りあり，これらのどれもが等確率 1/20 で生じる。したがって，順位和として取り得る値とそれぞれの値を取る確率は次のようになる。

順位和	確率
6	0.05
7	0.05
8	0.10
9	0.15
10	0.15
11	0.15
12	0.15
13	0.10
14	0.05
15	0.05

〔5〕 与えられたデータにおける Wilcoxon の順位和統計量 W_A の実現値は 13 であり，上問〔4〕より，

$$P(13 \leq W_A | H_0) = 0.2$$

である。したがって，両側 p 値は $2 \times 0.2 = 0.4$ となる。このデータに対して，有意水準 5 ％（もしくはそれ以下）で Wilcoxon の順位和検定を行うときは，p 値が 0.05 未満になることはない。したがって，第 1 種の過誤確率は 0 となる。このように，サンプルサイズが極端に小さい場合には，第 1 種の過誤確率は 0 となり，有意になることはない。これは，分布の離散性に起因する問題である。

統計応用（医薬生物学） 問 5

統計応用（人文科学）問 5 と共通問題。25 ページ参照。

PART 3

1級
2018年11月
問題／解答例

2018年11月に実施された
統計検定1級で実際に出題された問題文および、
解答例を掲載します。

統計数理 ························· 74
統計応用（人文科学）·············· 92
　（統計応用4分野の共通問題）········104
統計応用（社会科学）············110
統計応用（理工学）················123
統計応用（医薬生物学）···········134

※**統計数理**（必須解答）は5問中3問に解答します。
　統計応用は選択した分野の5問中3問に解答します。
※統計数値表は本書巻末に「付表」として掲載しています。

統計数理　問 1

互いに独立に正規分布 $N(\mu, \sigma^2)$ に従う n 個の確率変数を $X_1, \ldots, X_n$ とし $(n \geq 2)$，それらの標本平均を $\bar{X} = \dfrac{1}{n}(X_1 + \cdots + X_n)$ とする。標本分散および標本標準偏差をそれぞれ $S^2 = \dfrac{1}{n-1} \displaystyle\sum_{i=1}^{n} (X_i - \bar{X})^2$，$S = \sqrt{S^2}$ としたとき，以下の各問に答えよ。

〔1〕　S^2 は母分散 σ^2 の不偏推定量であること，すなわち $\mathrm{E}[S^2] = \sigma^2$ を示せ。

〔2〕　自由度 $n-1$ のカイ二乗分布に従う確率変数を Y としたとき，その確率密度関数は

$$
g(y) = \begin{cases} \dfrac{(1/2)^{(n-1)/2}}{\Gamma((n-1)/2)} y^{(n-1)/2 - 1} e^{-y/2} & (y \geq 0) \\[2mm] 0 & (y < 0) \end{cases} \tag{1}
$$

で与えられる。ここで $\Gamma(z) = \displaystyle\int_0^\infty t^{z-1} e^{-t} dt$ はガンマ関数である。確率密度関数 (1) に関する積分を用いて，Y の期待値は $n-1$ であり，Y の分散は $2(n-1)$ であることを示せ。それにより S^2 の分散 $\mathrm{V}[S^2]$ を求めよ。

〔3〕　上問〔2〕の Y の平方根 $\sqrt{Y}$ の期待値を，確率密度関数 (1) に関する積分を用いて求めよ。それにより標本標準偏差 S の期待値 $\mathrm{E}[S]$ を求めよ。

〔4〕　n が十分大きいとして，母標準偏差 σ の推定量としての S の偏り $\mathrm{E}[S] - \sigma$ を n^{-1} のオーダーまで求めよ。

ヒント：デルタ法の適用，あるいはスターリングの公式 $\Gamma(z) \approx \sqrt{2\pi} e^{-z} z^{z - (1/2)}$ を用いる。

解答例

〔1〕　等式

$$
\sum_{i=1}^{n} (X_i - \mu)^2 = \sum_{i=1}^{n} (X_i - \bar{X})^2 + n(\bar{X} - \mu)^2 \tag{1.1}
$$

が成り立つ。これより，$\bar{X} \sim N(\mu, \sigma^2/n)$ に注意すると，

$$
\begin{aligned}
\mathrm{E}\left[\sum_{i=1}^{n} (X_i - \bar{X})^2 \right] &= \mathrm{E}\left[\sum_{i=1}^{n} (X_i - \mu)^2 \right] - \mathrm{E}\left[n(\bar{X} - \mu)^2 \right] \\
&= n\sigma^2 - \sigma^2 = (n-1)\sigma^2
\end{aligned}
$$

となり，両辺を $(n-1)$ で割ることにより $\mathrm{E}[S^2] = \sigma^2$ が得られる。

〔2〕 Y の期待値は

$$
\begin{aligned}
\mathrm{E}[Y] &= \int_0^\infty y g(y) dy \\
&= \frac{\left(\frac{1}{2}\right)^{\frac{n-1}{2}}}{\Gamma\left(\frac{n-1}{2}\right)} \int_0^\infty y \cdot y^{\frac{n-1}{2}-1} e^{-\frac{y}{2}} dy = \frac{\left(\frac{1}{2}\right)^{\frac{n-1}{2}}}{\Gamma\left(\frac{n-1}{2}\right)} \int_0^\infty y^{\left(\frac{n-1}{2}+1\right)-1} e^{-\frac{y}{2}} dy \\
&= \frac{\left(\frac{1}{2}\right)^{\frac{n-1}{2}}}{\Gamma\left(\frac{n-1}{2}\right)} \times \frac{\Gamma\left(\frac{n-1}{2}+1\right)}{\left(\frac{1}{2}\right)^{\frac{n-1}{2}+1}} = \frac{\left(\frac{1}{2}\right)^{\frac{n-1}{2}}}{\Gamma\left(\frac{n-1}{2}\right)} \times \frac{\frac{n-1}{2}\Gamma\left(\frac{n-1}{2}\right)}{\left(\frac{1}{2}\right)^{\frac{n-1}{2}+1}} \\
&= \frac{(n-1)/2}{1/2} = n-1
\end{aligned}
$$

である。また，Y^2 の期待値は

$$
\begin{aligned}
\mathrm{E}[Y^2] &= \int_0^\infty y^2 g(y) dy \\
&= \frac{\left(\frac{1}{2}\right)^{\frac{n-1}{2}}}{\Gamma\left(\frac{n-1}{2}\right)} \int_0^\infty y^2 \cdot y^{\frac{n-1}{2}-1} e^{-\frac{y}{2}} dy = \frac{\left(\frac{1}{2}\right)^{\frac{n-1}{2}}}{\Gamma\left(\frac{n-1}{2}\right)} \int_0^\infty y^{\left(\frac{n-1}{2}+2\right)-1} e^{-\frac{y}{2}} dy \\
&= \frac{\left(\frac{1}{2}\right)^{\frac{n-1}{2}}}{\Gamma\left(\frac{n-1}{2}\right)} \times \frac{\Gamma\left(\frac{n-1}{2}+2\right)}{\left(\frac{1}{2}\right)^{\frac{n-1}{2}+2}} \\
&= \frac{\left(\frac{1}{2}\right)^{\frac{n-1}{2}}}{\Gamma\left(\frac{n-1}{2}\right)} \times \frac{\left(\frac{n-1}{2}+1\right)\left(\frac{n-1}{2}\right)\Gamma\left(\frac{n-1}{2}\right)}{\left(\frac{1}{2}\right)^{\frac{n-1}{2}+2}} \\
&= \frac{\left(\frac{n-1}{2}+1\right)\left(\frac{n-1}{2}\right)}{\left(\frac{1}{2}\right)^2} = (n+1)(n-1)
\end{aligned}
$$

であるので，Y の分散は

$$
\mathrm{V}[Y] = \mathrm{E}[Y^2] - (\mathrm{E}[Y])^2 = (n+1)(n-1) - (n-1)^2 = 2(n-1)
$$

となる。

等式 (1.1) の両辺を σ^2 で割った

$$\frac{1}{\sigma^2}\sum_{i=1}^{n}(X_i-\mu)^2 = \frac{1}{\sigma^2}\sum_{i=1}^{n}(X_i-\overline{X})^2 + \frac{n}{\sigma^2}(\overline{X}-\mu)^2 \tag{1.2}$$

の左辺は自由度 n のカイ二乗分布に従い，右辺の 2 つの項は独立でかつ第 2 項は自由度 1 のカイ 2 乗分布に従うことより，右辺第 1 項は自由度 $n-1$ のカイ二乗分布に従う（コクランの定理）。よって，その分散は $2(n-1)$ である。これより

$$V[S^2] = V\left[\frac{\sigma^2}{n-1}\times\frac{1}{\sigma^2}\sum_{i=1}^{n}(X_i-\overline{X})^2\right]$$
$$= \frac{(\sigma^2)^2}{(n-1)^2}\times 2(n-1) = \frac{2\sigma^4}{n-1}$$

を得る。

〔3〕 $\sqrt{Y}$ の期待値は

$$E[\sqrt{Y}] = \int_0^\infty y^{1/2}g(y)dy$$
$$= \frac{\left(\frac{1}{2}\right)^{\frac{n-1}{2}}}{\Gamma\left(\frac{n-1}{2}\right)}\int_0^\infty y^{\frac{n}{2}-1}e^{-\frac{y}{2}}dy = \frac{\left(\frac{1}{2}\right)^{\frac{n-1}{2}}}{\Gamma\left(\frac{n-1}{2}\right)}\cdot\frac{\Gamma\left(\frac{n}{2}\right)}{\left(\frac{1}{2}\right)^{\frac{n}{2}}} = \frac{2^{\frac{1}{2}}\Gamma\left(\frac{n}{2}\right)}{\Gamma\left(\frac{n-1}{2}\right)}$$

と求められる。(1.2) の右辺第 1 項を Y とすると，Y は自由度 $n-1$ のカイ二乗に従うので，S と Y の関係 $S=\sigma\sqrt{Y/(n-1)}$ から S の期待値は

$$E[S] = \frac{\sigma}{\sqrt{n-1}}E[\sqrt{Y}] = \sigma\sqrt{\frac{2}{n-1}}\times\frac{\Gamma\left(\frac{n}{2}\right)}{\Gamma\left(\frac{n-1}{2}\right)}$$

となる。

〔4〕 偏り $E[S]-\sigma$ をデルタ法により求める。一般に，確率変数 X の期待値を θ としたとき，関数 $g(X)$ の近似的な期待値を求めるためのデルタ法では，関数 $g(x)$ の θ のまわりでの 2 次までのテーラー展開

$$g(x) \approx g(\theta) + g'(\theta)(x-\theta) + \frac{1}{2}g''(\theta)(x-\theta)^2$$

の両辺の x を確率変数 X に置き換えて期待値を取る。$E[X]-\theta=0$ および $E[(X-\theta)^2]=V[X]$ に注意すると，

統計検定　1級

$$\mathrm{E}[g(X)] \approx g(\theta) + \frac{1}{2}g''(\theta)\mathrm{V}[X]$$

を得る。

　標準偏差の期待値の計算では $\theta = \sigma^2$ であり，$S = \sqrt{S^2}$ を念頭に置いた $g(x) = \sqrt{x}$ の 2 階微分は $g''(x) = -\dfrac{x^{-3/2}}{4}$ であるので，$g''(\sigma^2) = -\dfrac{1}{4\sigma^3}$ より，高位の無限小 $o(n^{-1})$ を無視して

$$\mathrm{E}[S] = \sqrt{\sigma^2} - \frac{1}{2} \times \frac{1}{4\sigma^3} \times \frac{2\sigma^4}{n-1} = \sigma - \frac{\sigma}{4(n-1)} \approx \sigma - \frac{\sigma}{4n}$$

となる。よって偏りは $-\dfrac{\sigma}{4n}$ となる。なお上記の計算では $\dfrac{1}{n-1} = \dfrac{1}{n} + o(n^{-1})$ であり，$o(n^{-1})$ を無視しているので，$\dfrac{1}{n-1}$ の代わりに $\dfrac{1}{n}$ としている。

（別解）上問〔3〕で求めた S の期待値の式にスターリングの公式を適用することによっても偏りが計算できる。以下では $o(n^{-1})$ を無視して計算する。

　スターリングの公式 $\Gamma(z) \approx \sqrt{2\pi}e^{-z}z^{z-1/2}$ より，

$$\sqrt{\frac{2}{n-1}}\frac{\Gamma(n/2)}{\Gamma((n-1)/2)} \approx \sqrt{\frac{2}{n-1}}\frac{\sqrt{2\pi}e^{-n/2}(n/2)^{n/2-1/2}}{\sqrt{2\pi}e^{-(n-1)/2}\{(n-1)/2\}^{(n-1)/2-1/2}}$$
$$= e^{-1/2}\left(1 + \frac{1}{n-1}\right)^{(n-1)/2}$$

を得る。n が大きいとき $\left(1 + \dfrac{1}{n}\right)^n \approx e\left(1 - \dfrac{1}{2n}\right)$ であることが示されるので，

$$\left(1 + \frac{1}{n}\right)^{n/2} = \left\{\left(1 + \frac{1}{n}\right)^n\right\}^{1/2} \approx \left\{e\left(1 - \frac{1}{2n}\right)\right\}^{1/2}$$
$$= e^{1/2}\left(1 - \frac{1}{2n}\right)^{1/2} \approx e^{1/2}\left(1 - \frac{1}{4n}\right)$$

となる。よって，$\mathrm{E}[S] \approx \sigma - \dfrac{\sigma}{4n}$ を得る。

　数学的な補足として，スターリングの公式の z に関する漸近展開は

$$\Gamma(z) \approx \sqrt{2\pi}e^{-z}z^{z-1/2}\left(1 + \frac{1}{12z} + o(z^{-1})\right)$$

であるので，$1/12z$ の項まで計算すると，

$$\sqrt{\frac{2}{n-1}}\frac{\Gamma(n/2)}{\Gamma((n-1)/2)}$$
$$\approx \sqrt{\frac{2}{n-1}}\frac{\sqrt{2\pi}e^{-n/2}(n/2)^{n/2-1/2}}{\sqrt{2\pi}e^{-(n-1)/2}\{(n-1)/2\}^{(n-1)/2-1/2}} \times \frac{1 + 1/(12n/2)}{1 + 1/\{12(n-1)/2\}}$$

77

となるが，上記で示したように右辺の前半部分は $O(n^{-1})$ であり，また，後半部分は $O(1)$ であるので，漸近展開における $1/12z$ の項は無視できる。

統計数理　問2

箱の中に N 個の球があり $(N \geq 2)$，そのうち M 個は赤球，$N - M$ 個は青球である。この箱から非復元無作為抽出により一つずつ順に n 個の球を取り出す。第 i 回目の抽出結果を表す確率変数を X_i とし，取り出した球が赤球ならば $X_i = 1$，青球ならば $X_i = 0$ とする $(i = 1, \ldots, n \leq N)$。以下の各問に答えよ。

〔1〕　確率 $\mathrm{P}(X_i = 1)$ および $\mathrm{P}(X_i = 1, X_j = 1)$ $(i \neq j)$ をそれぞれ求めよ。

〔2〕　期待値 $\mathrm{E}[X_i]$，分散 $\mathrm{V}[X_i]$ および共分散 $\mathrm{Cov}[X_i, X_j]$ $(i \neq j)$ をそれぞれ求めよ。

〔3〕　$X = X_1 + \cdots + X_n$ とする。すなわち X は n 回の抽出での赤球の個数である。X が x となる確率 $\mathrm{P}(X = x)$ を求めよ。

〔4〕　上問〔3〕の X の期待値 $\mathrm{E}[X]$ と分散 $\mathrm{V}[X]$ を求めよ。

〔5〕　箱の中に青球のみが N 個入っているとする（ただし N は未知）。N を推定するため，K 個の赤球を箱に入れてよく混ぜ（ただし K は既知），箱から非復元無作為抽出により n 個の球を取り出して，その中の赤球の個数を X とする。X を用いて N の推定量 $\hat{N}$ を作れ。そのとき，N，X がともに大きいとして $\varepsilon = \sqrt{\mathrm{V}[\hat{N}]}/N$ を求めよ。

解答例

〔1〕　N 個の球から n 個を選ぶ順列の総数は ${}_N P_n = \dfrac{N!}{(N-n)!}$ 通りである。一方，i 番目の球として赤球が取り出されるのは M 通りあり，それに残りの $N-1$ 個の球から $n-1$ 個の球が取り出される順列の数 ${}_{N-1} P_{n-1}$ をかけたものが，i 番目が赤球となる取り出し方の総数となる。よって，

$$\mathrm{P}(X_i = 1) = \frac{M \times {}_{N-1} P_{n-1}}{{}_N P_n} = \frac{M\{(N-1)!\}/\{(N-1)-(n-1)\}!}{N!/(N-n)!} = \frac{M}{N}$$

となる。同様に，i 番目と j 番目の球がともに赤球となる取り出し方の総数は $M(M-1){}_{N-2} P_{n-2}$ であるので，

$$P(X_i = 1, X_j = 1) = \frac{M(M-1) \times {}_{N-2}P_{n-2}}{{}_N P_n}$$

$$= \frac{M(M-1)\{(N-2)!\}/\{(N-2)-(n-2)\}!}{N!/(N-n)!}$$

$$= \frac{M(M-1)}{N(N-1)}$$

を得る。

〔2〕 期待値は

$$\mathrm{E}[X_i] = 1 \times \mathrm{P}(X_i = 1) + 0 \times \mathrm{P}(X_i = 0) = \frac{M}{N}$$

である。また,

$$\mathrm{E}[X_i^2] = 1^2 \times \mathrm{P}(X_i = 1) + 0^2 \times \mathrm{P}(X_i = 0) = \frac{M}{N}$$

$$\mathrm{E}[X_i X_j] = 1 \times 1 \times \mathrm{P}(X_i = 1, X_j = 1) = \frac{M(M-1)}{N(N-1)}$$

であるので,分散と共分散はそれぞれ

$$\mathrm{V}[X_i] = \mathrm{E}[X_i^2] - (\mathrm{E}[X_i])^2 = \frac{M}{N} - \left(\frac{M}{N}\right)^2 = \frac{M(N-M)}{N^2}$$

$$\mathrm{Cov}[X_i, X_j] = \mathrm{E}[X_i X_j] - \mathrm{E}[X_i]\mathrm{E}[X_j]$$

$$= \frac{M(M-1)}{N(N-1)} - \left(\frac{M}{N}\right)^2 = -\frac{M(N-M)}{N^2(N-1)}$$

となる。

〔3〕 赤球が x 個,青球が $n-x$ 個となる特定の系列の得られる確率は

$$\frac{M(M-1)\cdots(M-x+1)(N-M)\cdots(N-M-(n-x)+1)}{N(N-1)\cdots(N-n+1)}$$

$$= \frac{(N-n)!M!(N-M)!}{N!(M-x)!(N-M-n+x)!}$$

である。n 個中で赤球が x 個得られる場合の数は ${}_nC_x = \dfrac{n!}{x!(n-x)!}$ であるので,

$$\mathrm{P}(X = x) = \frac{n!M!(N-n)!(N-M)!}{N!x!(n-x)!(M-x)!(N-M-n+x)!}$$

$$= \frac{{}_MC_x \times {}_{N-M}C_{n-x}}{{}_NC_n}$$

を得る。これは超幾何分布 $H(n, M, N)$ である。

（別解）$X = x$ の確率は，N 個から n 個を取り出す全組合せ数 $_NC_n$ のうち，M 個の赤球から x 個を取り出し，かつ $N - M$ 個の青球から $n - x$ 個を取り出す場合の数 $_MC_x \times _{N-M}C_{n-x}$ の割合

$$\mathrm{P}(X = x) = \frac{_MC_x \times _{N-M}C_{n-x}}{_NC_n}$$

としても求められる。

〔4〕2 通りの方法で導出する。$X = X_1 + \cdots + X_n$ であることを用いると，

$$\mathrm{E}[X] = \sum_{i=1}^{n} \mathrm{E}[X_i] = \frac{nM}{N}$$

$$\mathrm{V}[X] = \sum_{i=1}^{n} \mathrm{V}[X_i] + 2 \sum_{i=1}^{n-1} \sum_{j=i+1}^{n} \mathrm{Cov}[X_i, X_j]$$

$$= \frac{nM(N-M)}{N^2} - \frac{n(n-1)M(N-M)}{N^2(N-1)}$$

$$= \frac{N-n}{N-1} \frac{nM(N-M)}{N^2}$$

$$= \frac{N-n}{N-1} \times n \times \frac{M}{N} \times \left(1 - \frac{M}{N}\right)$$

となる。

（別解）x の取り得る範囲は $(\max(0, \ n - N + M), \ \min(n, \ M))$ であることに注意した上で，途中の計算で $y = x - 1$ とし，y の取り得る範囲を $(\max(0, \ n - N + M - 1), \ \min(n-1, \ M-1))$ として

$$\mathrm{E}[X] = \sum_{x} x \times \frac{n!M!(N-n)!(N-M)!}{N!x!(n-x)!(M-x)!(N-M-n+x)!}$$

$$= \frac{nM}{N} \sum_{y} \frac{(n-1)!(M-1)!\{(N-1)-(n-1)\}!\{(N-1)-(M-1)\}!}{(N-1)!y!\{(n-1)-y\}!\{(M-1)-y\}!((N-1)-(M-1)-(n-1)+y)!}$$

$$= \frac{nM}{N}$$

を得る。ここで最後の和は超幾何分布 $H(n-1, M-1, N-1)$ の全確率より 1 になることを用いた。同様の計算により，計算の途中で $z = x-2$ と置き，超幾何分布 $H(n-2, M-2, N-2)$ の全確率は 1 になることから

$$\mathrm{E}[X(X-1)] = \sum_{x} x(x-1) \times \frac{n!M!(N-n)!(N-M)!}{N!x!(n-x)!(M-x)!(N-M-n+x)!}$$

$$
\begin{aligned}
&= \frac{n(n-1)M(M-1)}{N(N-1)} \\
&\quad \sum_y \frac{(n-2)!(M-2)!\{(N-2)-(n-2)\}!\{(N-2)-(M-2)\}!}{(N-2)!z!\{(n-2)-z\}!\{(M-2)-z\}!((N-2)-(M-2)-(n-2)+z)!} \\
&= \frac{n(n-1)M(M-1)}{N(N-1)}
\end{aligned}
$$

を得る。よって分散は

$$
\begin{aligned}
V[X] &= E[X(X-1)] + E[X] - (E[X])^2 \\
&= \frac{n(n-1)M(M-1)}{N(N-1)} + \frac{nM}{N} - \left(\frac{nM}{N}\right)^2 \\
&= \frac{n(n-1)M(M-1)N + nMN(N-1) - n^2M^2(N-1)}{N^2(N-1)} \\
&= \frac{nM(N-M)(N-n)}{N^2(N-1)} \\
&= \frac{N-n}{N-1} \times n \times \frac{M}{N} \times \left(1 - \frac{M}{N}\right)
\end{aligned}
$$

となる。これらは，赤球の比率を $p = \dfrac{M}{N}$ とすると

$$
E[X] = np, \quad V[X] = \frac{N-n}{N-1} \times np(1-p)
$$

と書くことができる。すなわち，期待値は二項分布の期待値と同じであり，分散は二項分布の分散の $\dfrac{N-n}{N-1}$ 倍となることがわかる。この分散の係数を超幾何分布の分散の有限修正ともいう。

〔5〕 箱の中の赤玉は K 個で，箱の中には全部で $N+K$ 個の球がある。よって，赤球の個数 X の期待値 $E[X]$ と分散 $V[X]$ は，上問〔4〕の結果より，

$$
E[X] = \frac{nK}{N+K}, \quad V[X] = \frac{N+K-n}{N+K-1} \cdot n \cdot \frac{K}{N+K}\left(1 - \frac{K}{N+K}\right)
$$

となる。ここで，$V[X] \to 0 \ (N \to \infty)$ であることから，N が十分大きいとき

$$
X \approx E[X] = \frac{nK}{N+K}
$$

が成り立つ。一方，$X = \dfrac{nK}{N+K}$ を N について解き，推定量

$$
\hat{N} = K\left(\frac{n}{K} - 1\right)
$$

を得る。

$\hat{N}$ の漸近分散は次の手順で求められる。$\left(\dfrac{1}{x}\right)' = -\dfrac{1}{x^2}$ を用いた $\dfrac{1}{x}$ に関する $\mathrm{E}[X]$ まわりの 1 次のテーラー展開（デルタ法）により，

$$\frac{1}{X} \approx \frac{1}{\mathrm{E}[X]} - \frac{1}{(\mathrm{E}[X])^2}(X - \mathrm{E}[X])$$

となるので，$\mathrm{E}[X]$ と $\mathrm{V}[X]$ の計算結果を適用して

$$\mathrm{V}\left[\frac{1}{X}\right] \approx \mathrm{V}\left[\frac{1}{\mathrm{E}[X]} - \frac{1}{(\mathrm{E}[X])^2}(X - \mathrm{E}[X])\right] = \mathrm{V}\left[-\frac{X}{(\mathrm{E}[X])^2}\right] = \frac{1}{(\mathrm{E}[X])^4}\mathrm{V}[X]$$
$$= \left(\frac{N+K}{nK}\right)^4 \frac{N+K-n}{N+K-1} \cdot n \cdot \frac{K}{N+K}\left(1 - \frac{K}{N+K}\right)$$

を得る。これより $\hat{N}$ の漸近分散は，$o(N^{-1})$ を無視して

$$\mathrm{V}[\hat{N}] = K^2 n^2 \mathrm{V}\left[\frac{1}{X}\right] \approx K^2 n^2 \left(\frac{N+K}{nK}\right)^4 \frac{N+K-n}{N+K-1} \cdot n \cdot \frac{K}{N+K} \cdot \frac{N}{N+K}$$
$$= \frac{(N+K)^2(N+K-n)N}{nK(N+K-1)} = \frac{N+K}{N+K-1} \cdot \frac{(N+K)(N+K-n)N}{nK}$$
$$\approx \frac{(N+K)(N+K-n)N}{nK}$$

と求められる。よって，

$$\varepsilon = \frac{\sqrt{V[\hat{N}]}}{N} = \sqrt{\frac{(N+K)(N+K-n)}{nNK}}$$

となる。

統計検定　1級

統計数理　問3

パラメータ n, θ の二項分布 $B(n, \theta)$ に従う確率変数を X とする。X の確率関数は

$$p(x) = \mathrm{P}(X = x) = {}_nC_x \theta^x (1-\theta)^{n-x} \quad (x = 0, 1, \ldots, n)$$

である。ここで ${}_nC_x$ は二項係数である。以下の各問に答えよ。

〔1〕　X の期待値 $\mathrm{E}[X]$ および分散 $\mathrm{V}[X]$ はいくらか。

〔2〕　$X \geq 1$ の条件の下での X の条件付き確率関数 $h(x) = \mathrm{P}(X = x | X \geq 1)$ は

$$h(x) = \frac{{}_nC_x \theta^x (1-\theta)^{n-x}}{1 - (1-\theta)^n} \quad (x = 1, \ldots, n)$$

であることを示せ。

〔3〕　X の条件付き期待値 $\eta(\theta) = \mathrm{E}[X | X \geq 1]$ および条件付き分散 $\xi(\theta) = \mathrm{V}[X | X \geq 1]$ を求めよ。

〔4〕　$n = 8$ のとき，上問〔3〕で求めた条件付き期待値 $\eta(\theta)$ が X の期待値 $\mathrm{E}[X]$ の2倍，すなわち $\eta(\theta) = 2\mathrm{E}[X]$ となるのは θ がいくらのときか。

〔5〕　上問〔2〕で求めた条件付き分布からの独立な m 個の観測値を $y_1, \ldots, y_m$ とし，それらの標本平均を $\bar{y} = (y_1 + \cdots + y_m)/m$ とする。このとき，パラメータ θ の最尤推定値 $\hat{\theta}$ の計算法を示せ。また，$\hat{\theta}$ はモーメント法に基づく推定値でもあることを示せ。

解答例

〔1〕　X が二項分布に従うので，$\mathrm{E}[X] = n\theta$，$\mathrm{V}[X] = n\theta(1-\theta)$ である。

〔2〕　$\mathrm{P}(X \geq 1) = 1 - \mathrm{P}(X = 0) = 1 - (1-\theta)^n$ である。よって，条件付き確率関数は

$$h(x) = \frac{{}_nC_x \theta^x (1-\theta)^{n-x}}{1 - (1-\theta)^n} \quad (x = 1, \ldots, n)$$

となる。

〔3〕　$X \geq 1$ の条件のない X の分布はパラメータ n, θ の二項分布であるので，$\mathrm{E}[X] = n\theta$ および $\mathrm{E}[X^2] = n\theta(1-\theta) + (n\theta)^2$ である。よって，$X \geq 1$ の条件付き期待値は

83

$$\mathrm{E}[X|X \geq 1] = \sum_{x=1}^{n} x h(x)$$

$$= \frac{1}{1-(1-\theta)^n} \sum_{x=1}^{n} x \cdot \frac{n!}{x!(n-x)!} \theta^x (1-\theta)^{n-x} \qquad (3.1)$$

$$= \frac{1}{1-(1-\theta)^n} \cdot \mathrm{E}[X] = \frac{n\theta}{1-(1-\theta)^n}$$

となる。また,

$$\mathrm{E}[X^2|X \geq 1] = \sum_{x=1}^{n} x^2 h(x)$$

$$= \frac{1}{1-(1-\theta)^n} \sum_{x=1}^{n} x^2 \cdot \frac{n!}{x!(n-x)!} \theta^x (1-\theta)^{n-x}$$

$$= \frac{1}{1-(1-\theta)^n} \cdot \mathrm{E}[X^2] = \frac{1}{1-(1-\theta)^n} \cdot \{n\theta(1-\theta) + n^2\theta^2)$$

より,条件付き分散は

$$\mathrm{V}[X|X \geq 1] = \mathrm{E}[X^2|X \geq 1] - (\mathrm{E}[X|X \geq 1])^2$$

$$= \frac{n\theta(1-\theta) + n^2\theta^2}{1-(1-\theta)^n} - \frac{n^2\theta^2}{\{1-(1-\theta)^n\}^2}$$

$$= \frac{n\theta(1-\theta)}{1-(1-\theta)^n} - \frac{n^2\theta^2(1-\theta)^n}{\{1-(1-\theta)^n\}^2}$$

となる。

〔4〕 $\mathrm{E}[X] = n\theta$ であるので,$\eta(\theta) = 2n\theta$ より

$$\frac{1}{1-(1-\theta)^n} = 2$$

を満たす θ を求めればよい。上式の変形により,$n=8$ として

$$\theta = 1 - \sqrt[8]{0.5}$$

を得る。$\sqrt[8]{0.5} = \sqrt{\sqrt{\sqrt{0.5}}}$ であるので,電卓を用いて 0.5 の平方根を 3 回計算することにより $\sqrt[8]{0.5} \approx 0.917$ を得る。よって,$\theta \approx 1 - 0.917 = 0.083$ となる。

〔5〕 観測値ベクトルを $\boldsymbol{y} = (y_1, \ldots, y_n)'$ と置くとき,尤度関数は

$$L(\theta; \boldsymbol{y}) = \prod_{i=1}^{m} \frac{{}_nC_{y_i} \theta^{y_i}(1-\theta)^{n-y_i}}{1-(1-\theta)^n} = \left(\prod_{i=1}^{m} {}_nC_{y_i} \right) \frac{\theta^{m\bar{y}}(1-\theta)^{m(n-\bar{y})}}{\{1-(1-\theta)^n\}^m}$$

であるので，対数尤度関数は

$$l(\theta; \boldsymbol{y}) = \log L(\theta; \boldsymbol{y})$$

$$= \log\left(\prod_{i=1}^{m} {}_{n}C_{y_i}\right) + m\bar{y}\log\theta + m(n-\bar{y})\log(1-\theta) - m\log\{1-(1-\theta)^n\}$$

となる。$l(\theta; \boldsymbol{y})$ を θ で偏微分すると

$$\frac{dl(\theta; \boldsymbol{y})}{d\theta} = \frac{m\bar{y}}{\theta} - \frac{m(n-\bar{y})}{1-\theta} - \frac{mn(1-\theta)^{n-1}}{1-(1-\theta)^n}$$

となるので，これを 0 と置いて

$$\frac{\bar{y}}{\hat{\theta}} - \frac{n-\bar{y}}{1-\hat{\theta}} - \frac{n(1-\hat{\theta})^{n-1}}{1-(1-\hat{\theta})^n} = 0$$

である。よって，式を整理して

$$n\hat{\theta} = \bar{y}\{1-(1-\hat{\theta})^n\} \tag{3.2}$$

を得る。ここで $\hat{\theta}$ は θ の最尤推定値である。(3.2) はまた

$$\bar{y} = \frac{n\hat{\theta}}{1-(1-\hat{\theta})^n} \tag{3.3}$$

と書くこともできる。また，(3.3) は条件付き期待値 (3.1) における左辺の条件付き期待値 $\mathrm{E}[X|X \geq 1]$ を標本平均 $\bar{y}$ で置き換えた形であるので，$\hat{\theta}$ はモーメント法に基づく推定値でもある。

なお，関係式 (3.2) の形から，$\hat{\theta}$ は陽には求められないので，何らかの数値計算法が必要となる。一つの方法として，(3.2) より，$\hat{\theta}^{(0)}$ をたとえば $\hat{\theta}^{(0)} = \bar{y}/n$ のような適当な初期値として

$$\hat{\theta}^{(t+1)} = \bar{y}\{1-(1-\hat{\theta}^{(t)})^n\}/n \quad (t=1,\,2,\,\ldots)$$

なる反復スキームが得られるので，反復計算（遂次計算）により $\hat{\theta}$ を求めることができる。

統計数理　問4

正規分布 $N(\mu, \sigma^2)$ と既知の実数 ρ $(0 < \rho < 1)$ について，以下の各問に答えよ。ただし，$X \sim N(\mu, \sigma^2)$ のとき，その確率密度関数は

$$f(x) = \frac{1}{\sqrt{2\pi}\sigma} \exp\left[-\frac{(x-\mu)^2}{2\sigma^2}\right]$$

である。

〔1〕　2次元確率ベクトル (X, Y) において，X は標準正規分布 $N(0, 1)$ に従い，$X = x$ が与えられたときの Y の条件付き分布は $N(\rho x, 1 - \rho^2)$ であるとする。このとき，Y の周辺分布を求めよ。

〔2〕　t を 0 以上の整数とし，確率ベクトルの列を $(X_t, Y_t), t = 0, 1, 2, \ldots$ とする。また，確率変数列 $X_0, Y_0, X_1, Y_1, \ldots$ はマルコフ性を持つとする。すなわち，$X_0, Y_0, \ldots, X_t$ が与えられたときの Y_t の条件付き分布は X_t にのみ依存し，$X_0, Y_0, \ldots, X_t, Y_t$ が与えられたときの X_{t+1} の条件付き分布は Y_t にのみ依存するものとする。

　　$X_t = x_t$ が与えられたときの Y_t の条件付き分布は $N(\rho x_t, 1 - \rho^2)$ であり，$Y_t = y_t$ が与えられたときの X_{t+1} の条件付き分布は $N(\rho y_t, 1 - \rho^2)$ であるとしたとき，$X_t = x_t$ が与えられたときの X_{t+1} の条件付き分布は $N(\rho^2 x_t, 1 - \rho^4)$ であることを示せ。

〔3〕　上問〔2〕の結果を用いて，$X_0 = x_0$ が与えられたときの X_t の条件付き分布は $N(\rho^{2t} x_0, 1 - \rho^{4t})$ となることを示せ。また，t が限りなく大きくなっていくとき，$X_0 = x_0$ が与えられたときの X_t の条件付き分布はどのような分布に近づくかを論ぜよ。

解答例

〔1〕　X の確率密度関数 $f(x)$ および Y の条件付き確率密度関数 $g(y|x)$ を用いると，Y の周辺確率密度関数 $g(y)$ は，

$$
\begin{aligned}
g(y) &= \int_{-\infty}^{\infty} g(y|x) f(x) dx \\
&= \int_{-\infty}^{\infty} \frac{1}{\sqrt{2\pi}\sqrt{1-\rho^2}} \exp\left[-\frac{(y-\rho x)^2}{2(1-\rho^2)}\right] \frac{1}{\sqrt{2\pi}} \exp\left[-\frac{x^2}{2}\right] dx \\
&= \frac{1}{\sqrt{2\pi}} \exp\left[-\frac{y^2}{2}\right] \int_{-\infty}^{\infty} \frac{1}{\sqrt{2\pi}\sqrt{1-\rho^2}} \exp\left[-\frac{(x-\rho y)^2}{2(1-\rho^2)}\right] dx \\
&= \frac{1}{\sqrt{2\pi}} \exp\left[-\frac{y^2}{2}\right]
\end{aligned}
$$

となることより，Y の分布は標準正規分布となる。

統計検定　1 級

〔2〕　マルコフ性より，上問〔1〕で示した正規分布に関する条件付き分布の性質を 2 回用いることによって，$X_t = x_t$ が与えられたときの X_{t+1} の従う分布は正規分布であることがわかるので，その期待値と分散を求める。ここでは，期待値の計算を条件付き期待値の期待値を取った

$$\mathrm{E}_X[X] = \mathrm{E}_Y[\mathrm{E}_X[X|Y]]$$

および

$$\mathrm{E}_X[X|Y] = \mathrm{E}_Z[\mathrm{E}_X[X|Y]|Z]$$

の形で行う。なお，期待値あるいは分散の記号 E あるいは V の下付き添字は期待値あるいは分散を求める確率変数を表す。条件付き期待値は

$$\mathrm{E}_{X_{t+1}}[X_{t+1}|X_t = x_t]$$
$$= \mathrm{E}_{Y_i}[\mathrm{E}_{X_{i+1}}[X_{t+1}|Y_t, X_t, Y_{t-1}, X_{t-1}, \ldots, Y_0, X_0]|X_t = x_t]$$
$$= \mathrm{E}_{Y_t}[\mathrm{E}_{X_{t+1}}[X_{t+1}|Y_t]|X_t = x_t] \quad （\text{マルコフ性より}）$$
$$= \mathrm{E}_{Y_t}[\rho Y_t|X_t = x_t] = \rho(\rho x_t) = \rho^2 x_t$$

となる。条件付き分散は，公式

$$V_X[X|Z] = E_Y[V_X[X|Y]|Z] + V_Y[E_X[X|Y]|Z]$$

を利用して，期待値の計算と同様にマルコフ性の仮定から

$$\mathrm{V}_{X_{t+1}}[X_{t+1}|X_t = x_t]$$
$$= \mathrm{E}_{Y_t}[\mathrm{V}_{X_{t+1}}[X_{t+1}|Y_t]|X_t = x_t]] + \mathrm{V}_{Y_t}[\mathrm{E}_{X_{t+1}}[X_{t+1}|Y_t]|X_t = x_t]]$$
$$= \mathrm{E}_{Y_t}[1 - \rho^2|X_t = x_t] + \mathrm{V}_{Y_t}[\rho Y_t|X_t = x_t] = 1 - \rho^2 + \rho^2(1 - \rho^2)$$
$$= 1 - \rho^4$$

と求められる。よって，$X_t = x_t$ が与えられたときの X_{t+1} は $N(\rho^2 x_t, 1 - \rho^4)$ に従う。

（別解）マルコフ性より関係

$$f(X_{t+1}, Y_t|X_t) = f(X_{t+1}|Y_t, X_t)f(Y_t|X_t) = f(X_{t+1}|Y_t)f(Y_t|X_t)$$

が得られるので，両辺を Y_t で積分することで得られる条件付き密度関数を

87

$$f(x_{t+1}|x_t) = \int_{-\infty}^{\infty} f(x_{t+1}|y_t)f(y_t|x_t)dy_t$$

$$= \frac{1}{2\pi(1-\rho^2)}\int_{-\infty}^{\infty} \exp\left[\frac{(x_{t+1}-\rho y_t)^2+(y_t-\rho x_t)^2}{2(1-\rho^2)}\right]dy_t$$

$$= \frac{1}{2\pi(1-\rho^2)}\int_{-\infty}^{\infty} \exp\left[-\frac{(x_{t+1}-\mu_t)^2}{2(1-\rho^2)/(1+\rho^2)}\right]dy_t \times \exp\left[-\frac{(x_{t+1}-\rho^2 x_t)^2}{2(1-\rho^4)}\right]$$

$$= \frac{1}{\sqrt{2\pi(1-\rho^4)}}\exp\left[-\frac{(x_{t+1}-\rho^2 x_t)^2}{2(1-\rho^4)}\right]$$

と直接計算してもよい。

〔3〕 数学的帰納法で証明する。$t=0$ のときは上問〔2〕より成り立つ。$t=k$ のとき成り立つとして，$t=k+1$ の場合を示す。すなわち，$X_0=x_0$ が与えられたときの X_k の分布は $N(\rho^{2k}x_0, 1-\rho^{4k})$ とする。このとき

$$E_{X_{k+1}}[X_{k+1}|X_0=x_0] = E_{X_k}[E_{X_{k+1}}[X_{k+1}|X_k]|X_0=x_0]$$
$$= E_{X_k}[\rho^2 X_k|X_0=x_0] = \rho^2 \cdot \rho^{2k} x_0 = \rho^{2(k+1)} x_0$$

および

$$V_{X_{k+1}}[X_{k+1}|X_0=x_0]$$
$$= E_{X_k}[V_{X_{k+1}}[X_{k+1}|X_k]|X_0=x_0]] + V_{X_k}[E_{X_{k+1}}[X_{k+1}|X_k]|X_0=x_0]]$$
$$= E_{X_k}[1-\rho^4|X_0=x_0] + V_{X_k}[\rho^2 X_k|X_0=x_0]$$
$$= 1-\rho^4 + \rho^4(1-\rho^{4k}) = 1-\rho^{4(k+1)}$$

となり，$t=k+1$ でも成り立つことがわかる。よって数学的帰納法により与式が示された。また，$t\to\infty$ とすると，$N(\rho^{2t}x_0, 1-\rho^{4t})$ において，$\rho^t \to 0$ であるので，分布は標準正規分布に近づく。

統計検定 1級

統計数理 問5

確率変数 X_1, X_2, X_3 は互いに独立に区間 $(0,1)$ 上の一様分布に従うとし，それらの順序統計量を $X_{(1)} \leq X_{(2)} \leq X_{(3)}$ とする。$Y_1 = X_{(1)}$, $Y_2 = X_{(2)}$, $Y_3 = X_{(3)}$ と置き，$Z = Y_3 - Y_1$ としたとき，以下の各問に答えよ。

〔1〕 Y_1 と Y_3 のそれぞれの確率密度関数 $f_1(y)$, $f_3(y)$ および期待値 $\mathrm{E}[Y_1]$, $\mathrm{E}[Y_3]$ を求めよ。

〔2〕 Y_2 の確率密度関数 $f_2(y)$ を求めよ。また，確率 $\mathrm{P}(Y_2 < 0.5)$ はいくらか。

〔3〕 Z の期待値および分散を求めよ。

解答例

区間 $(0,1)$ 上の一様分布の確率密度関数 $f(x)$ および累積分布関数 $F(x)$ はそれぞれ

$$f(x) = \begin{cases} 1 & (0 < x < 1) \\ 0 & （その他） \end{cases} \quad , \quad F(x) = \begin{cases} 0 & (x \leq 0) \\ x & (0 < x \leq 1) \\ 1 & (x > 1) \end{cases}$$

である。

〔1〕 Y_1 の累積分布関数は，$0 < y \leq 1$ で

$$F_1(y) = \mathrm{P}(Y_1 \leq y) = 1 - \mathrm{P}(X_1 > y, X_2 > y, X_3 > y)$$
$$= 1 - \{\mathrm{P}(X > y)\}^3 = 1 - (1 - y)^3$$

であるので，確率密度関数は

$$f_1(y) = \frac{d}{dy} F_1(y) = 3(1 - y)^2$$

となる。また，Y_3 の累積分布関数は，$0 < y \leq 1$ で

$$F_3(y) = \mathrm{P}(Y_3 \leq y) = \mathrm{P}(X_1 \leq y, X_2 \leq y, X_3 \leq y) = \{\mathrm{P}(X \leq y)\}^3 = y^3$$

であるので，確率密度関数は

$$f_3(y) = \frac{d}{dy} F_3(y) = 3y^2$$

となる。

期待値はそれぞれ

89

$$\mathrm{E}[Y_1] = \int_0^1 y \times 3(1-y)^2 dy = 3\left[\frac{y^2}{2} - \frac{2y^3}{3} + \frac{y^4}{4}\right]_0^1 = \frac{1}{4}$$

および

$$\mathrm{E}[Y_3] = \int_0^1 y \times 3y^2 dy = 3 \times \left[\frac{y^4}{4}\right]_0^1 = \frac{3}{4}$$

となる。

〔2〕 $0 < y < 1$ において，$Y_2 \leq y$ となるのは，X_1，X_2，X_3 のすべてが y 以下であるか，あるいはそれらのうちの 2 つのみが y 以下であるかのいずれかであり，それらの事象は互いに排反であるので，Y_2 の累積分布関数は

$$F_2(y) = \mathrm{P}(Y_2 \leq y) = \mathrm{P}(X_1, X_2, X_3 \leq y) + \mathrm{P}((X_i, X_j \leq y) \cap (X_k > y))$$
$$= y^3 + 3y^2(1-y) = 3y^2 - 2y^3$$

となる。よって，確率密度関数は

$$f_2(y) = \frac{d}{dy}F_2(y) = 6y - 6y^2 = 6y(1-y)$$

となる。また，求める確率は

$$\mathrm{P}(Y_2 \leq 0.5) = \int_0^{0.5} 6y(1-y)\,dy = 6\left[\frac{y^2}{2} - \frac{y^3}{3}\right]_0^{0.5} = 3 \times 0.25 + 2 \times 0.125 = 0.5$$

である。あるいは，$f_2(y)$ は $0 < y < 1$ の範囲で左右対称であるとの考察からも $\mathrm{P}[Y_2 \leq 0.5] = 0.5$ が導かれる。

〔3〕 $Z = Y_3 - Y_1$ の期待値は，上問〔1〕より

$$\mathrm{E}[Z] = \mathrm{E}[Y_3] - \mathrm{E}[Y_1] = \frac{1}{2}$$

となる。

　分散の計算のため，Y_1 と Y_3 の同時分布を求める。同時累積分布関数 $F_{13}(y_1, y_3) = \mathrm{P}(Y_1 \leq y_1, Y_3 \leq y_3)$ の確率計算では，互いに排反な事象「X_1，X_2，X_3 がすべて y_1 以下」，「X_1，X_2，X_3 のうちの 2 つが y_1 以下で 1 つが y_1 と y_3 の間」，「X_1，X_2，X_3 のうちの 1 つが y_1 以下で 2 つが y_1 と y_3 の間」の和事象の確率であるので，

$$F_{13}(y_1, y_3) = y_1^3 + 3y_1^2(y_3 - y_1) + 3y_1(y_3 - y_1)^2$$
$$= y_1^3 + 3y_1^2 y_3 - 3y_1^3 + 3y_1 y_3^2 - 6y_1^2 y_3 + 3y_1^3$$
$$= y_1^3 - 3y_1^2 y_3 + 3y_1 y_3^2$$

が得られる。よって同時確率密度関数は，$0 < y_1 < y_3 < 1$ に対し

$$f_{13}(y_1, y_3) = \frac{\partial^2}{\partial y_1 \partial y_3} F_{13}(y_1, y_3) = 6(y_3 - y_1)$$

となる。したがって，

$$\mathrm{E}[Z^2] = \mathrm{E}[(Y_3 - Y_1)^2] = \int_0^1 \int_0^{y_3} (y_3 - y_1)^2 \times 6(y_3 - y_1) dy_1 dy_3$$

$$= \int_0^1 6\,dy_3 \int_0^{y_3} (y_3 - y_1)^3 dy_1 = \frac{3}{2} \int_0^1 -\left[(y_3 - y_1)^4\right]_0^{y_3} dy_3 = \frac{3}{2} \int_0^1 y_3{}^4 dy_3$$

$$= \frac{3}{10} \left[y_3{}^5\right]_0^1 = \frac{3}{10}$$

より

$$\mathrm{V}[Z] = \mathrm{E}[Z^2] - (\mathrm{E}[Z])^2 = \frac{3}{10} - \frac{1}{4} = \frac{1}{20}$$

を得る。

統計応用（人文科学）　問 1

以下の各問に答えよ。

〔1〕　赤球が 6 個，白球が 4 個入っている箱から非復元無作為抽出により n 個の球を取り出す（$1 \leq n \leq 10$）。n 個の中に赤球が x 個ある確率を $f_n(x)$ とするとき，x の値の取り得る範囲，および確率 $f_n(x)$ の式を示せ。また，具体的に $n = 5$ の $f_5(1)$ および $f_5(2)$ を求めよ。

〔2〕　ある社会問題について教育した 6 人の群 A と教育しなかった 4 人の群 B がある。これら 10 人に対して，この社会問題に関する意識調査を点数で聞いたところ，次のような点数になった。

　　A：5，6，8，10，12，15
　　B：4，6，7，14

この結果を全体の中央値 7.5 より小さい値の観測度数と，大きい値の観測度数に分け次のように 2 × 2 分割表を作成した。この表について各問に答えよ。

群	中央値 7.5 より小さい	中央値 7.5 より大きい
A	2	4
B	3	1

(1)　オッズ比およびファイ係数を求めよ。これらから群 A と群 B の関連性について述べよ。

(2)　両群の中央値は同じであるという帰無仮説の下での期待度数の分割表を示せ。

(3)　次の帰無仮説および対立仮説について有意水準 10 ％の仮説検定を行う。
　　　帰無仮説：両群の中央値は同じである。
　　　対立仮説：両群の中央値は異なる。
　　検定統計量として，ピアソン・カイ二乗統計量

$$Y = \sum \frac{(観測度数 - 期待度数)^2}{期待度数}$$

を用いたとき，およびイェーツの補正を施したカイ二乗統計量 Y' を用いたときの検定統計量の値と仮説検定の結果をそれぞれ示せ。

(4)　上問 (3) の仮説検定を，超幾何分布を用いたフィッシャー検定（直接確率計算法）にて実行し，そのときの P 値および仮説検定の結果を示せ。

統計検定 1級

解答例

〔1〕 確率および取り得る値は以下のように与えられる。

$$f_n(x) = \frac{{}_6C_x \times {}_4C_{n-x}}{{}_{10}C_n} \quad (\max(0, n-4) \le x \le \min(n, 6))$$

$n = 5$ のときは，$1 \le x \le 5$ であり，

$$f_5(1) = \frac{{}_6C_1 \times {}_4C_4}{{}_{10}C_5} = \frac{6}{252} = 0.0238, \quad f_5(2) = \frac{{}_6C_2 \times {}_4C_3}{{}_{10}C_5} = \frac{60}{252} = 0.2381$$

となる。

〔2〕

(1) オッズ比は $(2 \times 1)/(3 \times 4) = 1/6$，ファイ係数は $\phi = \dfrac{2 \times 1 - 4 \times 3}{\sqrt{6 \times 4 \times 5 \times 5}} = -0.408$ となる。分割表から得られたこれらの値から，その社会問題について教育した群 A としなかった群 B には違いがあるかもしれないと考えることができる。ただし，観測度数が少ないため，値の信頼性には問題がある。そのため，観測度数も考慮した手法とともに結論を出す必要がある。分布表において各観測度数が 10 倍であっても，オッズ比やファイ係数は同じになることに注意されたい。

(2) ここでの検定は，A 群，B 群各々の観測度数が与えられたという条件の下での条件付き検定である。A 群の観測度数および B 群の観測度数はともに各々 6 および 4 となるので，両群の中央値は同じという帰無仮説の下での期待度数の分割表は，次のようになる。

群	中央値 7.5 より小さい	中央値 7.5 より大きい
A	3	3
B	2	2

(3) ピアソン・カイ二乗検定統計量は

$$Y = \frac{(2-3)^2}{3} + \frac{(4-3)^2}{3} + \frac{(3-2)^2}{2} + \frac{(1-2)^2}{2} \approx 1.667$$

であり，イェーツの補正を施すと

$$Y' = \frac{(|2-3|-0.5)^2}{3} + \frac{(|4-3|-0.5)^2}{3} + \frac{(|3-2|-0.5)^2}{2} + \frac{(|1-2|-0.5)^2}{2}$$
$$\approx 0.417$$

となる。自由度 1 のカイ二乗分布の有意水準 10 ％の棄却限界値は 2.71 であるので，有意水準 10 ％で帰無仮説は棄却できない。

(4) 上問〔1〕の結果から片側 P 値は $0.0238 + 0.2381 = 0.2619$ となる。両側 P 値の

93

計算法にはいくつかの種類のものがあるが，ここでは片側 P 値が既に 0.1 よりも大きいので，有意水準 10 ％で帰無仮説は棄却できない。

統計応用（人文科学）　問2

ある高校では，最終学年の生徒に2種類のテスト（テスト1，テスト2）を行い，テストの成績 $\boldsymbol{x} = (x_1, x_2)$ から，進路 A と進路 B のどちらが好ましいかをアドバイスする第1段階目の進路指導を行っている。ここで，進路 A と進路 B のそれぞれにおける2種類のテストの点数は，母分散共分散行列が等しい2変量正規分布に従うとする。

表1は，最終的に進路 A または進路 B に進学した過去の生徒100名（各進路50名）の成績の標本平均であり，表2は，群内平方和をプールした標本分散共分散行列である。また，表3は，今年の3人の生徒 a，b，c のテストの点数である。

表1：標本平均

	テスト 1	テスト 2
進路 A	30	50
進路 B	40	50

表2：群内平方和をプールした標本分散共分散行列

	テスト 1	テスト 2
テスト 1	20	14
テスト 2	14	20

表3：3人の点数

生徒	テスト 1	テスト 2
a	30	60
b	40	60
c	50	50

〔1〕　表2から，テスト1とテスト2の相関係数を求めよ。

〔2〕　生徒の成績 $\boldsymbol{x} = (x_1, x_2)$ に対し，各進路のテスト1およびテスト2の標本平均からのユークリッド2乗距離を

進路 A：$U_A^2 = (x_1 - 30)^2 + (x_2 - 50)^2$
進路 B：$U_B^2 = (x_1 - 40)^2 + (x_2 - 50)^2$

とし，距離の値が小さい方にその生徒の進路をアドバイスする。このとき，$U_A^2 = U_B^2$ となる直線を判別境界線 U と呼ぶ。この境界線 U の方程式を x_1, x_2 を用いて求めよ。また，距離 U_A^2, U_B^2 を用いるとき，生徒 a, b, c はそれぞれどちらの進路とアドバイスされるか示し，その理由を述べよ。

〔3〕 上問〔2〕の距離はベクトルを用いて次のように書くことができる。

進路 A: $U_A^2 = \begin{pmatrix} x_1 - 30, & x_2 - 50 \end{pmatrix} \begin{pmatrix} x_1 - 30 \\ x_2 - 50 \end{pmatrix}$

進路 B: $U_B^2 = \begin{pmatrix} x_1 - 40, & x_2 - 50 \end{pmatrix} \begin{pmatrix} x_1 - 40 \\ x_2 - 50 \end{pmatrix}$

それに対し，群内平方和をプールした標本分散共分散行列 S の逆行列 S^{-1} を用いた距離（マハラノビスの 2 乗距離）を

進路 A: $M_A^2 = \begin{pmatrix} x_1 - 30, & x_2 - 50 \end{pmatrix} S^{-1} \begin{pmatrix} x_1 - 30 \\ x_2 - 50 \end{pmatrix}$

進路 B: $M_B^2 = \begin{pmatrix} x_1 - 40, & x_2 - 50 \end{pmatrix} S^{-1} \begin{pmatrix} x_1 - 40 \\ x_2 - 50 \end{pmatrix}$

と定義し，この距離の値が小さい方にその生徒の進路をアドバイスする。$M_A^2 = M_B^2$ となる直線を判別境界線 M と呼ぶ。境界線 M の方程式を x_1, x_2 を用いて求めると

$$x_2 = \frac{10}{7} x_1$$

が得られる。境界線 U と境界線 M の違いについて述べよ（イメージを図示してもよい）。また，距離 M_A^2, M_B^2 を用いるとき，生徒 a, b, c はそれぞれどちらの進路とアドバイスされるかを示し，その理由を述べよ。

〔4〕 判別分析には誤判別が生じる。R_A と R_B を母平均ベクトルと母分散共分散行列から計算されるマハラノビスの 2 乗距離 $(M_A^*)^2$, $(M_B^*)^2$ を用いて進路 A および進路 B にアドバイスする領域であるとする。このとき，R_A と R_B は誤判別率最小という意味で最適な判別ルールを与え，そのときの誤判別率は，各進路でのテストの点数の確率密度関数をそれぞれ $f_A(\boldsymbol{x})$, $f_B(\boldsymbol{x})$ としたとき，

$$T(R_A, R_B) = \frac{1}{2} \int_{R_B} f_A(\boldsymbol{x}) d\boldsymbol{x} + \frac{1}{2} \int_{R_A} f_B(\boldsymbol{x}) d\boldsymbol{x}$$

と表せる。ただし，各進路には同数が進学するとする。実際は分布の母数を標本より推定して，それぞれの領域 $\hat{R}_A$, $\hat{R}_B$ を推定するので，実際の誤判別率は

$$T(\hat{R}_A, \hat{R}_B) = \frac{1}{2} \int_{\hat{R}_B} f_A(\boldsymbol{x}) d\boldsymbol{x} + \frac{1}{2} \int_{\hat{R}_A} f_B(\boldsymbol{x}) d\boldsymbol{x}$$

となる。実際の誤判別率は最適誤判別率より大きくなることをその理由とともに示せ。

解答例

〔1〕 表 2 より，テスト 1 とテスト 2 の分散がともに 20，共分散が 14 である。これより相関係数は $14/20 = 0.7$ である。

〔2〕 $U_A^2 = U_B^2$ より，$(x_1 - 30)^2 + (x_2 - 50)^2 = (x_1 - 40)^2 + (x_2 - 50)^2$ を計算すると，$x_1 = 35$ となり，これが境界線 U の方程式である。テスト 1 の成績 x_1 が 35 より小さいときは進路 A，大きいときは進路 B とアドバイスすればよい。これから，生徒 a は進路 A，生徒 b と c は進路 B とアドバイスされる。また，ユークリッド 2 乗距離をそのまま計算してもよく，生徒 a, b, c の進路 A の値はそれぞれ 100, 200, 400，進路 B の値はそれぞれ 200, 100, 100 となり，これらからも生徒 a は進路 A，生徒 b と c は進路 B とアドバイスされる。

〔3〕 距離 U_A^2, U_B^2 は平均からの円を基本とした距離で，2 変数間が独立であるときには有効な距離である。一方，距離 M_A^2, M_B^2 は共分散を考慮した楕円を基本とした距離である。2 変数間に相関が見られるときはそれを考慮した境界線を考える方が誤判別率を小さくできる。境界線 U と境界線 M を比較すると，縦線が境界線 U で斜め線が境界線 M になる（図 1）。斜め線は楕円の交点を結んだ直線である。

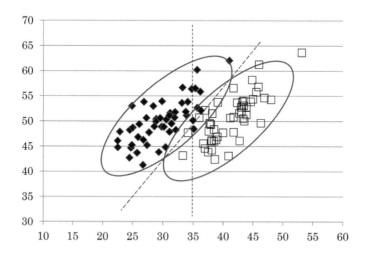

図 1：観測値の布置と楕円のイメージ
◆はテスト 1，□はテスト 2 をイメージして布置した

生徒のテストの点数 $x = (x_1, x_2)$ が斜め線より上の領域にあるとき，すなわち $x_2 > \frac{10}{7}x_1$ のときは進路 A，下の領域にあるとき，すなわち $x_2 < \frac{10}{7}x_1$ のときは進路 B とアドバイスすればよい。これから，生徒 a と b は進路 A，生徒 c は進路 B とアドバイスされる。また，マハラノビスの 2 乗距離をそのまま計算してもよく，分散共分散行列の逆行列が $S^{-1} = \frac{1}{204}\begin{pmatrix} 20 & -14 \\ -14 & 20 \end{pmatrix}$ であることから，生徒 a, b, c の進路 A の値はそれぞれ 2000/204, 1200/204, 8000/204，進路 B の値はそれぞれ 6800/204, 2000/204, 2000/204 となり，これらからも生徒 a と b は進路 A，生徒 c は進路 B とアドバイスされる。

〔4〕 母数が既知であるとき，境界線 M の最適解を求めることができる。最適解の境界線 M に対して直交する線上にデータを射影したとき，図 2 のような 2 つの正規分布を描くことができる。

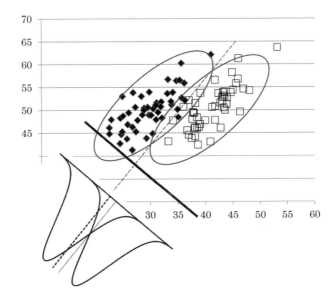

図 2：射影図

この図の 2 つの正規分布のみを取り出したものが図 3 である。実直線（2 つの正規分布が交差する点にある直線）が境界線の最適解で，これを用いて判別する領域 R_A と R_B を決めると左右対称の領域が最適誤判別領域となり，これより最適誤判別率を計算することができる。実際は，分布の母数を標本より求めて境界線 M を推定し，各判別領域も推定する。たとえば，点線が境界線 M の推定で，これを用いて実際に判別する領域 $\hat{R}_A$ と $\hat{R}_B$ が決

められる．図3からわかるように，実際の誤判別の領域は最適誤判別の領域を含むため，実際の誤判別率は最適誤判別率より大きくなる．分散共分散行列が既知でない場合は楕円の形が標本により異なるので，考察が面倒になるが，実際の誤判別率の期待値は最適誤判別率より大きくなる*．

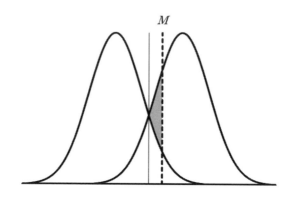

図3：最適および実際の判別領域
(網掛け：実際の誤判別率が最適誤判別率より大きくなる部分)

* Hills, M. (1966) Allocation rules and their error rates (with discussion). *Journal of the Royal Statistical Society, Series B*, **28**, 1-31.

統計応用（人文科学） 問3

ある大学では補習時間を設けて学習効果を上げるよう工夫をしている．はじめに事前試験を行い，試験結果に応じて補習時間を決めてよいと学生に指導している．補習が終わった後に簡単な試験（補習試験）を行い，その後，最終試験を受ける．それぞれの量的変数を次のように置く．

X_1: 事前試験結果, X_2: 補習時間, X_3: 補習試験結果, X_4: 最終試験結果

これらの変数間に次のような母相関行列 $R = \{\rho_{ij}\}$, $i, j = 1, 2, 3, 4$ を仮定する．

	X_1	X_2	X_3	X_4
X_1	1.00	−0.40	−0.20	0.34
X_2	−0.40	1.00	0.50	0.20
X_3	−0.20	0.50	1.00	0.40
X_4	0.34	0.20	0.40	1.00

また，X_1, X_2, X_3, X_4 について次のようなパス図の因果モデルを仮定する。ここで α_{21}, $\alpha_{32}, \alpha_{41}, \alpha_{42}, \alpha_{43}$ は矢線に対応するパス係数である。ただし，これらのパス係数はすべての変数を平均 0，分散 1 に標準化したうえで得たものである。

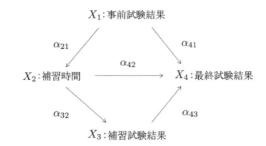

〔1〕このパス図には X_1 から X_3 への矢線がない。このことの意味を述べよ。

〔2〕このパス図には擬相関が生じている箇所がある。それらすべてを示せ。

〔3〕この因果モデルに対する線形構造方程式を誤差項を付記して示せ。

〔4〕上問〔3〕で求めた構造方程式から，母相関係数 $\rho_{12}, \rho_{13}, \rho_{23}, \rho_{24}$ を α_{21}, α_{32}, $\alpha_{41}, \alpha_{42}, \alpha_{43}$ を用いて示せ。また，α_{21}, α_{32} の値を具体的に求めよ。

〔5〕上問〔4〕の結果から X_2 から X_4 への総合効果を求めよ。ただし，$\alpha_{41} = 0.5$ であることを用いてよい。

解答例

〔1〕X_2（補習時間）が同じであれば，事前試験結果と補習試験結果が無相関であることを意味している。

〔2〕X_1 から X_2 と X_4 に，また X_2 から X_3 と X_4 に矢線がある。これより X_2 と X_4 の間には X_1 による擬相関が，また X_3 と X_4 の間には X_2 による擬相関が生じている。

〔3〕構造方程式は以下のようである。

$$X_2 = \alpha_{21}X_1 + \varepsilon_2$$
$$X_3 = \alpha_{32}X_2 + \varepsilon_3$$
$$X_4 = \alpha_{41}X_1 + \alpha_{42}X_2 + \alpha_{43}X_3 + \varepsilon_4$$

ここで，ε_2，ε_3，ε_4 はそれぞれ平均 0 で互いに独立な誤差項である。

〔4〕 以下のようである。

$X_1X_2 = \alpha_{21}X_1X_1 + \varepsilon_2X_1$ の期待値を求めると，$\rho_{12} = \alpha_{21}$

$X_1X_3 = \alpha_{32}X_1X_2 + \varepsilon_3X_1$ の期待値を求めると，$\rho_{13} = \alpha_{32}\rho_{12} = \alpha_{32}\alpha_{21}$

$X_2X_3 = \alpha_{32}X_2X_2 + \varepsilon_3X_2$ の期待値を求めると，$\rho_{23} = \alpha_{32}$

$X_2X_4 = \alpha_{41}X_2X_1 + \alpha_{42}X_2X_2 + \alpha_{43}X_2X_3 + \varepsilon_4X_2$ の期待値を求めると，

$\rho_{24} = \alpha_{41}\rho_{21} + \alpha_{42} + \alpha_{43}\rho_{23} = \alpha_{41}\alpha_{21} + \alpha_{42} + \alpha_{43}\alpha_{32}$

となる。上の関係式より，$\alpha_{21} = \rho_{12} = -0.40$，$\alpha_{32} = \rho_{23} = 0.50$ である。また，ρ_{14}，ρ_{34} も同様に，

$$\rho_{14} = \alpha_{41} + \alpha_{42}\rho_{12} + \alpha_{43}\rho_{13} = \alpha_{41} + \alpha_{42}\alpha_{21} + \alpha_{43}\alpha_{32}\alpha_{21},$$

$$\rho_{34} = \alpha_{41}\rho_{13} + \alpha_{42}\rho_{23} + \alpha_{43} = \alpha_{41}\alpha_{32}\alpha_{21} + \alpha_{42}\alpha_{32} + \alpha_{43}$$

と求めることができる。さらに，上の相関行列を満たすパス係数を求めると，次のように値が得られる。

$\alpha_{21} = -0.4$		
	$\alpha_{32} = 0.5$	
$\alpha_{41} = 0.5$	$\alpha_{42} = 0.2$	$\alpha_{43} = 0.4$

〔5〕 $\rho_{24} = \alpha_{41}\alpha_{21} + \alpha_{42} + \alpha_{43}\alpha_{32}$ から，相関係数 ρ_{24} は直接効果 α_{42}，間接効果 $\alpha_{43}\alpha_{32}$，擬相関の効果 $\alpha_{41}\alpha_{21}$ の 3 つに分解される。総合効果 ＝ 直接効果 ＋ 間接効果 より，$\alpha_{42} + \alpha_{43}\alpha_{32} = \rho_{24} - \alpha_{41}\alpha_{21} = 0.2 - 0.5 \times (-0.4) = 0.4$ となる。すべてのパス係数を求め，$\alpha_{42} + \alpha_{43}\alpha_{32} = 0.2 + 0.4 \times 0.5 = 0.4$ と求めてもよい。

100

統計検定　1級

統計応用（人文科学）　問4

都道府県別の酒類販売（消費）数量表を元に，各都道府県を特徴あるグループでまとめたうえで解析したい。以下の各問に答えよ。

〔1〕　表1は，国税庁による平成27年度成人1人当たりの酒類販売（消費）数量表（都道府県別）の一部である（販売単位:リットルL）。すべての酒類合計の1人当たりの消費量の上位6都府県のうち，消費上位であるいくつかの酒類について掲載している。表2は，表1のデータを基に都府県間の距離をユークリッド距離として求めたものである。図1は，あるソフトウェアを用いて，表2の距離を元に，最長距離法とウォード法によりデンドログラムを描いたものである（都府県×距離）。

表1：平成27年度成人1人当たりの酒類販売（消費）数量表（都道府県別）より一部抜粋
（単位: L）（国税庁）

	東京	高知	大阪	新潟	青森	宮崎
ビール・発泡酒	51.0	45.5	40.7	35.9	34.3	33.7
日本酒	6.7	6.3	5.0	13.3	7.0	2.5
焼酎	9.8	8.2	6.6	7.8	10.7	20.3
ワイン	9.8	1.8	3.8	2.5	2.5	2.5
ウイスキー	2.4	0.9	1.4	1.4	1.7	0.8

表2：表1より算出した各都府県間のユークリッド距離

距離	東京	高知	大阪	新潟	青森	宮崎
東京	0.00	9.96	12.50	18.16	18.26	21.98
高知	9.96	0.00	5.62	11.92	11.55	17.34
大阪	12.50	5.62	0.00	9.75	7.97	15.65
新潟	18.16	11.92	9.75	0.00	7.12	16.68
青森	18.26	11.55	7.97	7.12	0.00	10.66
宮崎	21.98	17.34	15.65	16.68	10.66	0.00

(1)　表2を元に最短距離法を用いてクラスターを作成し，図1のようなデンドログラムを描け。

(2)　表1および上問(1)で作成したデンドログラムを参考に，表1の6都府県ではいくつのクラスターを想定したらよいかを示し，クラスター数を記したうえで，クラスターに入る都府県名と各クラスターの特徴を簡潔に記せ。

101

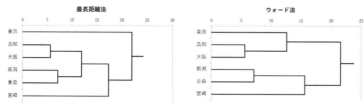

図1：最長距離法およびウォード法によるデンドログラム

〔2〕 沖縄を除く46都道府県のデータについて，上問〔1〕とは別のソフトウェアを用い，最短距離法とウォード法により算出した結果のデンドログラムは図2のようになった。ただし，都道府県名は除いてある。図2では，最短距離法に鎖効果が見られる。

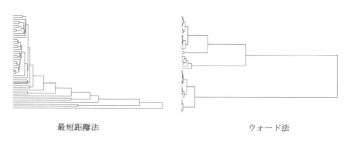

図2：最短距離法およびウォード法による46都道府県のデンドログラム

(1) 鎖効果とは何かについて46都道府県のデンドログラムを利用して説明せよ。また，なぜ最短距離法では鎖効果が生じやすいのかについて述べよ。

(2) ウォード法のクラスター基準方法を簡潔に記せ。

(3) 46都道府県のデータについて，最短距離法とウォード法のいずれを用いる方が解釈しやすいかについて述べよ。

解答例

〔1〕
(1) 最短距離法を用いたデンドログラムは下の図のようになる。作成方法は次の通りである。

はじめに最も距離の近い高知と大阪（5.62）を結ぶ。これにより（高知，大阪）のクラスターができる。次いで距離の近い新潟と青森（7.12）を結ぶと（新潟，青森）のクラスターができる。次に大阪と青森（7.97）が近いので，（高知，大阪）と（新潟，青森）を結

合し新しいクラスター（高知，大阪，新潟，青森）とする。同様に，東京と高知（9.96）によりクラスター（東京，高知，大阪，新潟，青森）ができる。最後にこのクラスターに宮崎を加える。そのときの距離は宮崎と最も近い青森との距離（10.66）となる。

なお，東京と高知のユークリッド距離は次のように求める。他も同様である。

$$\sqrt{(51.0-45.5)^2+(6.7-6.3)^2+(9.8-8.2)^2+(9.8-1.8)^2+(2.4-0.9)^2}=9.96$$

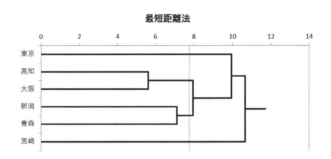

最短距離法

(2) クラスター数の選択には決まりはないが，ここでは 4 つのクラスターに分けてその解釈を行う。

第 1 クラスター：東京（ビール，ワインの消費が他と比較し多い）
第 2 クラスター：高知，大阪（東京に次いでビールを多く消費する）
第 3 クラスター：青森，新潟（ビールに次いで日本酒を多く消費する）
第 4 クラスター：宮崎（ビールに次いで焼酎を多く消費する）

〔2〕
(1) 鎖効果とは，1 つのクラスターに対象となる都道府県が追加吸収されて鎖状にクラスターを形成して行く現象である。どの距離で切り分けても 1 つあるいはごく少数個からなるクラスターが多くできることから，各クラスターの特徴を見いだすことが難しい。最短距離法は，2 つのクラスターにおいて最も近いもの同士の距離をクラスター間の距離とする手法である。よって，すでにあるクラスターに含まれる対象のいずれかに近い対象は，次々と統合されてしまう。

(2) 新たに統合されるクラスター内の平方和を最小にする基準でクラスターを形成する。

(3) クラスター内のまとまりがよく，クラスター間の距離が適度に保証されるという点でウォード法を用いると結果として得られたクラスターの説明がしやすい。

統計応用（人文科学） 問5

ある大学のある学部では，入試科目の数学が選択制となっている。その学部の M 教授は，統計学のクラスを A，B の 2 つ受け持っていて，両クラスとも 100 名ずつの受講者がいる。両クラスとも入試で数学を選択した学生と非選択の学生は 50 名ずつであった。両クラスで統計学の試験を行ったところ入試での数学の選択別の平均と標準偏差は表 1 のようであった。ここで，表の標準偏差は，両クラスとも除数を 50 とした標本分散の正の平方根である。また，それぞれのクラスでヒストグラムを描いたところ図 1 のようであった。

両クラスとも入試での数学の選択の有無で明らかに平均が異なるので，ヒストグラムはふた山型となると予想されたが，A クラスではそうであるものの，B クラスではひと山型であった。M 教授はどのような場合に，混合分布がふた山型を示すのかに興味を持ち，理論的に考察することにした。

表 1：試験結果の基本統計量

統計量	A クラス 数学選択	A クラス 数学非選択	B クラス 数学選択	B クラス 数学非選択
平均	69.7	49.6	67.6	53.8
標準偏差	6.8	7.8	7.7	8.7

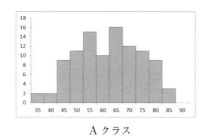

図 1：クラス全体の試験結果のヒストグラム

母集団全体の分布 F は，分散は等しいが平均は異なる正規分布 $N(\mu_1, \sigma^2)$ と $N(\mu_2, \sigma^2)$ の混合率 $1/2$ ずつの混合であるとする。すなわち，$N(\mu_j, \sigma^2)$ の確率密度関数を $f_j(x) = \dfrac{1}{\sqrt{2\pi}\sigma} \exp\left[-\dfrac{(x-\mu_j)^2}{2\sigma^2}\right]$ としたとき $(j=1,2)$，分布 F の確率密度関数 $f(x)$ は

$$f(x) = \frac{1}{2}\{f_1(x) + f_2(x)\}$$

で与えられる。図 2 はいくつかの μ_1，μ_2，σ の組み合わせに対応した $f(x)$ の形状である。

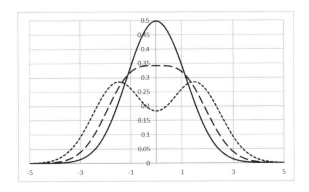

図 2：いくつかのパラメータに関する $f(x)$ の形状

分布 F に従う確率変数を X とするとき，以下の各問に答えよ．

〔1〕 X の期待値と分散はそれぞれ

$$\xi = E[X] = \frac{\mu_1 + \mu_2}{2}, \ \tau^2 = V[X] = \sigma^2 + \left(\frac{\mu_1 - \mu_2}{2}\right)^2$$

となることを示せ．

ヒント：
$(x-\xi)^2 = \left(x - \frac{\mu_1 + \mu_2}{2}\right)^2 = \left(x - \mu_1 + \frac{\mu_1 - \mu_2}{2}\right)^2 = \left(x - \mu_2 - \frac{\mu_1 - \mu_2}{2}\right)^2$
である．

〔2〕 表 1 の結果から，A クラス全体のデータを $x_i (i = 1, \ldots, 100)$ としたときの平均 $\bar{x} = \frac{1}{100}\sum_{i=1}^{100} x_i$ と標準偏差 $s = \sqrt{\frac{1}{100}\sum_{i=1}^{100}(x_i - \bar{x})^2}$ を求めよ．

〔3〕 確率密度関数 $f(x)$ の 1 次導関数 $f'(x)$ および 2 次導関数 $f''(x)$ を求めよ．また，$x = \xi$ は $f(x)$ の極値を与えることを示せ．

〔4〕 分布 F がふた山型（二峰性）を示すための μ_1, μ_2, σ の条件を求めよ．

解答例

〔1〕 X の期待値 $\xi = E[X]$ は

$$\xi = \int_{-\infty}^{\infty} x f(x) dx = \int_{-\infty}^{\infty} x \cdot \frac{1}{2} \{f_1(x) + f_2(x)\} dx$$

$$= \frac{1}{2} \left\{ \int_{-\infty}^{\infty} x f_1(x) dx + \int_{-\infty}^{\infty} x f_2(x) dx \right\} = \frac{\mu_1 + \mu_2}{2}$$

である。また，

$$(x - \xi)^2 = \left(x - \frac{\mu_1 + \mu_2}{2} \right)^2$$

$$= \left(x - \mu_1 + \frac{\mu_1 - \mu_2}{2} \right)^2 = (x - \mu_1)^2 + (x - \mu_1)(\mu_1 - \mu_2) + \left(\frac{\mu_1 - \mu_2}{2} \right)^2$$

$$= \left(x - \mu_2 - \frac{\mu_1 - \mu_2}{2} \right)^2 = (x - \mu_2)^2 - (x - \mu_2)(\mu_1 - \mu_2) + \left(\frac{\mu_1 - \mu_2}{2} \right)^2$$

であるので，分散 $\tau^2 = \mathrm{V}[X]$ は

$$\tau^2 = \int_{-\infty}^{\infty} (x - \xi)^2 f(x) dx = \int_{-\infty}^{\infty} (x - \xi)^2 \cdot \frac{1}{2} \{f_1(x) + f_2(x)\} dx$$

$$= \frac{1}{2} \left\{ \int_{-\infty}^{\infty} (x - \xi)^2 f_1(x) dx + \int_{-\infty}^{\infty} (x - \xi)^2 f_2(x) dx \right\}$$

$$= \frac{1}{2} \left[\int_{-\infty}^{\infty} \left\{ (x - \mu_1)^2 + (x - \mu_1)(\mu_1 - \mu_2) + \left(\frac{\mu_1 - \mu_2}{2} \right)^2 \right\} f_1(x) dx \right.$$

$$\left. + \int_{-\infty}^{\infty} \left\{ (x - \mu_2)^2 - (x - \mu_2)(\mu_1 - \mu_2) + \left(\frac{\mu_1 - \mu_2}{2} \right)^2 \right\} f_2(x) dx \right]$$

$$= \frac{1}{2} \left\{ \int_{-\infty}^{\infty} (x - \mu_1)^2 f_1(x) dx + \left(\frac{\mu_1 - \mu_2}{2} \right)^2 \right.$$

$$\left. + \int_{-\infty}^{\infty} (x - \mu_2)^2 f_2(x) dx + \left(\frac{\mu_1 - \mu_2}{2} \right)^2 \right\}$$

$$= \frac{1}{2} \left\{ 2\sigma^2 + 2 \times \left(\frac{\mu_1 - \mu_2}{2} \right)^2 \right\} = \sigma^2 + \left(\frac{\mu_1 - \mu_2}{2} \right)^2$$

となる。なお，式の変形では $\int_{-\infty}^{\infty} (x - \mu_j) f_j(x) dx = 0 \quad (j = 1, 2)$ を用いた。

〔2〕 A クラスでの数学選択の学生の試験の点数を $x_1, \ldots, x_{50}$ とし，数学非選択の学生の点数を $x_{50}, \ldots, x_{100}$ とする。数学選択の学生の平均を $\bar{x}_1$ とし，数学非選択の学生の平均を $\bar{x}_2$ としたとき，全体の平均は

$$\bar{x} = \frac{1}{100} \left(\sum_{i=1}^{50} x_i + \sum_{i=51}^{100} x_i \right) = \frac{1}{2} \left(\frac{1}{50} \sum_{i=1}^{50} x_i + \frac{1}{50} \sum_{i=51}^{100} x_i \right) = \frac{1}{2} (\bar{x}_1 + \bar{x}_2)$$

$$= \frac{1}{2} (69.7 + 49.6) = 59.65$$

106

統計検定　1 級

となる。

　数学選択の学生の点数の標準偏差を s_1 とし，数学非選択の学生の点数の標準偏差を s_2 としたとき，

$$\bar{x}_1 - \bar{x} = \bar{x}_1 - \frac{1}{2}(\bar{x}_1 + \bar{x}_2) = \frac{1}{2}(\bar{x}_1 - \bar{x}_2)$$

$$\bar{x}_2 - \bar{x} = \bar{x}_2 - \frac{1}{2}(\bar{x}_1 + \bar{x}_2) = -\frac{1}{2}(\bar{x}_1 - \bar{x}_2)$$

に注意すると，クラス全体での平均からの偏差平方和は

$$
\begin{aligned}
A &= \sum_{i=1}^{50} (x_i - \bar{x})^2 + \sum_{i=51}^{100} (x_i - \bar{x})^2 \\
&= \sum_{i=1}^{50} (x_i - \bar{x}_1 + \bar{x}_1 - \bar{x})^2 + \sum_{i=51}^{100} (x_i - \bar{x}_2 + \bar{x}_2 - \bar{x})^2 \\
&= \sum_{i=1}^{50} (x_i - \bar{x}_1)^2 + 50(\bar{x}_1 - \bar{x})^2 + \sum_{i=1}^{50} (x_i - \bar{x}_2)^2 + 50(\bar{x}_2 - \bar{x})^2 \\
&= 50s_1^2 + 50s_2^2 + 100\left(\frac{\bar{x}_1 - \bar{x}_2}{2}\right)^2 = 100\left\{\frac{s_1^2 + s_2^2}{2} + \left(\frac{\bar{x}_1 - \bar{x}_2}{2}\right)^2\right\}
\end{aligned}
$$

となる。よって，クラス全体での点数の標準偏差は

$$s = \sqrt{\frac{1}{100}A} = \sqrt{\frac{6.8^2 + 7.8^2}{2} + \left(\frac{69.7 - 49.6}{2}\right)^2} \approx 12.43$$

と求められる。

〔3〕　$f(x)$ の 1 次導関数は

$$f'(x) = \frac{1}{2} \cdot \frac{1}{\sqrt{2\pi}\sigma}\left\{-\frac{x - \mu_1}{\sigma^2}\exp\left[-\frac{(x-\mu_1)^2}{2\sigma^2}\right] - \frac{x - \mu_2}{\sigma^2}\exp\left[-\frac{(x-\mu_2)^2}{2\sigma^2}\right]\right\} \quad (5.1)$$

であり，2 次導関数は

$$
\begin{aligned}
f''(x) &= \frac{1}{2} \cdot \frac{1}{\sqrt{2\pi}\sigma}\left\{-\frac{1}{\sigma^2}\exp\left[-\frac{(x-\mu_1)^2}{2\sigma^2}\right] + \left(\frac{x-\mu_1}{\sigma^2}\right)^2\exp\left[-\frac{(x-\mu_1)^2}{2\sigma^2}\right]\right. \\
&\qquad \left. -\frac{1}{\sigma^2}\exp\left[-\frac{(x-\mu_2)^2}{2\sigma^2}\right] + \left(\frac{x-\mu_2}{\sigma^2}\right)^2\exp\left[-\frac{(x-\mu_2)^2}{2\sigma^2}\right]\right\} \\
&= -\frac{1}{2} \cdot \frac{1}{\sqrt{2\pi}\sigma} \cdot \frac{1}{\sigma^2}\left\{\left(1 - \left(\frac{x-\mu_1}{\sigma}\right)^2\right)\exp\left[-\frac{(x-\mu_1)^2}{2\sigma^2}\right]\right. \\
&\qquad \left. + \left(1 - \left(\frac{x-\mu_2}{\sigma}\right)^2\right)\exp\left[-\frac{(x-\mu_2)^2}{2\sigma^2}\right]\right\}
\end{aligned}
$$

となる。1 次導関数 (5.1) において $x = \xi = \dfrac{\mu_1 + \mu_2}{2}$ とすることにより

$$f'(\xi) = \frac{1}{2} \cdot \frac{1}{\sqrt{2\pi}\sigma} \left\{ -\frac{\xi - \mu_1}{\sigma^2} \exp\left[-\frac{(\xi-\mu_1)^2}{2\sigma^2}\right] - \frac{\xi - \mu_2}{\sigma^2} \exp\left[-\frac{(\xi-\mu_2)^2}{2\sigma^2}\right] \right\}$$

$$= \frac{1}{2} \cdot \frac{1}{\sqrt{2\pi}\sigma} \left\{ \frac{\mu_1 - \mu_2}{2\sigma^2} \exp\left[-\frac{\{-(\mu_1-\mu_2)/2\}^2}{2\sigma^2}\right] \right.$$

$$\left. -\frac{\mu_1 - \mu_2}{2\sigma^2} \exp\left[-\frac{\{(\mu_1-\mu_2)/2\}^2}{2\sigma^2}\right] \right\}$$

$$= 0$$

となるので，これより $x = \xi = \dfrac{\mu_1 + \mu_2}{2}$ は $f(x)$ の極値を与えることがわかる。

〔4〕 $f(x)$ の2次導関数の $x = \xi$ での値は

$$f''(\xi) = \frac{1}{2} \cdot \frac{1}{\sqrt{2\pi}\sigma} \left\{ -\frac{1}{\sigma^2} \exp\left[-\frac{(\xi-\mu_1)^2}{2\sigma^2}\right] + \left(\frac{\xi-\mu_1}{\sigma}\right)^2 \exp\left[-\frac{(\xi-\mu_1)^2}{2\sigma^2}\right] \right.$$

$$\left. -\frac{1}{\sigma^2} \exp\left[-\frac{(\xi-\mu_2)^2}{2\sigma^2}\right] + \left(\frac{\xi-\mu_2}{\sigma}\right)^2 \exp\left[-\frac{(\xi-\mu_2)^2}{2\sigma^2}\right] \right\}$$

$$= \frac{1}{2} \cdot \frac{1}{\sqrt{2\pi}\sigma} \cdot \frac{1}{\sigma^2} \exp\left[-\frac{(\mu_1-\mu_2)^2}{8\sigma^2}\right] \left\{ -2 + \frac{(\mu_1-\mu_2)^2}{2\sigma^2} \right\}$$

となる。$f(x)$ が二峰性となるのは，$f(x)$ が $x = \xi$ で下に凸，すなわち $f''(\xi) > 0$ のときであるので，$-2 + \dfrac{(\mu_1-\mu_2)^2}{2\sigma^2} > 0$ より条件 $\dfrac{|\mu_1 - \mu_2|}{\sigma} > 2$ を得る。あるいは下の補足に示した証明でもよい。

問題文の図2（下に再掲）はそれぞれ $|\mu_1 - \mu_2|/\sigma = 1$（実線），$|\mu_1 - \mu_2|/\sigma = 2$（破線），$|\mu_1 - \mu_2|/\sigma = 3$（点線）に対応した分布 F の確率密度関数の形状である。

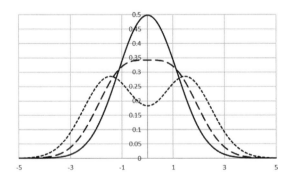

図2：いくつかのパラメータに関する $f(x)$ の形状

（補足）

上問〔4〕では，確率密度関数がふた山以上であることを示したのみで，三山以上にはならないことを示す必要がある。ここでは $f(x)$ は三山以上にはならない，すなわち確率密度関数 $f(x)$ の極値は最大限 3 つであること，換言すれば $f'(x) = 0$ を満たす x は最大限 3 つであることを示す。簡単のため，1 次導関数 (5.1) において，$\mu_1 = \xi - c$, $\mu_2 = \xi + c$ とし，一般性を失うことなく $\xi = 0$ および $\sigma^2 = 1$ とする。このとき，(5.1) は

$$f'(x) = \frac{1}{2} \cdot \frac{1}{\sqrt{2\pi}} \left\{ -(x+c)\exp\left[-\frac{(x+c)^2}{2}\right] - (x-c)\exp\left[-\frac{(x-c)^2}{2}\right] \right\} \quad (5.2)$$

となる。(5.2) において $f'(x) = 0$ と置いて式を変形することにより，

$$x = c\left(1 - \frac{2}{1+e^{2cx}}\right) \quad (5.3)$$

を得る。(5.3) の右辺を $g(x)$ とすると，$g(0) = 0$ であり，$g(x)$ は x の奇関数かつ単調増加関数である。そして，$g'(x)$ の吟味により，$c \leq 1$ では $y = x$ と $y = g(x)$ は $x = 0$ のみで交わり，$c > 1$ では，$x = 0$ 以外では 1 点のみで交わることが示される。図 3 は $c = 0.8$ および $c = 1.5$ の場合である。

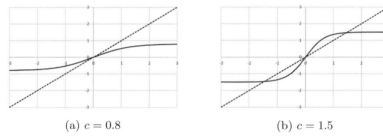

(a) $c = 0.8$ (b) $c = 1.5$

図 3：$y = g(x)$（実線）と $y = x$（点線）

これより，$f'(x) = 0$ を満足する x は，$c \leq 1$ では 1 点 ($x = 0$) のみ，$c > 1$ では $x = 0$ およびそれ以外の 2 点の計 3 点であること，すなわち $f(x)$ の極値は 1 つもしくは 3 つであることが示された。前者がひと山型，後者がふた山型である。

統計応用（社会科学）　問1

次の表1と表2は，ある調査における女性の職種と不払い労働時間の有無に関するクロス集計表である。表1は女性全体の表であり，表2は女性の50歳代に限定した表である。以下の各問に答えよ。

表1：女性の職種と不払い労働時間の有無別人数

女性		不払い労働時間の有無		
		ある	ない	
職業	専門職	75	58	133
	製造・生産関連	6	19	25
		81	77	158

表2：50歳代の女性の職種と不払い労働時間の有無別人数

女性，50歳代		不払い労働時間の有無		
		ある	ない	
職業	専門職	5	5	10
	製造・生産関連	0	5	5
		5	10	15

注：労働政策研究・研修機構「働き方の現状と意識に関するアンケート調査結果（2005年8月調査実施）」に基づき，職種は専門職と製造・生産関連に限定して，職種と不払い労働時間に関する無回答を除いて作成した。

〔1〕　表1に基づき，職種と不払い労働時間の有無との間に関連性があるか否かを調べるために仮説検定を行う。クロス集計表の第 (i, j) セル確率を p_{ij}，各周辺確率を p_{i+}，p_{+j} としたとき，職種と不払い労働時間の有無との間に関連性がないという帰無仮説を示せ。また，その帰無仮説の下で，表1の第 $(1, 1)$ セル（職種: 専門職，不払い労働時間の有無: ある）の期待度数 e_{11} を求めよ。

〔2〕　表1に基づき，イェーツの補正を施したカイ二乗分布を用いた独立性の仮説検定を有意水準 0.05 で実行せよ。その際，検定統計量の値や棄却域を明確に示し，検定結果を説明せよ。

〔3〕　表2に基づき，フィッシャー検定（直接確率計算法）を用いた独立性の仮説検定を有意水準 0.05 で実行し，検定法の詳細と検定結果を説明せよ。

〔4〕　カイ二乗分布を用いた検定ではなく，上問〔3〕のようなフィッシャー検定を行うのが望ましい状況について簡潔に説明せよ。

統計検定　1級

解答例

〔1〕 クロス集計表の (i, j) セル確率を p_{ij} とし，行および列の周辺確率をそれぞれ p_{i+}, p_{+j} としたとき，行分類と列分類とが独立という帰無仮説は

$$H_0 : p_{ij} = p_{i+}p_{+j}$$

と表される。各セル度数および周辺度数をそれぞれ f_{ij}, f_{i+}, f_{+j} とし，標本の大きさを n とすると，H_0 の下での (i, j) セルの期待度数は

$$e_{ij} = E[f_{ij}] = n \times \frac{f_{i+}}{n} \times \frac{f_{+j}}{n} = \frac{f_{i+}f_{+j}}{n}$$

である。よって表 1 より，H_0 の下での第 $(1, 1)$ セルの期待度数は $\frac{133 \times 81}{158} \approx 68.2$ となる。

〔2〕 上問〔1〕の解答と同様の計算により求めた各セルの期待度数は次の表のようになる。

女性		不払い労働時間の有無		
		ある	ない	
職業	専門職	68.2	64.8	133.0
	製造・生産関連	12.8	12.2	25.0
		81.0	77.0	158.0

これより，イェーツの補正を行った検定統計量の値は，

$$Y = \sum_{i=1}^{2} \sum_{j=1}^{2} \frac{(|f_{ij} - e_{ij}| - 0.5)^2}{e_{ij}}$$

$$= \frac{(|75 - 68.2| - 0.5)^2}{68.2} + \frac{(|58 - 64.8| - 0.5)^2}{64.8}$$
$$+ \frac{(|6 - 12.8| - 0.5)^2}{12.8} + \frac{(|19 - 12.2| - 0.5)^2}{12.2}$$

$$\approx 7.55$$

となる。有意水準 0.05 での棄却域は，自由度 1 のカイ二乗分布の上側 5 ％点 3.84 から $Y > 3.84$ であるので，検定統計量の値は棄却域に入り，職種と不払い労働時間の有無との間に関連性がないという帰無仮説は棄却され，女性において，職種と不払い労働時間の有無との間に関連性があるという結論が得られたことになる。

〔3〕 2×2 のクロス集計表で第 $(1, 1)$ セルが f_{11} となる確率は，超幾何分布より

$$p(f_{11}) = \frac{{}_{f_{1+}}C_{f_{11}} \times {}_{f_{2+}}C_{f_{21}}}{{}_{n}C_{f_{1+}}}$$

で与えられる。よって，表 2 のようなクロス集計表が観測される確率は

$$p(f_{11}) = \frac{{}_{10}C_5 \times {}_5C_0}{{}_{15}C_{10}} = \frac{\dfrac{10 \times 9 \times 8 \times 7 \times 6}{5 \times 4 \times 3 \times 2 \times 1} \times 1}{\dfrac{15 \times 14 \times 13 \times 12 \times 11}{5 \times 4 \times 3 \times 2 \times 1}} \approx 0.0839$$

となる。第 1 列の列和が 5 のため第 $(1,1)$ セルの観測度数は 5 以上の値を取ることはなく，表 2 のクロス集計表よりも観測される確率が小さくなる表は存在しない。よって，フィッシャー検定における（片側）P 値は 0.0839 となる。両側 P 値の求め方には，片側 P 値を 2 倍するなどいくつかの流儀があるが，いずれにせよ片側 P 値が 0.05 より大きいので両側 P 値も 0.05 よりも大きい。よって，表 2 のデータからは帰無仮説（職種と不払い労働時間の有無との間に関連性がない）は棄却されず，女性の 50 歳代において，職種と不払い労働時間の有無との間に関連性があるとは言えないという結論が得られる。しかし，サンプルサイズが小さいため検出力は低く，職種と不払い労働時間の有無との間に関連性がないとは言い切れない。

〔4〕 独立性のカイ二乗検定はサンプルサイズが大きいときの近似検定である。上問〔3〕では，サンプルサイズが 15 と小さいため上問〔2〕で用いた検定統計量 Y のカイ二乗分布の近似はあまりよくない。そこで，クロス集計表が観測される確率を超幾何分布に基づく直接的な確率計算により求めるフィッシャー検定を用いることが考えられる。正確に言うと，検定統計量 Y のカイ二乗近似の精度は，サンプルサイズそのものというより，各セルの期待値の大きさに依存していて，期待値の小さなセルがある場合には近似がよくないことが知られている。セル期待値の大きさの目安として 5 とされることもあり，本問では 4 つの期待度数のうち値が 5 未満となるのが 3 つであることを挙げてもよい。

　カイ二乗近似による検定とフィッシャー検定との選択では，サンプルサイズ以外に，検定の考え方の違いもある。フィッシャー検定は，クロス集計表の周辺度数が与えられた下での条件付き検定であり，カイ二乗近似に基づく検定は無条件での検定との解釈が成り立ち，どちらが望ましいのかについては諸説ある。

　別の観点として，フィッシャー検定は，検定統計量の離散性に起因して，カイ二乗検定に比べて P 値が大きくなる傾向にあり，検定が有意になりにくくなる（このことを検定は保守的であるともいう）。実際，連続な検定統計量の場合の帰無仮説の下での P 値の期待値は 0.5 であるが，フィッシャー検定での P 値の期待値は 0.5 を超える。フィッシャー検定で有意となれば帰無仮説の棄却の判断をしやすいが，P 値が有意水準より少し大きい場合には解釈に戸惑うこともある。フィッシャー検定の保守性を緩和するために P 値でなく，P 値の計算において得られた統計量に対応する確率を 0.5 倍とする mid-P 値を用いるという提案もなされている（帰無仮説の下での mid-P 値の期待値は 0.5 である）。

統計検定　1 級

統計応用（社会科学）　問 2

表 1 は，ある地方の小売業の事業所を対象にした過去の全数調査の結果を層別に表したものである。記号は，母集団全体における大きさ（総事業所数）を N とし，層 i での部分母集団の大きさを N_i，母平均を μ_i，母標準偏差を σ_i とする $(i = 1, 2, 3)$。全体の母平均を $\mu = \sum_{i=1}^{3} \dfrac{N_i}{N} \mu_i$ とする。また，調査における全体での標本の大きさを n，標本平均を $\bar{x}$ とし，層 i での標本の大きさを n_i，標本平均を $\bar{x}_i$ とする。$N_1 + N_2 + N_3 = N$，$n_1 + n_2 + n_3 = n$ である。表 1 の調査結果の情報に基づいて，現在の μ_i を推定するための標本調査を企画する。N，N_i，σ_i は過去の調査と同じとし，以下の各問に答えよ。

表 1：従業者規模別事業所数，年間商品販売額の平均値と標準偏差

層	従業者規模	事業所数	年間商品販売額 平均値（百万円）	年間商品販売額 標準偏差（百万円）
i		N_i	μ_i	σ_i
層 1	1 〜 9 人	4,000	100	10
層 2	10 〜 99 人	900	1,000	100
層 3	100 人以上	100	25,000	4,000
計		5,000		

〔1〕 層 1，層 2，層 3 における年間商品販売額の層内での散らばりの大きさを比較したい。経済学では，散らばりの大きさの指標として層内の変動係数が用いられることが多い。変動係数が用いられる理由を述べ，表 1 の各層での散らばりの大小について考察せよ。

〔2〕 層 1 において，信頼係数 0.95 で許容誤差は d と設定して母平均 μ_1 を推定する場合，必要な標本の大きさの最小値 n_1^* は，標準正規分布の上側 100α ％点を z_α として

$$n_1^* \geq \left(\frac{z_{0.025}}{d} \right)^2 \sigma_1^2$$

により与えられることを示し，$d = 5$ の場合の n_1^* を求めよ。なおここでは，有限母集団修正は無視している。

〔3〕 層別抽出法を用いた標本抽出を行う。層における標本抽出は，他の層の標本抽出とは無関係であるとする。第 i 層の標本平均 $\bar{x}_i$ の分散を $V[\bar{x}_i] = \dfrac{N_i - n_i}{N_i - 1} \cdot \dfrac{\sigma_i^2}{n_i}$ として，μ の推定量 $\hat{\mu} = \sum_{i=1}^{3} \dfrac{N_i}{N} \bar{x}_i$ の分散 $V[\hat{\mu}]$ を N，N_i，n_i，σ_i^2 を用いて表せ。

〔4〕 $n_1 + n_2 + n_3 = n$ の制約条件の下で，$V[\hat{\mu}]$ を最小にする $n_i^{\#} (i = 1, 2, 3)$ を導出せよ。なおその際，$N_i - 1 \approx N_i$ として求めよ。

113

〔5〕 調査費用に制限があり，標本調査における標本の大きさ n は 120 と決定された。上問 〔3〕で求めた割当てにしたがって，層 1，層 2，層 3 に割当てる標本の大きさを求めよ。

解答例

〔1〕 散らばりの指標としては標準偏差があるが，経済データでは往々にして値の大きさに比例 して標準偏差が大きくなることがある。その場合には，標準偏差を平均値で割った変動係数 が妥当な指標となる。層 1，層 2，層 3 における年間商品販売額の変動係数は，それぞれ 0.10，0.10，0.16 である。これから，層 3 における年間商品販売額の散らばりが最も大き いと結論付けることもできる。

〔2〕 正規分布に基づく母平均の信頼係数 0.95 の信頼区間は，標本平均を $\bar{x}$ とすると，$z_{0.025}$ を $N(0,1)$ の上側 2.5 ％点として，$\bar{x} \pm z_{0.025} \dfrac{\sigma}{\sqrt{n}}$ で与えられる。よって，$d \geq z_{0.025} \dfrac{\sigma}{\sqrt{n}}$ より $n \geq \left(\dfrac{z_{0.025}}{d} \right)^2 \sigma^2$ が得られる。$z_{0.025} = 1.96$，許容誤差 $d = 5$，および $\sigma_1^2 = 10^2$ を用いて

$$n_1^* \geq \left(\frac{z_{0.025}}{d} \right)^2 \sigma_1^2 = \left(\frac{1.96}{5} \right)^2 \times 10^2 \approx 15.4$$

より，整数値として $n_1^* = 16$ となる。

〔3〕 全平均の推定値 $\hat{\mu}$ は，N_i/N が既知のため，$\hat{\mu} = \sum\limits_{i=1}^{3} \dfrac{N_i}{N} \bar{x}_i$ となる。したがって，$\hat{\mu}$ の 分散 $V[\hat{\mu}]$ は

$$V[\hat{\mu}] = V \left[\sum_{i=1}^{3} \frac{N_i}{N} \bar{x}_i \right] = \sum_{i=1}^{3} \left(\frac{N_i}{N} \right)^2 \frac{N_i - n_i}{N_i - 1} \frac{\sigma_i^2}{n_i}$$

となる。

〔4〕 $n_1 + n_2 + n_3 = n$ の制約条件の下で，$V[\hat{\mu}]$ を最小にする $n_i^{\#}$ を求めるため，未定乗数 λ を用いて，

$$F(n_i, \lambda) = \sum_{i=1}^{3} \left(\frac{N_i}{N} \right)^2 \frac{N_i - n_i}{N_i - 1} \frac{\sigma_i^2}{n_i} + \lambda \left(\sum_{i=1}^{3} n_i - n \right)$$

を定義する。$N_i - 1 \approx N_i$ とすると，

$$\begin{aligned}
F(n_i, \lambda) &= \sum_{i=1}^{3} \left(\frac{N_i}{N} \right)^2 \frac{N_i - n_i}{N_i} \frac{\sigma_i^2}{n_i} + \lambda \left(\sum_{i=1}^{3} n_i - n \right) \\
&= \sum_{i=1}^{3} \left(\frac{N_i}{N} \right)^2 \frac{\sigma_i^2}{n_i} - \sum_{i=1}^{3} \left(\frac{N_i}{N} \right)^2 \frac{\sigma_i^2}{N_i} + \lambda \left(\sum_{i=1}^{3} n_i - n \right)
\end{aligned}$$

114

統計検定　1級

となる。$F(n_i, \lambda)$ を n_i および λ で偏微分して，

$$\frac{\partial F(n_i, \lambda)}{\partial n_i} = -\left(\frac{N_i}{N}\right)^2 \frac{\sigma_i^2}{n_i^2} + \lambda \quad (i = 1,\ 2,\ 3)$$

$$\frac{\partial F(n_i, \lambda)}{\partial \lambda} = \sum_{i=1}^{3} n_i - n$$

となるので，これらを 0 と置いて，

$$n_i^\# = \sqrt{\frac{1}{\lambda}} \frac{N_i}{N} \sigma_i \quad (i = 1,\ 2,\ 3)$$

を得る。$\sum\limits_{i=1}^{3} n_i^\# = \sqrt{\dfrac{1}{\lambda}} \sum\limits_{i=1}^{3} \dfrac{N_i}{N} \sigma_i = n$ より $\sqrt{\dfrac{1}{\lambda}} = \dfrac{n}{\sum\limits_{i=1}^{3} \dfrac{N_i}{N} \sigma_i}$ であるので，結局

$$n_i^\# = \frac{\dfrac{N_i}{N} \sigma_i}{\sum\limits_{i=1}^{3} \dfrac{N_i}{N} \sigma_i} n$$

となる。

〔5〕　$N,\ N_i,\ \sigma_i$ の値と標本の大きさ $n = 120$ から，$n_1^\# \approx 9.06,\ n_2^\# \approx 20.38,\ n_3^\# \approx 90.57$ と求められる。したがって，標本の大きさ 120 のうち，層 1 には 9，層 2 には 20，層 3 には 91 の標本を割当てる。

115

統計応用（社会科学）　問3

日別の株価分析を考える。ある株式の日付 t における終値を p_t としたとき，$t-1$ 日から t 日にかけての収益率を $r_t = 100(\log p_t - \log p_{t-1})$ とし，この r_t に，m_t をトレンド，ε_t を平均 0，分散一定の撹乱項とした時系列モデル

$$r_t = m_t + \varepsilon_t \tag{1}$$

を当てはめた。図1はある銘柄のデータへのモデル (1) の当てはめでの残差の時系列プロット，図2は残差の QQ プロットで直線は正規分布のときに想定されるものである。

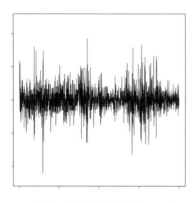
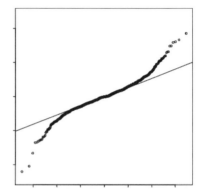

図1：残差の時系列プロット　　図2：残差の QQ プロット

〔1〕 図1および図2から，撹乱項の分布は正規分布と比較してどのようになっているのかを述べよ。

撹乱項に自己回帰条件付き分散変動型モデル（ARCH 型モデル）を当てはめる。ARCH(1) モデルは，(1) の ε_t を以下のように想定する。

$$\varepsilon_t = \sqrt{h_t}\eta_t, \ \eta_t \stackrel{iid}{\sim} N(0,1) \tag{2}$$
$$h_t = \alpha_0 + \alpha_1 \varepsilon_{t-1}^2 \tag{3}$$

ここで，(1) の r_t と (3) の h_t は弱定常性を満たすものと仮定する。また，$\alpha_0 > 0$，$\alpha_1 > 0$ とし，η_t はトレンドや過去の撹乱項とは独立とする。このとき，以下の各問に答えよ。なお解答では，無条件の期待値と，t 期までの情報を所与とした条件付き期待値との区別を明確にすること。

〔2〕 $t-1$ 期までの情報を所与としたとき，ε_t の条件付き分散は h_t となることを示せ。

統計検定　1級

〔3〕　ε_t の無条件分散を α_0 と α_1 を用いて表せ。

〔4〕　$E[\eta_t^4] = 3$ となることを利用して，ε_t の無条件 4 次モーメントを α_0 と α_1 を用いて表せ。ただし $E[\varepsilon_t^4] = E[\varepsilon_{t-1}^4]$ が成り立つものとする。

〔5〕　ε_t の尖度は正になることを示せ。なお，尖度は $\beta_2 = \dfrac{E[\varepsilon_t^4]}{(E[\varepsilon_t^2])^2} - 3$ で定義される。

解答例

〔1〕　図 1 からは，残差のばらつきが正規分布に比較して大きい印象を受ける。実際，図 2 の QQ プロットにおいてプロットが直線とは乖離を生じ，残差の正規性は否定されて撹乱項は正規分布よりも裾の重い分布になっていることが読み取れる。

〔2〕　以下では，$t-1$ 期までの情報を所与とした条件付き期待値と条件付き分散をそれぞれ $E_{t-1}[\,\cdot\,]$ および $V_{t-1}[\,\cdot\,]$ で表す。まず，$V_{t-1}[\varepsilon_t] = E_{t-1}[\varepsilon_t^2]$ を示す。h_t と η_t とは独立であるので

$$E_{t-1}[\varepsilon_t] = E_{t-1}[\sqrt{h_t}]E[\eta_t] = 0$$

となり，$V_{t-1}[\varepsilon_t] = E_{t-1}[\varepsilon_t^2] - (E_{t-1}[\varepsilon_t])^2 = E_{t-1}[\varepsilon_t^2]$ が言える。
　次に，

$$V_{t-1}[\varepsilon_t] = E_{t-1}[\varepsilon_t^2] = E_{t-1}[h_t]E_{t-1}[\eta_t^2]$$

であるが，$E_{t-1}[\eta_t^2] = E[\eta_t^2] = 1$ であり，h_t は $t-1$ 期までの情報で決まるので，$E_{t-1}[h_t] = h_t$ となる。

〔3〕　前問〔2〕より $E_{t-1}[\varepsilon_t^2] = h_t = \alpha_0 + \alpha_1\varepsilon_t^2$ となる。繰り返し期待値と ε_t の弱定常性より

$$V[\varepsilon_t] = E[\varepsilon_t^2] - (E[\varepsilon_t])^2 = E[E_{t-1}[\varepsilon_t^2]] - (E[E_{t-1}[\varepsilon_t]])^2$$
$$= E[E_{t-1}[\varepsilon_t^2]] = \alpha_0 + \alpha_1 V[\varepsilon_t]$$

であるので，これを解いて

$$V[\varepsilon_t] = \frac{\alpha_0}{1 - \alpha_1}$$

を得る。

〔4〕　まず，$E[\varepsilon_t^4] = E[h_t^2]E[\eta_t^4] = 3E[h_t^2]$ である。さらに，

117

$$h_t^2 = \alpha_0^2 + 2\alpha_0\alpha_1\varepsilon_{t-1}^2 + \alpha_1^2\varepsilon_{t-1}^4$$

であること,および

$$E[\varepsilon_t^2] = \frac{\alpha_0}{1-\alpha_1}, \quad E[\varepsilon_t^4] = E[\varepsilon_{t-1}^4]$$

を利用して整理すると,

$$E[\varepsilon_t^4] = \frac{3\alpha_0^2(1+\alpha_1)}{(1-\alpha_1)(1-3\alpha_1^2)}$$

となる。

なお,問題文より $\alpha_1 > 0$ であり,さらに $E[\varepsilon_t^4] > 0$ であることから,条件 $0 < \alpha_1 < 1/\sqrt{3}$ を満たす必要があることがわかる。

〔5〕 ε_t の尖度統計量 β_2 を定義に従って計算すると,$0 < \alpha_1 < 1/\sqrt{3}$ において

$$\beta_2 = 3\frac{1-\alpha_1^2}{1-3\alpha_1^2} - 3 = 3\left(\frac{1-\alpha_1^2}{1-3\alpha_1^2} - 1\right)$$

となる。β_2 が正となるためには,上式の ( ) 内が正になればよい。ここで,$(1-\alpha_1^2)-(1-3\alpha_1^2) = 2\alpha_1^2 > 0$ であるので,$(1-\alpha_1^2)/(1-3\alpha_1^2) > 1$ となる。よって,ARCH(1) モデルを仮定した場合,ε_t の尖度統計量は必ず正となって,正規分布よりも裾の重い厚い形状を呈することになる。

統計検定　1級

統計応用（社会科学）　問4　理工学　問3と数値例の設定を除いて共通問題

世帯所得などの正の値のみを取るデータの分布のモデルとして対数正規分布がある。正の値を取る確率変数 X を自然対数で変換した $\log X$ が $N(\mu, \sigma^2)$ に従うとき，X は対数正規分布に従うといい，$X \sim LN(\mu, \sigma^2)$ と書く。$LN(\mu, \sigma^2)$ の確率密度関数は，$x > 0$ として

$$f(x) = \frac{1}{\sqrt{2\pi}\sigma} \frac{1}{x} \exp\left[-\frac{(\log x - \mu)^2}{2\sigma^2}\right]$$

である。以下の各問に答えよ。

〔1〕　$X \sim LN(\mu, \sigma^2)$ のとき，X の期待値 $E[X]$，中央値 (median)，最頻値 (mode) をそれぞれ求め，それらの大小関係を示せ。

〔2〕　$LN(\mu, \sigma^2)$ からの n 個の互いに独立な観測値を $x_1, \ldots, x_n$ としたとき，μ の最尤推定量を導出せよ。

〔3〕　ベイズ流の推測において，σ^2 は既知とし μ の事前分布を $N(\nu, \tau^2)$ とする。$LN(\mu, \sigma^2)$ からの n 個の独立な観測値を $x_1, \ldots, x_n$ としたときの μ の事後分布を導出せよ。

　　ある会社の非正規職員の年間所得を無作為に 10 人調査したところ，表 1 の所得データ (x) を得た。表 1 には所得データに加え，その自然対数 $(\log x)$ の値，および x と $\log x$ の平均も示している。以下の各問に答えよ。なお，$\sigma^2 = (0.25)^2$ は既知とする。

表 1：10 名の所得データ（単位は千円）

ID	1	2	3	4	5	6	7	8	9	10	平均
所得 (x)	1635	1772	1781	1899	2217	2241	2460	2745	3000	3525	2327.5
$\log x$	7.40	7.48	7.48	7.55	7.70	7.71	7.81	7.92	8.01	8.17	7.72

〔4〕　上問〔2〕で導出した μ の最尤推定量 $\hat{\mu}$ を元に，上問〔1〕の結果を用いて，表 1 のデータから X の期待値 $E[X]$，中央値 (median)，最頻値 (mode) の推定値をそれぞれ求めよ。巻末付表 5 も参照のこと。

〔5〕　ベイズ流の推測において，μ の事前分布を $N(8, (0.5)^2)$ とする。上問〔3〕の結果を用いて，表 1 のデータから μ の事後期待値を求めよ。

〔6〕　X の期待値 $E[X]$ の推定値としては $x_1, \ldots, x_n$ の標本平均 $\bar{x} = \dfrac{1}{n}\displaystyle\sum_{i=1}^{n} x_i$ が考えられる。上問〔4〕で求めた期待値 $E[X]$ の推定値と標本平均 $\bar{x}$ をそれぞれ推定量（確率変数）と見たときの，それらの推定量の統計的な特徴について述べよ。

119

解答例

〔1〕 期待値は，$y = \log x$ と置くと，$dy = \dfrac{dx}{x}$ であるので，

$$
\begin{aligned}
E[X] &= \int_0^\infty x \frac{1}{\sqrt{2\pi}\sigma} \frac{1}{x} \exp\left[-\frac{(\log x - \mu)^2}{2\sigma^2}\right] dx \\
&= \int_{-\infty}^\infty e^y \frac{1}{\sqrt{2\pi}\sigma} \exp\left[-\frac{(y-\mu)^2}{2\sigma^2}\right] dy \\
&= \int_{-\infty}^\infty \frac{1}{\sqrt{2\pi}\sigma} \exp\left[y - \frac{(y-\mu)^2}{2\sigma^2}\right] dy \\
&= \exp\left[\mu + \frac{\sigma^2}{2}\right] \int_{-\infty}^\infty \frac{1}{\sqrt{2\pi}\sigma} \exp\left[-\frac{\{y - (\mu + \sigma^2)\}^2}{2\sigma^2}\right] dy \\
&= \exp\left[\mu + \frac{\sigma^2}{2}\right]
\end{aligned}
$$

となる。$Y = \log X \sim N(\mu, \sigma^2)$ とすると Y の中央値は μ であるので，X の中央値は

$$
P(Y < \mu) = P(e^Y < e^\mu) = P(Xe^\mu) = 0.5
$$

より $\exp[\mu]$ となる。また，最頻値は，

$$
f'(x) = -\frac{1}{\sqrt{2\pi}\sigma} \frac{1}{x^2} \exp\left[-\frac{(\log x - \mu)^2}{2\sigma^2}\right]\left(1 + \frac{\log x - \mu}{\sigma^2}\right) = 0
$$

より $\exp[\mu - \sigma^2]$ となる。よって，$\sigma > 0$ のとき，$\mathrm{mode} < \mathrm{median} < E[X]$ である。

〔2〕 μ の尤度関数は

$$
\begin{aligned}
L(\mu) &= \prod_{i=1}^n \frac{1}{\sqrt{2\pi}\sigma} \frac{1}{x_i} \exp\left[-\frac{(\log x_i - \mu)^2}{2\sigma^2}\right] \\
&= \left(\frac{1}{\sqrt{2\pi}\sigma}\right)^n \prod_{i=1}^n \frac{1}{x_i} \exp\left[-\sum_{i=1}^n \frac{(\log x_i - \mu)^2}{2\sigma^2}\right]
\end{aligned}
$$

であるので，対数尤度関数は

$$
l(\mu) = \log L(\mu) = n\log\left(\frac{1}{\sqrt{2\pi}\sigma}\right) \times \left(-\sum_{i=1}^n \log x_i\right) - \sum_{i=1}^n \frac{(\log x_i - \mu)^2}{2\sigma^2}
$$

となる。よって最尤推定値は

$$
\frac{\partial}{\partial \mu} l(\mu) = \sum_{i=1}^n \frac{(\log x_i - \mu)}{\sigma^2} = 0
$$

より

$$\hat{\mu} = \frac{1}{n} \sum_{i=1}^{n} \log x_i$$

となる。

〔3〕 事前確率密度関数は $p(\mu) = \dfrac{1}{\sqrt{2\pi}\tau} \exp\left[-\dfrac{(\mu-\nu)^2}{2\tau^2}\right]$ である。以下簡単のため，μ に関係

しない規格化定数は除いて式変形を行う。μ の事後確率関数は，$\bar{y} = \dfrac{1}{n}\sum_{i=1}^{n} y_i = \dfrac{1}{n}\sum_{i=1}^{n}\log x_i$

として，

$$p(\mu|\boldsymbol{x}) \propto f(\boldsymbol{x})p(\mu)$$
$$\propto \exp\left[-\frac{1}{2\sigma^2}\sum_{i=1}^{n}(\log x_i - \mu)^2\right] \times \exp\left[-\frac{(\mu-\nu)^2}{2\tau^2}\right]$$
$$\propto \exp\left[-\frac{1}{2\sigma^2}(n\mu^2 - 2n\bar{y}\mu) - \frac{1}{2\tau^2}(\mu^2 - 2\nu\mu)\right]$$
$$\propto \exp\left[-\frac{1}{2\sigma^2\tau^2}\{(n\tau^2 + \sigma^2)\mu^2 - 2(n\tau^2\bar{y} + \sigma^2\nu)\mu\}\right]$$
$$\propto \exp\left[-\frac{n\tau^2 + \sigma^2}{2\sigma^2\tau^2}\left(\mu - \frac{n\tau^2\bar{y} + \sigma^2\nu}{n\tau^2 + \sigma^2}\right)^2\right]$$

となる。よって，μ の事後分布は $N\left(\dfrac{n\tau^2\bar{y} + \sigma^2\nu}{n\tau^2 + \sigma^2}, \dfrac{\sigma^2\tau^2}{n\tau^2 + \sigma^2}\right)$ である。

〔4〕 表 1 より $\hat{\mu} = 7.72$ である。これより，各推定値は

$$E[X] \ : \ \exp[7.72 + (0.25)^2/2] \approx 2324.5$$
$$\text{median} \ : \ \exp[7.72] \approx 2253.0$$
$$\text{mode} \ : \ \exp[7.72 - (0.25)^2] \approx 2116.5$$

と求められる。

〔5〕 事後分布は正規分布であり，その事後期待値は

$$\frac{n\tau^2\bar{y} + \sigma^2\nu}{n\tau^2 + \sigma^2} = \frac{10 \times (0.5)^2 \times 7.72 + (0.25)^2 \times 8}{10 \times (0.5)^2 + (0.25)^2} \approx 7.73$$

である。

〔6〕 $X \sim LN(\mu, \sigma^2)$ のとき，上問〔1〕より $E[X] = \exp\left[\mu + \dfrac{\sigma^2}{2}\right]$ であり，$E[X]$ の導出

と同様の計算により $V[X] = \exp[2\mu + \sigma^2](\exp[\sigma^2] - 1)$ が示される。したがって，

121

$X_1, \ldots, X_n \sim LN(\mu, \sigma^2)$ とすると，標本平均 $\overline{X} = \frac{1}{n} \sum_{i=1}^{n} X_i$ について，$E[\overline{X}] = \exp\left[\mu + \frac{\sigma^2}{2}\right]$，すなわち $\overline{X}$ は $E[X]$ の不偏推定量であり，$V[\overline{X}] = \frac{1}{n} \exp[2\mu + \sigma^2](\exp[\sigma^2] - 1)$ となる。

一方，推定量 $\exp\left[\overline{Y} + \frac{\sigma^2}{2}\right]$ は最尤推定量 $\overline{Y}$ の関数であるので，$E[X]$ の最尤推定量であるが，$\overline{Y} \sim N\left(\mu, \frac{\sigma^2}{n}\right)$ より

$$
\begin{aligned}
E\left[\exp\left[\overline{Y} + \frac{\sigma^2}{2}\right]\right] &= E\left[\exp[\overline{Y}]\right] \exp\left[\frac{\sigma^2}{2}\right] \\
&= \exp\left[\mu + \frac{\sigma^2}{2n}\right] \exp\left[\frac{\sigma^2}{2}\right] \\
&= \exp\left[\mu + \left(1 + \frac{1}{n}\right)\frac{\sigma^2}{2}\right]
\end{aligned}
$$

となって，$E[X]$ の不偏推定量ではない。また，

$$
V\left[\exp[\overline{Y}]\right] = \exp\left[2\mu + \frac{\sigma^2}{n}\right]\left(\exp\left[\frac{\sigma^2}{n}\right] - 1\right)
$$

であるので

$$
\begin{aligned}
V\left[\exp\left[\overline{Y} + \frac{\sigma^2}{2}\right]\right] &= \left(\exp\left[\frac{\sigma^2}{2}\right]\right)^2 \exp\left[2\mu + \frac{\sigma^2}{n}\right]\left(\exp\left[\frac{\sigma^2}{n}\right] - 1\right) \\
&= \exp[2\mu + \sigma^2]\exp\left[\frac{\sigma^2}{n}\right]\left(\exp\left[\frac{\sigma^2}{n}\right] - 1\right)
\end{aligned}
$$

が示され，n が大きいときは $\exp\left[\frac{\sigma^2}{n}\right] \approx 1 + \frac{\sigma^2}{n}$ であり，

$$
V\left[\exp\left[\overline{Y} + \frac{\sigma^2}{2}\right]\right] \approx \frac{1}{n}\exp[2\mu + \sigma^2]
$$

となる。これと $V[\overline{X}]$ との大小関係はパラメータの値による。

統計応用（社会科学）　問5

統計応用（人文科学）問 5 と共通問題。104 ページ参照。

統計検定　1級

統計応用（理工学）　問1

　ある工業製品の生産ラインでは稀に不良品が生じ，相続く2つの不良品の生じる時間間隔 X はパラメータ λ の指数分布に従うとする。X の確率密度関数は

$$f(x) = \begin{cases} \lambda e^{-\lambda x} & (x \geq 0) \\ 0 & (x < 0) \end{cases}$$

である。以下の各問に答えよ。なお，対数は自然対数である。

〔1〕　パラメータ λ の指数分布の累積分布関数 $F(x)$ およびモーメント母関数 $M_X(\theta) = E[e^{\theta X}]$ を求めよ。

〔2〕　生産ラインの稼働開始から n 個の不良品が生じるまでの時間を $W_n = X_1 + \cdots + X_n$ とする。$X_1, \ldots, X_n$ が互いに独立にパラメータ λ の指数分布に従うとき，W_n の確率密度関数は

$$g_n(w) = \begin{cases} \dfrac{\lambda^n w^{n-1} e^{-\lambda w}}{(n-1)!} & (w \geq 0) \\ 0 & (w < 0) \end{cases}$$

となることを示せ。また，この分布のモーメント母関数 $M_W(\theta) = E[e^{\theta W}]$ を求めよ。

〔3〕　U を区間 $(0,1)$ 上の一様分布に従う確率変数としたとき，$X = -\lambda^{-1} \log U$ はパラメータ λ の指数分布に従うことを示せ。

〔4〕　不良品の生じる確率を p とする。良品・不良品の生起が独立であるとき，生産ラインの稼働開始から初めて不良品が生じるまでの良品の個数 Y はパラメータ p の幾何分布に従い，その確率関数は

$$g(y) = P(Y = y) = p(1-p)^y \quad (y = 0, 1, 2, \ldots)$$

である。X をパラメータ $\lambda = -\log(1-p)$ の指数分布に従う確率変数としたとき，その整数部分，すなわち X を超えない最大の整数を Y とすると，Y はパラメータ p の幾何分布に従うことを示せ。

〔5〕　互いに独立に区間 $(0,1)$ 上の一様分布に従う確率変数の列を $U_1, U_2, \ldots$ としたとき，それらを順にかけ合わせて初めて $e^{-\lambda}$ より小さくなったときの一つ手前の個数を M とする。すなわち，

$$U_1 \times \cdots \times U_m > e^{-\lambda} > U_1 \times \cdots \times U_m \times U_{m+1} \text{ ならば } M = m$$

である。このとき，M はパラメータ λ のポアソン分布に従うことを示せ。

ただし，パラメータ λ のポアソン分布の確率関数は

$$p(m) = \frac{\lambda^m}{m!}e^{-\lambda} \quad (m = 0, 1, 2, \dots)$$

であり，ある事象の生じる時間間隔が互いに独立にパラメータ λ の指数分布に従うとき，時刻 0 から T までの間に生じた当該事象の生起回数 N はパラメータ λT のポアソン分布に従うことを証明なしに用いてもよい。

解答例

〔1〕 パラメータ λ の指数分布の累積分布関数は，$x \geq 0$ で

$$F(x) = P(X \leq x) = \int_0^x \lambda e^{-\lambda t}dt = \left[-e^{-\lambda t}\right]_0^x = 1 - e^{-\lambda x}$$

であるので，

$$F(x) = \begin{cases} 1 - e^{-\lambda x} & (x \geq 0) \\ 0 & (x < 0) \end{cases}$$

である。モーメント母関数は，$\theta < \lambda$ のとき

$$M_X(\theta) = E\left[e^{\theta X}\right] = \int_0^\infty e^{\theta x}\lambda e^{-\lambda x}dx = \lambda\int_0^\infty \exp\left[-(\lambda - \theta)x\right]dx$$
$$= -\frac{\lambda}{\lambda - \theta}\left[\exp\left[-(\lambda - \theta)x\right]\right]_0^\infty = \frac{\lambda}{\lambda - \theta}$$

となる。$\theta \geq \lambda$ のときはモーメント母関数は存在しない。

〔2〕 数学的帰納法を用いる。$n = 1$ のときは指数分布に帰着されるので成り立つ。$n = k$ のとき成り立つとして $n = k + 1$ のときの結果を導く。たたみ込みの公式により，$w \geq 0$ のとき，

$$\int_0^w \frac{\lambda^k z^{k-1}e^{-\lambda z}}{(k-1)!} \times \lambda e^{-\lambda(w-z)}dz = \frac{\lambda^{k+1}e^{-\lambda w}}{(k-1)!}\int_0^w z^{k-1}dz = \frac{\lambda^{k+1}e^{-\lambda w}w^n}{k!}$$
$$= \frac{\lambda^{k+1}w^{(k+1)-1}e^{-\lambda w}}{\{(k+1)-1\}!} = g_{k+1}(w)$$

と $n = k + 1$ でも与式が成り立つ。また，W は独立な確率変数 $X_1, \dots, X_n$ の和であるので，モーメント母関数は X_i のモーメント母関数の n 個の積となり，上問〔1〕より $\theta < \lambda$ のとき

$$M_W(\theta) = \left(\frac{\lambda}{\lambda - \theta}\right)^n$$

となる。$\theta > \lambda$ のときはモーメント母関数は存在しない。

124

統計検定　1 級

〔3〕　$X = -\lambda^{-1} \log U$ の累積分布関数を $F(x)$ としたとき,

$$F(x) = P(X \leq x) = P(-\lambda^{-1} \log U \leq x) = P(\log U \geq -\lambda x) = P(U \geq e^{-\lambda x})$$
$$= 1 - e^{-\lambda x}$$

となり,これは,上問〔1〕より,パラメータ λ の指数分布の累積分布関数である。

〔4〕　X がパラメータ λ の指数分布に従うとき,上問〔1〕より $P(X > x) = e^{-\lambda x}$ である。Y を X の整数部分とすると,$y = 0, 1, 2, \ldots$ に対して

$$P(Y = y) = P(y \leq X < y+1) = P(X \geq y) - P(X \geq y+1)$$
$$= e^{-\lambda y} - e^{-\lambda(y+1)} = (1 - e^{-\lambda})(e^{-\lambda})^y$$

となる。よって,$p = 1 - e^{-\lambda}$ すなわち $\lambda = -\log(1-p)$ とすることにより所与の結果が得られる。

〔5〕　生起間隔が互いに独立にパラメータ 1 の指数分布に従うとき,時刻 λ までの生起回数はパラメータ λ のポアソン分布に従う。そこで,$X_1, X_2, \ldots$ をパラメータ 1 の指数分布に従う確率変数の列とし,確率変数 M を

$$X_1 + \cdots + X_m < \lambda < X_1 + \cdots + X_m + X_{m+1} \Rightarrow M = m$$

によって定義すればよい。これは,区間 $(0, 1)$ 上の一様分布に従う確率変数列を $U_1, U_2, \ldots$ とするとき,パラメータ 1 の指数分布に従う確率変数は上問〔3〕より $X_i = -\log U_i$ と表わされることから

$$M = m \Leftrightarrow X_1 + \cdots + X_m < \lambda < X_1 + \cdots + X_m + X_{m+1}$$
$$\Leftrightarrow -\log(U_1 \times \cdots \times U_m) < \lambda < -\log(U_1 \times \cdots \times U_m U_{m+1})$$
$$\Leftrightarrow U_1 \times \cdots \times U_m > e^{-\lambda} > U_1 \times \cdots \times U_m U_{m+1}$$

とも表現される。したがって,互いに独立に一様分布に従う確率変数を次々にかけ合わせ,初めて $e^{-\lambda}$ よりも小さくなったときの一つ手前の個数を M とすれば,M はパラメータ λ のポアソン分布に従う確率変数となる。

125

統計応用（理工学）　問2

形状パラメータ $m > 0$ と尺度パラメータ $\eta > 0$ を持つワイブル分布 $W(m, \eta)$ の累積分布関数 $F(x)$ は

$$F(x) = \begin{cases} 1 - \exp\left[-(x/\eta)^m\right] & (x \geq 0) \\ 0 & (x < 0) \end{cases}$$

で与えられる。以下の各問に答えよ。

〔1〕 $W(m, \eta)$ の確率密度関数 $f(x)$ および最頻値（mode）を求め，$W(2, 10)$ および $W(2, 5)$ の確率密度関数の概形をそれぞれ図示せよ。

〔2〕 $W(m, \eta)$ のハザード関数 $h(x) = \dfrac{f(x)}{1 - F(x)}$ を求め，m の値による関数 $h(x)$ の特徴について論ぜよ。

〔3〕 k 個の部品からなる直列システムにおいて，各部品の寿命は互いに独立に $W(m, \eta)$ に従うとする。このシステムは k 個の部品の一つでも壊れると稼働を停止する。このとき，このシステムの稼働停止までの寿命がどのような分布に従うか示せ。

〔4〕 ある部品 A の強度を表す確率変数を X とし，部品 A が受けるストレスを表す確率変数を Y とする。X と Y は互いに独立で，それぞれ $W(2, 10)$ および $W(2, 5)$ に従うとする。部品 A は $X < Y$ のときに壊れるとしたとき，部品 A が壊れる確率を求めよ。

〔5〕 寿命が互いに独立に $W(m, \eta)$ に従うような n 個の部品につき，それぞれ独立に寿命試験を行い，観測値 $x_1, \ldots, x_n$ を得たとする。これらの観測値に基づく $W(m, \eta)$ のパラメータ m および η の対数尤度関数を示せ。また，$\log \log \dfrac{1}{1 - F(x)}$ を求め，これを用いてパラメータを推定する方法について論ぜよ。

解答例

〔1〕 $W(m, \eta)$ の確率密度関数は，$x \geq 0$ で

$$f(x) = F'(x) = \left(\frac{m}{\eta}\right)\left(\frac{x}{\eta}\right)^{m-1} \exp\left[-\left(\frac{x}{\eta}\right)^m\right]$$

となる。最頻値（モード）は

126

$$f'(x) = \left(\frac{m}{\eta^m}\right)(m-1)x^{m-2}\exp\left[-\left(\frac{x}{\eta}\right)^m\right] - \left(\frac{m}{\eta^m}\right)x^{m-1} \times \frac{m}{\eta^m}x^{m-1}\exp\left[-\left(\frac{x}{\eta}\right)^m\right]$$
$$= \left(\frac{m}{\eta^m}\right)\exp\left[-\left(\frac{x}{\eta}\right)^m\right]x^{m-2}\left\{(m-1) - \frac{m}{\eta^m}x^m\right\} = 0$$

より

$$x_{\text{mode}} = \left(\frac{m-1}{m}\right)^{1/m}\eta$$

となる。

$m = 2$ とするとこれらはそれぞれ

$$f(x) = \left(\frac{2}{\eta}\right)\left(\frac{x}{\eta}\right)\exp\left[-\left(\frac{x}{\eta}\right)^2\right], \quad x_{\text{mode}} = \frac{1}{\sqrt{2}}\eta$$

となり, $\eta = 10$ および 5 での確率密度関数の概形は以下のようになる。

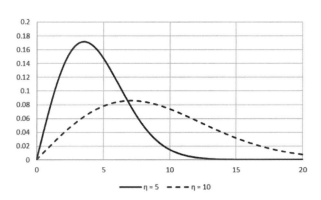

〔2〕 ハザード関数は

$$h(x) = \frac{f(x)}{1-F(x)} = \frac{\left(\dfrac{m}{\eta}\right)\left(\dfrac{x}{\eta}\right)^{m-1}\exp\left[-\left(\dfrac{x}{\eta}\right)^m\right]}{\exp\left[-\left(\dfrac{x}{\eta}\right)^m\right]} = \left(\frac{m}{\eta}\right)\left(\frac{x}{\eta}\right)^{m-1}$$

となる。これより, $m < 1$ では $h(x; m, \eta) = h(x)$ は単調減少, $m = 1$ では定数, $m > 1$ では単調増加となる。

〔3〕 直列システムの寿命分布は，どれか 1 つの部品が故障したときに故障するので，それぞれの部品の寿命の最小値で決まる。各部品の寿命を $X_1, \ldots, X_k$ としたとき，直列システムの寿命 $Y = \min(X_1, \ldots, X_k)$ の分布関数を $F(y)$ とすると，

$$
\begin{aligned}
F(y) &= P(Y \le y) = 1 - P(Y > y) \\
&= 1 - P(\min(X_1, \ldots, X_k) > y) = 1 - P(X_1, \ldots, X_k > y) \\
&= 1 - \prod_{i=1}^{k} P(X_i > y) = 1 - \left[\exp\left\{ -\left(\frac{y}{\eta}\right)^m \right\} \right]^k = 1 - \exp\left\{ -k\left(\frac{y}{\eta}\right)^m \right\} \\
&= 1 - \exp\left\{ -\left(\frac{y}{\eta/k^{1/m}}\right)^m \right\}
\end{aligned}
$$

となる。すなわち，Y は $W(m, \eta/k^{1/m})$ に従う。

〔4〕 X と Y の確率密度関数をそれぞれ $f_1(x)$ および $f_2(x)$ とし X の累積分布関数を $F_1(x)$ とすると，

$$
\begin{aligned}
P(X < Y) &= \int_0^\infty \int_0^y f_1(x) f_2(y) \, dx \, dy = \int_0^\infty F_1(y) f_2(y) \, dy \\
&= \int_0^\infty \left\{ 1 - \exp\left[-\left(\frac{y}{\eta_1}\right)^m \right] \right\} \left(\frac{m}{\eta_2}\right) \left(\frac{y}{\eta_2}\right)^{m-1} \exp\left[-\left(\frac{y}{\eta_2}\right)^m \right] dy \\
&= 1 - \int_0^\infty \exp\left[-\left(\frac{y}{\eta_1}\right)^m \right] \left(\frac{m}{\eta_2^m}\right) y^{m-1} \exp\left[-\left(\frac{y}{\eta_2}\right)^m \right] dy \\
&= 1 - \int_0^\infty \left(\frac{m}{\eta_2^m}\right) y^{m-1} \exp\left[-\left(\frac{1}{\eta_1^m} + \frac{1}{\eta_2^m}\right) y^m \right] dy \\
&= 1 - \frac{\eta_1^m}{\eta_1^m + \eta_2^m} \int_0^\infty \left(\frac{m}{\eta_{12}^m}\right) y^{m-1} \exp\left[-\left(\frac{y}{\eta_{12}}\right)^m \right] dy \\
&= 1 - \frac{\eta_1^m}{\eta_1^m + \eta_2^m} = \frac{\eta_2^m}{\eta_1^m + \eta_2^m}
\end{aligned}
$$

となる。途中の計算で $\dfrac{1}{\eta_{12}^m} = \dfrac{1}{\eta_1^m} + \dfrac{1}{\eta_2^m}$ と置き，下から 2 行目の積分値は 1 となることを用いた。よって，$m = 2$，$\eta_1 = 10$，$\eta_2 = 5$ を代入して，

$$
P(X < Y) = \frac{5^2}{10^2 + 5^2} = \frac{1}{5} = 0.2
$$

を得る。

〔5〕 データが与えられたときの対数尤度関数は

$$l(m, \eta) = \sum_{i=1}^{n} \log \left\{ \left(\frac{m}{\eta} \right) \left(\frac{x_i}{\eta} \right)^{m-1} \exp \left[-\left(\frac{x_i}{\eta} \right)^m \right] \right\}$$

$$= n \log \left(\frac{m}{\eta} \right) + (m-1) \sum_{i=1}^{n} \log \left(\frac{x_i}{\eta} \right) - \sum_{i=1}^{n} \left(\frac{x_i}{\eta} \right)^m$$

となる。これを m および η で偏微分して 0 と置いた方程式を解けばよいが、解は陽な形では求まらず、数値計算のテクニックを必要とする。

あるいは、

$$\log \log \frac{1}{1 - F(x)} = -m \log \eta + m \log x$$

となるので、$\hat{F}(x)$ を経験分布関数として $\left(\log x_i, \log \log \left[\dfrac{1}{1 - \hat{F}(x_i)} \right] \right)$, $i = 1, \ldots, n$ のプロットより、直線回帰を実行して得られた直線の切片と傾きから各パラメータを算出する（ワイブル確率紙の利用）。

統計応用（理工学）　問3

統計応用（社会科学）問 4 と共通問題である。119 ページ参照。

なお、以下のように語句が置き換えられているが、数値はすべて共通である。

問題文冒頭：

　社会科学　「世帯所得」

　理工学　　「機械部品の寿命」

小問〔3〕の 3 行目：

　社会科学　「ある会社の非正規職員の年間所得を無作為に 10 人調査したところ、表 1 の所得
　　　　　　データ (x) を得た。表 1 には所得データに加え…」

　理工学　　「ある電子部品 D について、それぞれ独立に寿命試験を行い、表 1 の寿命データ
　　　　　　(x) を得た。表 1 には寿命データに加え…」

小問〔3〕の表 1：

　社会科学　「10 名の所得データ（単位は千円）」「所得 (x)」

　理工学　　「10 個の寿命データ（単位は時間）」「寿命 (x)」

統計応用（理工学）　問4

ある化学物質の合成において，その合成物の収量 Y を最大化する要因を探索し，それらの最適水準を決定したい。以下の各問に答えよ。

〔1〕　化学的知見から収量に影響を与えるであろう要因候補はA，B，C，D，Eの5種類に絞られ，スクリーニング実験を行うこととした。技術者のSさんは5つの要因のうち，E以外の4つの要因につき実験すればいいと考えたが，別の技術者のTさんは5つすべてを取り入れた実験をすべきと主張した。各要因はそれぞれ2水準ずつ（第1水準 $= -1$，第2水準 $= 1$）とし，SさんTさんとも8回の実験を行うとする。統計家のFさんはSさんおよびTさんに対し，適当と思われる実験計画を提案した。統計家のFさんが提案したであろうSさん用の4因子実験およびTさん用の5因子実験の実験計画表の空欄部分の水準を示せ。解答用紙に表1のような表を各自書いて解答すること。

表1：実験計画表

(a) Sさん用の4因子実験

実験	要因			
	A	B	C	D
1	1	1	1	1
2	1	1	−1	−1
3				
4				
5				
6				
7				
8				

(b) Tさん用の5因子実験

実験	要因				
	A	B	C	D	E
1	1	1	1	1	1
2	1	1	−1	−1	1
3					
4					
5					
6					
7					
8					

〔2〕　上問〔1〕で作成した4因子実験の実験計画につき，実験結果を $y_1, \ldots, y_8$ とするとき，要因Aの主効果の計算式，および要因Aと要因Bの2因子交互作用の計算式を示せ。

〔3〕　上問〔1〕で作成した5因子実験の実験計画につき，各要因の主効果と各要因間の2因子交互作用との関係を論ぜよ。具体的に，要因Aの主効果と交絡する2因子交互作用はどれかを示せ。

〔4〕　技術者のSさんは統計家のFさんの提案した計画に基づいて実験を行った。観測結果に基づいて各要因の主効果の推定を行ったところ，以下の結果を得た。各要因の主効果に関する検定を行い，5%有意となる要因をすべて示せ。

統計検定　1級

要因	係数	標準誤差
切片	9.25	0.78
A	2.75	0.78
B	4.00	0.78
C	1.00	0.78
D	−0.75	0.78

〔5〕　上問〔4〕の実験結果と専門的な知見から，ともに連続的な「反応温度」と「反応時間」の影響が大きいことがわかった。それらの水準の最適な組合せを探索するため，x_1 を反応温度，x_2 を反応時間とした 2 次多項式 $y = \beta_0 + \beta_1 x_1 + \beta_2 x_2 + \beta_{11} x_1^2 + \beta_{22} x_2^2 + \beta_{12} x_1 x_2$ の当てはめを行う。採用する実験計画は複合中心計画とし，実験点は $(0,0)$, $(\pm 1, \pm 1)$, $(0, \pm \sqrt{2})$, $(\pm \sqrt{2}, 0)$ とする。中心点で 4 回実験を行い，その他の点では 1 回ずつの計 12 回の実験を行うとしたとき，パラメータ $\boldsymbol{\beta} = (\beta_0, \beta_1, \beta_2, \beta_{11}, \beta_{22}, \beta_{12})'$ に関する 12×6 のデザイン行列 X に対し，X' を X の転置行列として

$$(X'X)^{-1} = \frac{1}{32} \begin{pmatrix} 8 & 0 & 0 & -4 & -4 & 0 \\ 0 & 4 & 0 & 0 & 0 & 0 \\ 0 & 0 & 4 & 0 & 0 & 0 \\ -4 & 0 & 0 & 5 & 1 & 0 \\ -4 & 0 & 0 & 1 & 5 & 0 \\ 0 & 0 & 0 & 0 & 0 & 8 \end{pmatrix}$$

であることが示される。この計画は回転可能性 (rotatability) を満たすこと，すなわち，実験領域内のある点 $\boldsymbol{x} = (x_1, x_2)'$ での予測分散が $x_1^2 + x_2^2$ の関数となることを示せ。

解答例

〔1〕　S さん用には 2^4 計画の 1/2 実施（2^{4-1} 計画），T さん用には 2^5 計画の 1/4 実施（2^{5-2} 計画）がよい実験計画と言える。水準の設定は例えば以下のようである。

実験	要因			
	A	B	C	D
1	1	1	1	1
2	1	1	−1	−1
3	−1	−1	1	1
4	−1	−1	−1	−1
5	1	−1	1	−1
6	1	−1	−1	1
7	−1	1	1	−1
8	−1	1	−1	1

実験	要因				
	A	B	C	D	E
1	1	1	1	1	1
2	1	1	−1	−1	1
3	−1	−1	1	1	1
4	−1	−1	−1	−1	1
5	1	−1	1	−1	−1
6	1	−1	−1	1	−1
7	−1	1	1	−1	−1
8	−1	1	−1	1	−1

131

〔2〕 4 因子に関する実験計画が上問〔1〕のようであるとき，要因 A の主効果は

$$(y_1 + y_2 - y_3 - y_4 + y_5 + y_6 - y_7 - y_8)/8$$

で求められ，要因 A と要因 B の 2 因子交互作用は

$$(y_1 + y_2 + y_3 + y_4 - y_5 - y_6 - y_7 - y_8)/8$$

で求められる。

〔3〕 2^5 計画の 1/4 実施では，定義対比が 3 因子となるので，主効果はどれかの 2 因子交互作用と交絡する。上問〔1〕の 5 因子実験計画の定義対比は **ABCD**，**ABE**，**CDE** であるので，要因 A の主効果は要因 B と要因 E の 2 因子交互作用と交絡する。実際それらはともに計算式

$$(y_1 + y_2 - y_3 - y_4 + y_5 + y_6 - y_7 - y_8)/8$$

によって計算される。

〔4〕 実験結果の検定結果は以下のようである。5% 有意となるのは要因 A と B である。

要因	係数	標準誤差	t	P-値
切片	9.25	0.78	11.90	0.00
A	2.75	0.78	3.54	0.04
B	4.00	0.78	5.15	0.01
C	1.00	0.78	1.29	0.29
D	-0.75	0.78	-0.96	0.41

〔5〕 誤差分散を σ^2 とすると，予測分散は，

$$\sigma^2 \boldsymbol{x}'(X'X)^{-1}\boldsymbol{x} = \frac{\sigma^2}{32}(1, x_1, x_2, x_1^2, x_2^2, x_1 x_2)' \begin{pmatrix} 8 & 0 & 0 & -4 & -4 & 0 \\ 0 & 4 & 0 & 0 & 0 & 0 \\ 0 & 0 & 4 & 0 & 0 & 0 \\ -4 & 0 & 0 & 5 & 1 & 0 \\ -4 & 0 & 0 & 1 & 5 & 0 \\ 0 & 0 & 0 & 0 & 0 & 8 \end{pmatrix} \begin{pmatrix} 1 \\ x_1 \\ x_2 \\ x_1^2 \\ x_2^2 \\ x_1 x_2 \end{pmatrix}$$

$$= \frac{\sigma^2}{32}(8 + 4x_1^2 + 4x_2^2 + 5x_1^4 + 5x_2^4 - 8x_1^2 - 8x_2^2 + 2x_1^2 x_2^2 + 8x_1^2 x_2^2)$$

$$= \frac{\sigma^2}{32}(8 + 5x_1^4 + 5x_2^4 - 4x_1^2 - 4x_2^2 + 10x_1^2 x_2^2)$$

$$= \frac{\sigma^2}{32}\{8 + 5(x_1^2 + x_2^2)^2 - 4(x_1^2 + x_2^2)\}$$

132

統計検定　1級

であり，これは $(x_1^2 + x_2^2)$ の関数であることから，計画は回転可能性を有する。

統計応用（理工学）　問5

統計応用（人文科学）問 5 と共通。104 ページ参照。

133

統計応用（医薬生物学）　問1

生存時間解析において，T を生存時間を表す確率変数，T の確率密度関数を $f(t)$，累積分布関数を $F(t)$，生存関数を $S(t)$，ハザード関数を $h(t)$，累積ハザード関数を $H(t)$ とする。ただし，$f(t)$ はパラメータ λ の指数分布の確率密度関数

$$f(t) = \begin{cases} \lambda e^{-\lambda t} & (t \geq 0) \\ 0 & (t < 0) \end{cases}$$

とする。このとき，以下の各問に答えよ。

〔1〕　互いに独立にパラメータ λ の指数分布に従う n 人の生存時間 $(t_1, t_2, \ldots, t_n)$ が観測されたとする。ただし，打ち切りはないと仮定する。このとき，パラメータ λ に関する尤度関数を示せ。

〔2〕　i 番目の被験者のデータを (t_i, δ_i) $(i = 1, 2, \ldots, n)$ とする。δ_i は生存時間 t_i が打ち切りを受けた場合 0，打ち切りを受けなかった場合 1 とする。ただし，打ち切りはランダムな右側打ち切りであるとする。このとき，パラメータ λ に関する尤度関数を示せ。

〔3〕　上問〔2〕の尤度関数を用いて，λ の最尤推定量とフィッシャー情報量 $I(\lambda)$ を求めよ。ただし，イベント数は $\delta = \sum_{i=1}^{n} \delta_i$ とする。

〔4〕　試験群と対照群の比較をするために，ランダム化比較試験を実施することを考える。試験群と対照群の生存時間は，それぞれハザードが λ_1，λ_2 である指数分布に従うとする。試験群と対照群の期待されるイベント数をそれぞれ d_1，d_2 とする。また，試験群と対照群の割付比は 1 対 1 とする。帰無仮説を $\log \lambda_1 = \log \lambda_2$，対立仮説を $\log \lambda_1 \neq \log \lambda_2$，$\lambda_1$，$\lambda_2$ の最尤推定量をそれぞれ $\hat{\lambda}_1$，$\hat{\lambda}_2$ とする。このとき，デルタ法を用いて $\log \hat{\lambda}_1 - \log \hat{\lambda}_2$ の漸近分散を求め，Z 検定統計量を求めよ。ただし，$\hat{\lambda}_1$，$\hat{\lambda}_2$ の漸近分散がそれぞれ $1/I(\lambda_1)$，$1/I(\lambda_2)$ であることを証明なしに用いてよい。

〔5〕　検出力 $1 - \beta$ を満たす試験群と対照群の必要イベント数を $r_1 = r_2 = r$ としたとき，次式が成り立つことを示せ。

$$r = \frac{2(Z_{\alpha/2} + Z_\beta)^2}{(\log(\lambda_1) - \log(\lambda_2))^2}$$

ただし $Z_{\alpha/2}$ は標準正規分布の上側 $100\alpha/2$ ％ 点，Z_β は標準正規分布の上側 100β％ 点である。

統計検定　1 級

解答例

〔1〕　打ち切りはない場合，尤度関数 L は次式となる。

$$L = \prod_{i=1}^{n} f(t_i) = \prod_{i=1}^{n} \lambda e^{-\lambda t_i}$$

〔2〕　n 人の生存時間 $(t_1, t_2, \ldots, t_n)$ がパラメータ λ の指数分布に従うことから，生存関数は $S(t) = e^{-\lambda t}$ となる。i 番目の被験者のデータを (t_i, δ_i) $(i = 1, 2, \ldots, n)$ とし，打ち切りは右側打ち切りであることから，尤度関数 L は次式となる。

$$L = \prod_{i=1}^{n} (f(t_i))^{\delta_i} (S(t_i))^{1-\delta_i} = \prod_{i=1}^{n} (\lambda e^{-\lambda t_i})^{\delta_i} (e^{-\lambda t_i})^{1-\delta_i} = \prod_{i=1}^{n} \lambda^{\delta_i} e^{-\lambda t_i}$$

〔3〕　設問〔2〕の尤度関数に対数を取ると次式が得られる。

$$\log L = \sum_{i=1}^{n} \delta_i \log \lambda - \lambda \sum_{i=1}^{n} t_i$$

これより

$$\frac{\partial \log L}{\partial \lambda} = \frac{\sum_{i=1}^{n} \delta_i}{\lambda} - \sum_{i=1}^{n} t_i$$

であるから，これを 0 と置き，λ について解くことにより，λ の最尤推定量を得る。

$$\hat{\lambda} = \frac{\sum_{i=1}^{n} \delta_i}{\sum_{i=1}^{n} t_i} = \frac{\delta}{\sum_{i=1}^{n} t_i}$$

λ のフィッシャー情報量は次式で定義される。

$$I(\lambda) = E\left[\left(\frac{\partial \log L}{\partial \lambda}\right)^2\right]$$
$$= E\left[-\frac{\partial^2 \log L}{\partial \lambda^2}\right]$$

$$\frac{\partial^2 \log L}{\partial \lambda^2} = -\frac{\sum_{i=1}^{n} \delta_i}{\lambda^2}$$

であることから，λ のフィッシャー情報量は次式となる。

$$I(\lambda) = \frac{\sum_{i=1}^{n} \delta_i}{\lambda^2} = \frac{\delta}{\lambda^2}$$

135

〔4〕 デルタ法を用いると，$\log \hat{\lambda}_1 - \log \hat{\lambda}_2$ の漸近分散は次式のようになる。

$$
\begin{aligned}
V(\log \hat{\lambda}_1 - \log \hat{\lambda}_2) &\approx \left(\left. \frac{\partial \log \hat{\lambda}_1}{\partial \hat{\lambda}_1} \right|_{\hat{\lambda}_1 = E(\hat{\lambda}_1)} \right)^2 V(\hat{\lambda}_1) \\
&+ \left(\left. \frac{\partial \log \hat{\lambda}_2}{\partial \hat{\lambda}_2} \right|_{\hat{\lambda}_2 = E(\hat{\lambda}_2)} \right)^2 V(\hat{\lambda}_2) \\
&= \frac{1}{\lambda_1^2} \cdot \frac{\lambda_1^2}{d_1} + \frac{1}{\lambda_2^2} \cdot \frac{\lambda_2^2}{d_2} = \frac{1}{d_1} + \frac{1}{d_2}
\end{aligned}
$$

したがって，帰無仮説 $\log \lambda_1 = \log \lambda_2$ を検定するための，Z 検定統計量は次式となる。

$$
Z = \frac{\log \hat{\lambda}_1 - \log \hat{\lambda}_2}{\sqrt{V(\log \hat{\lambda}_1 - \log \hat{\lambda}_2)}} \approx \frac{\log \hat{\lambda}_1 - \log \hat{\lambda}_2}{\sqrt{\dfrac{1}{d_1} + \dfrac{1}{d_2}}}
$$

〔5〕 設問〔4〕の帰無仮説の下では，$d_1 \approx d_2 \approx d$ が成り立つから

$$
Z \approx \frac{\log \hat{\lambda}_1 - \log \hat{\lambda}_2}{\sqrt{\dfrac{1}{d_1} + \dfrac{1}{d_2}}} \approx \frac{\log \hat{\lambda}_1 - \log \hat{\lambda}_2}{\sqrt{\dfrac{2}{d}}}
$$

となる。対立仮説の下で，検出力は漸近的に次式となる。

$$
\Phi \left(\frac{|\log \lambda_1 - \log \lambda_2|}{\sqrt{\dfrac{2}{d}}} - Z_{\alpha/2} \right)
$$

ここで，Φ は標準正規分布の累積分布関数である。したがって，r は次式を満たす。

$$
\frac{|\log \lambda_1 - \log \lambda_2|}{\sqrt{\dfrac{2}{r}}} = Z_{\alpha/2} + Z_{\beta}
$$

この式を r について解くと

$$
r = \frac{2(Z_{\alpha/2} + Z_{\beta})^2}{(\log(\lambda_1) - \log(\lambda_2))^2}
$$

となる。

統計検定　1 級

統計応用（医薬生物学）　問 2

　試験治療と対照治療の有効率を比較するための臨床試験を計画した。背景因子が類似している 2 人の被験者をペアとし，そのペアが n 組あるとする。各ペアに対して，片方には試験治療，もう片方には対照治療をランダムに割り付けた。治療の結果は，有効と無効で評価されるものとする。試験の観察結果を表 1 のように整理した。表 2 は表 1 に対応する母集団確率とする。

表 1：観察結果

試験治療	対照治療		
	有効	無効	合計
有効	n_{11}	n_{12}	$n_{1\cdot}$
無効	n_{21}	n_{22}	$n_{2\cdot}$
合計	$n_{\cdot 1}$	$n_{\cdot 2}$	n

表 2：母集団確率

試験治療	対照治療		
	有効	無効	合計
有効	π_{11}	π_{12}	$\pi_{1\cdot}$
無効	π_{21}	π_{22}	$\pi_{2\cdot}$
合計	$\pi_{\cdot 1}$	$\pi_{\cdot 2}$	1

$n_{ij}\ (i = 1, 2 \,;\, j = 1, 2)$ は多項分布に従うとして，以下の各問に答えよ。

〔1〕　試験治療と対照治療の有効率を比較するパラメータを $\delta = \pi_{12} - \pi_{21}$ とする。また，δ の推定量を $\hat{\delta} = \dfrac{n_{12} - n_{21}}{n}$ とする。このとき，$\hat{\delta}$ の分散を求めよ。

〔2〕　多項分布に対する正規近似を用いて，$\delta = \pi_{12} - \pi_{21}$ の $100(1 - \alpha)$ ％ 両側信頼区間を導出せよ。ただし，$Z_{\alpha/2}$ を標準正規分布の上側 $100\alpha/2$ ％ 点とする。

〔3〕　試験治療と対照治療の有効率が等しいかどうかを検定することとする。帰無仮説を $\delta = 0$，対立仮説を $\delta \neq 0$ とし，帰無仮説と対立仮説の下での π_{ij} の最尤推定量 $\hat{\pi}_{ij}$ をそれぞれ求めよ。

〔4〕　上問〔3〕の検定をするために，帰無仮説と対立仮説の下での尤度から，尤度比検定統計量とその自由度を求めよ。

解答例

〔1〕　$n_{ij}\ (i = 1, 2; j = 1, 2)$ は多項分布に従うから，

$$V(n_{ij}) = n\pi_{ij}(1 - \pi_{ij}), \quad \mathrm{Cov}(n_{ij}, n_{st}) = -n\pi_{ij}\pi_{st}\ (i = s \text{ かつ } j = t \text{ を除く})$$

である。分散 $V(\hat{\delta})$ は次式となる。

137

$$V(\hat{\delta}) = V\left(\frac{n_{12} - n_{21}}{n}\right)$$

$$= \frac{1}{n^2}\left[V(n_{12}) + V(n_{21}) - 2\mathrm{Cov}(n_{12}, n_{21})\right]$$

$$= \frac{1}{n}\left[\pi_{12}(1 - \pi_{12}) + \pi_{21}(1 - \pi_{21}) + 2\pi_{12}\pi_{21}\right]$$

$$= \frac{1}{n}\left(\pi_{12} + \pi_{21} - \pi_{12}^2 - \pi_{21}^2 + 2\pi_{12}\pi_{21}\right)$$

〔2〕 分散 $V(\hat{\delta})$ の推定量は

$$\widehat{V}(\hat{\delta}) = \frac{1}{n}\left(\frac{n_{12}}{n} + \frac{n_{21}}{n} - \left(\frac{n_{12}}{n}\right)^2 - \left(\frac{n_{21}}{n}\right)^2 + 2\left(\frac{n_{12}}{n}\right)\left(\frac{n_{21}}{n}\right)\right)$$

$$= \frac{1}{n}\left(\frac{n_{12} + n_{21}}{n} - \frac{(n_{12} - n_{21})^2}{n^2}\right)$$

$$= \frac{n_{12} + n_{21}}{n^2} - \frac{(n_{12} - n_{21})^2}{n^3}$$

となる。多項分布の正規近似を用いると

$$\mathrm{Pr}\left(\left|\frac{\hat{\delta} - \delta}{\sqrt{\widehat{V}(\hat{\delta})}}\right| \leq Z_{\alpha/2}\right) \approx 1 - \alpha$$

$$\Longleftrightarrow \mathrm{Pr}\left(\hat{\delta} - Z_{\alpha/2}\sqrt{\widehat{V}(\hat{\delta})} \leq \delta \leq \hat{\delta} + Z_{\alpha/2}\sqrt{\widehat{V}(\hat{\delta})}\right) \approx 1 - \alpha$$

したがって，$\delta = \pi_{12} - \pi_{21}$ の近似 $100(1 - \alpha)\%$両側信頼区間は

$$\left[\hat{\delta} - Z_{\alpha/2}\sqrt{\widehat{V}(\hat{\delta})},\ \hat{\delta} + Z_{\alpha/2}\sqrt{\widehat{V}(\hat{\delta})}\right]$$

となる。

〔3〕 帰無仮説 $\delta = 0$ の下での π_{ij} の最尤推定量を求める。多項分布の尤度関数は，多項係数部分を除くと次のようになる。

$$L = \prod_{i=1}^{2}\prod_{j=1}^{2}\pi_{ij}^{n_{ij}}$$

したがって，対数尤度関数は

$$\log L = \sum_{i=1}^{2}\sum_{j=1}^{2}n_{ij}\log \pi_{ij}$$

となる。これを次の制約下で最大にする π_{ij} $(i = 1, 2; j = 1, 2)$ を求めればよい。

$$\sum_{i=1}^{2}\sum_{j=1}^{2}\pi_{ij} = 1, \quad \delta = 0 \Leftrightarrow \pi_{12} = \pi_{21}$$

ラグランジュの未定乗数法により，次式を最大にする π_{ij} を求める。

$$\log L_0 = \sum_{i=1}^{2}\sum_{j=1}^{2} n_{ij} \log \pi_{ij} - \lambda \left(\sum_{i=1}^{2}\sum_{j=1}^{2}\pi_{ij} - 1\right) - \phi(\pi_{12} - \pi_{21})$$

$\log L_0$ を未知パラメータ π_{ij} $(i = 1, 2; j = 1, 2)$, λ, ϕ で偏微分して 0 と置いた方程式を解く。

$$\frac{\partial \log L_0}{\partial \pi_{11}} = \frac{n_{11}}{\pi_{11}} - \lambda \tag{3.1}$$

$$\frac{\partial \log L_0}{\partial \pi_{12}} = \frac{n_{12}}{\pi_{12}} - \lambda - \phi \tag{3.2}$$

$$\frac{\partial \log L_0}{\partial \pi_{21}} = \frac{n_{21}}{\pi_{21}} - \lambda + \phi \tag{3.3}$$

$$\frac{\partial \log L_0}{\partial \pi_{22}} = \frac{n_{22}}{\pi_{22}} - \lambda \tag{3.4}$$

$$\frac{\partial \log L_0}{\partial \lambda} = -\left(\sum_{i=1}^{2}\sum_{j=1}^{2}\pi_{ij} - 1\right) \tag{3.5}$$

$$\frac{\partial \log L_0}{\partial \phi} = -(\pi_{12} - \pi_{21}) \tag{3.6}$$

(3.1) から (3.4) より

$$n_{11} - \lambda\pi_{11} = 0 \tag{3.7}$$

$$n_{12} - \lambda\pi_{12} - \phi\pi_{12} = 0 \tag{3.8}$$

$$n_{21} - \lambda\pi_{21} + \phi\pi_{21} = 0 \tag{3.9}$$

$$n_{22} - \lambda\pi_{22} = 0 \tag{3.10}$$

(3.7) から (3.10) の和を取ると

$$(n_{11} + n_{12} + n_{21} + n_{22}) - \lambda(\pi_{11} + \pi_{12} + \pi_{21} + \pi_{22}) - \phi(\pi_{12} - \pi_{21}) = 0$$

したがって，$\lambda = n$ となる。$\lambda = n$ を (3.7) から (3.10) に代入すると

$$\pi_{11} = \frac{n_{11}}{n}, \quad \pi_{12} = \frac{n_{12}}{n + \phi}, \quad \pi_{21} = \frac{n_{21}}{n - \phi}, \quad \pi_{22} = \frac{n_{22}}{n}$$

となる。$\pi_{12} = \pi_{21}$ であるから，$\dfrac{n_{12}}{n + \phi} = \dfrac{n_{21}}{n - \phi}$ より $\phi = \dfrac{n(n_{12} - n_{21})}{n_{12} + n_{21}}$ が得られる。

したがって，帰無仮説 $\delta = 0$ の下での π_{ij} の最尤推定量 $\hat{\pi}_{ij}$ は

$$\hat{\pi}_{11} = \frac{n_{11}}{n}, \quad \hat{\pi}_{12} = \frac{n_{12} + n_{21}}{2n}, \quad \hat{\pi}_{21} = \frac{n_{12} + n_{21}}{2n}, \quad \hat{\pi}_{22} = \frac{n_{22}}{n}$$

となる。

対立仮説 $\delta \neq 0$ の下での π_{ij} の最尤推定量を求める。$\log L$ を次の制約下で最大にする π_{ij} $(i = 1, 2; j = 1, 2)$ を求めればよい。

$$\sum_{i=1}^{2}\sum_{j=1}^{2}\pi_{ij} = 1$$

ラグランジュの未定乗数法により，次式を最大にする π_{ij} を求める。

$$\log L_1 = \sum_{i=1}^{2}\sum_{j=1}^{2} n_{ij} \log \pi_{ij} - \lambda\left(\sum_{i=1}^{2}\sum_{j=1}^{2}\pi_{ij} - 1\right)$$

$\log L_1$ を未知パラメータ π_{ij} $(i = 1, 2; j = 1, 2)$, λ で偏微分して 0 と置いた方程式を解く。

$$\frac{\partial \log L_1}{\partial \pi_{11}} = \frac{n_{11}}{\pi_{11}} - \lambda \tag{3.11}$$

$$\frac{\partial \log L_1}{\partial \pi_{12}} = \frac{n_{12}}{\pi_{12}} - \lambda \tag{3.12}$$

$$\frac{\partial \log L_1}{\partial \pi_{21}} = \frac{n_{21}}{\pi_{21}} - \lambda \tag{3.13}$$

$$\frac{\partial \log L_1}{\partial \pi_{22}} = \frac{n_{22}}{\pi_{22}} - \lambda \tag{3.14}$$

$$\frac{\partial \log L_1}{\partial \lambda} = -\left(\sum_{i=1}^{2}\sum_{j=1}^{2}\pi_{ij} - 1\right) \tag{3.15}$$

(3.11) から (3.14) より

$$n_{11} - \lambda\pi_{11} = 0 \tag{3.16}$$

$$n_{12} - \lambda\pi_{12} = 0 \tag{3.17}$$

$$n_{21} - \lambda\pi_{21} = 0 \tag{3.18}$$

$$n_{22} - \lambda\pi_{22} = 0 \tag{3.19}$$

(3.16) から (3.19) の和を取ると

$$(n_{11} + n_{12} + n_{21} + n_{22}) - \lambda(\pi_{11} + \pi_{12} + \pi_{21} + \pi_{22}) = 0$$

したがって，$\lambda = n$ となる。対立仮説 $\delta \neq 0$ の下での π_{ij} の最尤推定量 $\hat{\pi}_{ij}$ は

統計検定　1 級

$$\hat{\pi}_{11} = \frac{n_{11}}{n}, \quad \hat{\pi}_{12} = \frac{n_{12}}{n}, \quad \hat{\pi}_{21} = \frac{n_{21}}{n}, \quad \hat{\pi}_{22} = \frac{n_{22}}{n}$$

となる。

（別解）帰無仮説 $\delta = 0$ の下での π_{ij} の最尤推定量を求める。多項分布の尤度関数は，多項係数部分を除くと次のようになる。

$$L = \prod_{i=1}^{2} \prod_{j=1}^{2} \pi_{ij}^{n_{ij}}$$

したがって，対数尤度関数は

$$\log L = \sum_{i=1}^{2} \sum_{j=1}^{2} n_{ij} \log \pi_{ij}$$

となる。これを次の制約下で最大にする π_{ij} $(i = 1, 2; j = 1, 2)$ を求めればよい。

$$\sum_{i=1}^{2} \sum_{j=1}^{2} \pi_{ij} = 1, \quad \delta = 0 \Leftrightarrow \pi_{12} = \pi_{21}$$

上記制約条件より，対数尤度関数は次式となる。

$$\log L_0 = n_{11} \log \pi_{11} + (n_{12} + n_{21})[\log(1 - \pi_{11} - \pi_{22}) - \log 2] + n_{22} \log \pi_{22}$$

$\log L_0$ を未知パラメータ π_{11}, π_{22} で偏微分して 0 と置いた方程式を解く。

$$\frac{\partial \log L_0}{\partial \pi_{11}} = \frac{n_{11}}{\pi_{11}} - \frac{n_{12} + n_{21}}{1 - \pi_{11} - \pi_{22}} \tag{3.20}$$

$$\frac{\partial \log L_0}{\partial \pi_{22}} = \frac{n_{22}}{\pi_{22}} - \frac{n_{12} + n_{21}}{1 - \pi_{11} - \pi_{22}} \tag{3.21}$$

(3.20), (3.21) より

$$\pi_{11} = \frac{n_{11}\pi_{22}}{n_{22}} \tag{3.22}$$

(3.22) を (3.20) に代入すると

$$\frac{n_{11}n_{22}}{n_{11}\pi_{22}} - \frac{(n_{12} + n_{21})n_{22}}{n_{22} - n_{11}\pi_{22} - n_{22}\pi_{22}} = 0$$
$$\Leftrightarrow \quad \pi_{22} = \frac{n_{22}}{n}$$

これを，(3.22) に代入すると $\pi_{11} = \dfrac{n_{11}}{n}$ となる。制約条件より

$$\pi_{12} = \pi_{21} = \frac{1 - \pi_{11} - \pi_{22}}{2} = \frac{n_{12} + n_{21}}{2n}$$

141

となる．したがって，帰無仮説 $\delta = 0$ の下での π_{ij} の最尤推定量 $\hat{\pi}_{ij}$ は

$$\hat{\pi}_{11} = \frac{n_{11}}{n}, \quad \hat{\pi}_{12} = \frac{n_{12} + n_{21}}{2n}, \quad \hat{\pi}_{21} = \frac{n_{12} + n_{21}}{2n}, \quad \hat{\pi}_{22} = \frac{n_{22}}{n}$$

となる．

対立仮説 $\delta \neq 0$ の下での π_{ij} の最尤推定量を求める．$\log L$ を次の制約下で最大にする π_{ij} $(i = 1, 2; j = 1, 2)$ を求めればよい．

$$\sum_{i=1}^{2} \sum_{j=1}^{2} \pi_{ij} = 1$$

上記制約条件より，対数尤度関数は次式となる．

$$\log L_1 = n_{11} \log \pi_{11} + n_{12} \log \pi_{12} + n_{21} \log \pi_{21} + n_{22} \log(1 - \pi_{11} - \pi_{12} - \pi_{21})$$

$\log L_1$ を未知パラメータ π_{11}，π_{12}，π_{21} で偏微分して 0 と置いた方程式を解く．

$$\frac{\partial \log L_1}{\partial \pi_{11}} = \frac{n_{11}}{\pi_{11}} - \frac{n_{22}}{1 - \pi_{11} - \pi_{12} - \pi_{21}} \tag{3.23}$$

$$\frac{\partial \log L_1}{\partial \pi_{12}} = \frac{n_{12}}{\pi_{12}} - \frac{n_{22}}{1 - \pi_{11} - \pi_{12} - \pi_{21}} \tag{3.24}$$

$$\frac{\partial \log L_1}{\partial \pi_{21}} = \frac{n_{21}}{\pi_{21}} - \frac{n_{22}}{1 - \pi_{11} - \pi_{12} - \pi_{21}} \tag{3.25}$$

(3.23), (3.24) より

$$\pi_{12} = \frac{n_{12} \pi_{11}}{n_{11}} \tag{3.26}$$

(3.23), (3.25) より

$$\pi_{21} = \frac{n_{21} \pi_{11}}{n_{11}} \tag{3.27}$$

となる．(3.26), (3.27) を (3.23) に代入すると

$$\frac{n_{11}}{\pi_{11}} - \frac{n_{11} n_{22}}{n_{11} - n_{11} \pi_{11} - n_{12} \pi_{11} - n_{21} \pi_{11}}$$

$$\Leftrightarrow \quad \pi_{11} = \frac{n_{11}}{n}$$

これを，(3.26), (3.27) に代入すると $\pi_{12} = \dfrac{n_{12}}{n}$，$\pi_{21} = \dfrac{n_{21}}{n}$ となる．また，制約条件より

$$\pi_{22} = 1 - \pi_{11} - \pi_{12} - \pi_{21} = \frac{n_{22}}{n}$$

となる．したがって，対立仮説 $\delta \neq 0$ の下での π_{ij} の最尤推定量 $\hat{\pi}_{ij}$ は

$$\hat{\pi}_{11} = \frac{n_{11}}{n}, \quad \hat{\pi}_{12} = \frac{n_{12}}{n}, \quad \hat{\pi}_{21} = \frac{n_{21}}{n}, \quad \hat{\pi}_{22} = \frac{n_{22}}{n}$$

となる．

統計検定　1級

〔4〕　設問〔3〕の結果より，帰無仮説の下での多項係数部分を除く最大尤度は次式となる。

$$\left(\frac{n_{11}}{n}\right)^{n_{11}} \left(\frac{n_{12}+n_{21}}{2n}\right)^{n_{12}} \left(\frac{n_{12}+n_{21}}{2n}\right)^{n_{21}} \left(\frac{n_{22}}{n}\right)^{n_{22}}$$

また，対立仮説の下での多項係数部分を除く最大尤度は次式となる。

$$\left(\frac{n_{11}}{n}\right)^{n_{11}} \left(\frac{n_{12}}{n}\right)^{n_{12}} \left(\frac{n_{21}}{n}\right)^{n_{21}} \left(\frac{n_{22}}{n}\right)^{n_{22}}$$

したがって，尤度比 Λ は

$$\Lambda = \frac{\left(\dfrac{n_{12}}{n}\right)^{n_{12}} \left(\dfrac{n_{21}}{n}\right)^{n_{21}}}{\left(\dfrac{n_{12}+n_{21}}{2n}\right)^{n_{12}} \left(\dfrac{n_{12}+n_{21}}{2n}\right)^{n_{21}}}$$
$$= \left(\frac{2n_{12}}{n_{12}+n_{21}}\right)^{n_{12}} \left(\frac{2n_{21}}{n_{12}+n_{21}}\right)^{n_{21}}$$

となる。尤度比検定統計量 $2\log\Lambda$ は次式で与えられ，漸近的に χ^2 分布に従う。

$$2\log\Lambda = 2\left[n_{12}\log\left(\frac{2n_{12}}{n_{12}+n_{21}}\right) + n_{21}\log\left(\frac{2n_{21}}{n_{12}+n_{21}}\right)\right]$$

その自由度は，対立仮説と帰無仮説でのパラメータ数の差となる。対立仮説のパラメータ数は 3，帰無仮説のパラメータ数は 2 であるので自由度は 1 である。

統計応用（医薬生物学）　問3

ある1つのバイオマーカー X と疾患 Y の関連を評価したい。ここで，D を疾患 Y に罹患しているか否かを表す確率変数と定義する。

$$D = \begin{cases} 1 & \text{疾患 } Y \text{ に罹患している} \\ 0 & \text{疾患 } Y \text{ に罹患していない} \end{cases}$$

このときバイオマーカー X と疾患 Y の関連をバイオマーカー X のみを説明変数とするロジスティック回帰モデルによって評価することを考える。16名の被験者から表1のデータが得られたとき，以下の各問に答えよ。ただし，表中の「予測値」は上記モデルをこの16名のデータに適用した際に得られる各被験者に対する「疾患 Y に罹患している確率」の推定値である。

表1：16名の被験者のデータ

被験者番号	X	D	予測値	被験者番号	X	D	予測値
1	81	1	0.87	9	47	1	0.43
2	72	1	0.79	10	44	1	0.38
3	67	0	0.73	11	42	1	0.35
4	63	0	0.68	12	39	0	0.31
5	62	1	0.66	13	38	0	0.30
6	58	1	0.61	14	37	0	0.28
7	56	0	0.57	15	36	0	0.27
8	52	1	0.51	16	33	0	0.24

〔1〕　上の表において，予測値が0.5以上であれば当該被験者は疾患 Y に罹患していると判断するとしたとき，この集団における真陽性率（感度）と偽陽性率（1 − 特異度）をそれぞれ求めよ。

〔2〕　上の表から得られるこの集団における ROC 曲線の一部を図1に示した。偽陽性率が0.3以上の部分を補完した ROC 曲線を描け。

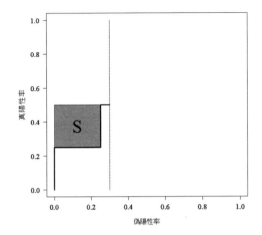

図 1：ROC 曲線の一部

〔3〕 上問〔2〕の ROC 曲線において，「真陽性率 − 偽陽性率」を最大にするには，上の表中の予測値がいくら以上の被験者を疾患 Y に罹患していると判断すべきであるかを答えよ。ただし，回答する予測値は表中に記載されているものとする。

〔4〕 表中の $D = 1$ の被験者のバイオマーカーの値を，予測値が高い方から順に x_{1i} $(i = 1, 2, \ldots, 8)$ とし，$D = 0$ の被験者のバイオマーカーの値を，予測値の高い方から順に x_{0j} $(j = 1, 2, \ldots, 8)$ とする。このとき，図 1 の「S」(背景がグレーとなっている部分) の面積が

$$\frac{1}{8 \times 8} \sum_{i=1}^{4} \sum_{j=1}^{2} I\left(x_{1i} < x_{0j}\right)$$

と表されることを示せ。ただし，

$$I(Z) = \begin{cases} 1 & Z \text{ が正しい} \\ 0 & Z \text{ が正しくない} \end{cases}$$

である。

〔5〕 上問〔2〕で描かれる ROC 曲線の曲線下面積が次式で表されることを示せ。

$$\frac{1}{8 \times 8} \sum_{i=1}^{8} \sum_{j=1}^{8} I\left(x_{1i} > x_{0j}\right)$$

解答例

〔1〕 この集団における真陽性率 (True Positive Fraction; TPF) は,「実際に疾患 Y に罹患している人」の中で「疾患 Y に罹患していると判断された人」の割合なので,TPF $= \dfrac{5}{8} = 0.625$ となる。同様に,偽陽性率 (False Positive Fraction; FPF) は,「実際には疾患 Y に罹患していない人」の中で「疾患 Y に罹患していると判断された人」の割合なので,FPF $= \dfrac{3}{8} = 0.375$ となる。

〔2〕 すべての被験者を疾患 Y に罹患していないと判断すると,TPF $= 0$,FPF $= 0$ である。被験者1のみを疾患 Y に罹患していると判断すれば,TPF $= \dfrac{1}{8}$,FPF $= 0$ となり,被験者1と被験者2を疾患 Y に罹患していると判断すれば,TPF $= \dfrac{2}{8} = \dfrac{1}{4}$,FPF $= 0$ となる。次に被験者1, 2, 3 を疾患 Y に罹患していると判断すれば,TPF $= \dfrac{1}{4}$,FPF $= \dfrac{1}{8}$ となる。したがって,データには同じ予測値は存在しないことから,図中の原点 $(0, 0)$ から出発し,被験者1から順に $D = 1$ であれば上方向に $\dfrac{1}{8}$,$D = 0$ であれば右方向に $\dfrac{1}{8}$ 進みながら,最終的に $(1, 1)$ に到達する。

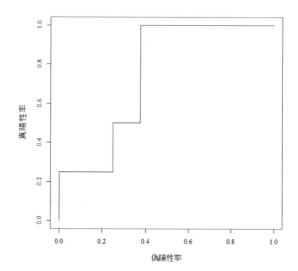

〔3〕 TPF-FPF が最大となる点は,下図の ROC 曲線の各点から TPF $=$ FPF の直線(図中の点線)まで垂線をおろしたときの距離が最大となる点に等しい。したがって,これを与える点は $(0.375, 1)$ となり,これは表中の予測値が 0.35 以上の被験者を疾患 Y に罹患していると判断したときの TPF および FPF である。

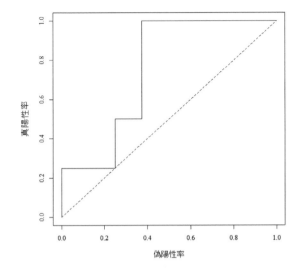

〔4〕 被験者 1 から 6 の順に，それぞれの被験者に対する予測値以上の値を取る被験者を疾患 Y に罹患していると判断することにし，これを ROC 曲線図中に被験者番号とともに示すと下図のようになる。すなわち，被験者 1 だけを疾患 Y に罹患していると判断するとすれば，このときの TPF は $\frac{1}{8}$，FPF は 0 となる。

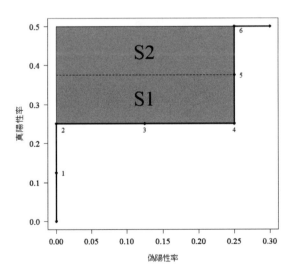

今，求める面積 S を図のように S1 および S2 に分割する。上問〔2〕を踏まえれば，面積 S1 の高さは $\frac{1}{8}$ であり，横の長さは $\frac{2}{8}$ となることがわかる。このときの横の長さにおける分子の「2」は，被験者 5 より予測値（すなわちバイオマーカー値）が高い被験者のうち，実際には疾患 Y に罹患していなかった人数であり，これは

$$\sum_{j=1}^{2} I\left(x_{13} < x_{0j}\right) = \sum_{i=1}^{3}\sum_{j=1}^{2} I\left(x_{1i} < x_{0j}\right)$$

と表せる。これより，面積 S1 は

$$S1 = \frac{1}{8 \times 8}\sum_{i=1}^{3}\sum_{j=1}^{2} I\left(x_{1i} < x_{0j}\right)$$

と表せる。同様に，S2 の面積は

$$S2 = \frac{1}{8 \times 8}\sum_{j=1}^{2} I\left(x_{14} < x_{0j}\right)$$

と表せる。これより，面積 S $(= S1 + S2)$ は

$$S = \frac{1}{8 \times 8}\sum_{i=1}^{4}\sum_{j=1}^{2} I\left(x_{1i} < x_{0j}\right)$$

となる。

〔5〕 上問〔4〕と同様に考えれば，下図の面積 S と面積 T の和は

$$\frac{1}{8 \times 8}\sum_{i=1}^{8}\sum_{j=1}^{8} I\left(x_{1i} < x_{0j}\right)$$

となる。

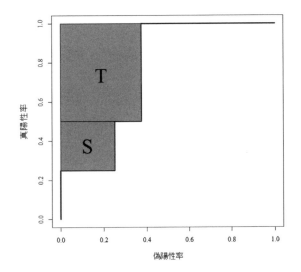

したがって，求めるべき ROC 曲線下面積（AUC）は 1 から S と T の面積の和を引けばよいことがわかる。

また，同じバイオマーカー値を取る被験者はいないことから，

$$\sum_{i=1}^{8}\sum_{j=1}^{8} I\left(x_{1i} < x_{0j}\right) + \sum_{i=1}^{8}\sum_{j=1}^{8} I\left(x_{1i} > x_{0j}\right) = 8 \times 8$$

となる。

ゆえに，求める AUC は

$$\begin{aligned}
\text{AUC} &= 1 - \frac{1}{8 \times 8} \sum_{i=1}^{8}\sum_{j=1}^{8} I\left(x_{1i} < x_{0j}\right) \\
&= \frac{1}{8 \times 8} \sum_{i=1}^{8}\sum_{j=1}^{8} I\left(x_{1i} > x_{0j}\right)
\end{aligned}$$

となる。

統計応用（医薬生物学）　問4

ある疾病の発症の有無を予測する臨床的リスクスコアを導出するため，ロジスティック回帰モデルを用いて，ステップワイズ法により変数を選択したところ，表1の結果が得られたとする。表中のP値は，カイ二乗検定の結果とする。

表1：ロジスティック回帰分析の結果

変数	オッズ比	95%信頼区間	P値
年齢 (歳)			
[8-12]/[5-7]	1.63	(1.07–2.33)	0.008
[13-18]/[5-7]	2.42	(1.87–3.12)	
性別			
女性/男性	2.42	(1.92–2.88)	0.001
頭痛の既往			
あり/なし	1.81	(1.32–2.65)	0.002
感音性			
あり/なし	1.77	(1.02–1.92)	0.010

得られた回帰モデルから，各変数の各水準にスコアを与えて，検証コホートのもとでの，リスクスコアによる予測のROC曲線と医師による予測のROC曲線を描いたところ，図1が得られたとする。リスクスコアによる予測のROC曲線の面積下面積は0.70（95％信頼区間：0.67–0.72）とする。

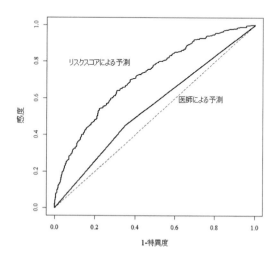

図1：リスクスコアによる予測のROC曲線と医師による予測のROC曲線

統計検定　1級

〔1〕　目的変数 y と p 個の説明変数 $x_1, \ldots, x_p$ について n 組のデータ

$$\{(y_i, x_{i1}, \ldots, x_{ip}); i = 1, 2, \ldots, n\}, \quad y_i = \begin{cases} 1 & \text{疾病あり} \\ 0 & \text{疾病なし} \end{cases}$$

が観測されたとする。確率変数 Y を用いて反応確率と非反応確率を

$$\Pr(Y = 1 | x_1, \ldots, x_p) = \theta, \quad \Pr(Y = 0 | x_1, \ldots, x_p) = 1 - \theta$$

と表すことにする。このとき，反応確率と説明変数の関係は次のロジスティック回帰モデルで表されるとする。

$$\theta = \frac{\exp(\beta_0 + \beta_1 x_1 + \cdots + \beta_p x_p)}{1 + \exp(\beta_0 + \beta_1 x_1 + \cdots + \beta_p x_p)} \tag{1}$$

最尤法を用いて未知パラメータを推定することとする。モデル (1) の対数尤度関数を示せ。

〔2〕　x_1 が 0 または 1 の値を取る二値変数のとき，ロジスティック回帰モデルの偏回帰係数 β_1 は Y の x_1 に対する調整オッズ比の対数であることを示せ。

〔3〕　$\beta_0, \beta_1, \ldots, \beta_p$ の最尤推定量を $\hat{\beta}_0, \hat{\beta}_1, \ldots, \hat{\beta}_p$ とする。モデル (1) に対する AIC を式で示せ。

〔4〕　AIC ではモデルのよさを Kullback-Leibler 情報量を用いて評価する。真のモデル $g(x)$ をベルヌーイ分布 $\mathrm{Bern}(\theta)$，想定したモデル $f(x)$ を $\mathrm{Bern}(\pi)$ とする。このとき $g(x)$ に対する $f(x)$ の Kullback-Leibler 情報量を示せ。

〔5〕　表 1 と図 1 の結果を元に，導出したリスクスコアから解釈できることを 150 字以内で述べよ。

解答例

〔1〕 Y_i の確率分布は $f(y_i|\theta_i) = \theta_i^{y_i}(1-\theta_i)^{1-y_i}$, $y_i = 0, 1$, $i = 1, 2, \ldots, n$ となるため，$y_1, y_2, \ldots, y_n$ に基づくパラメータ θ_i の尤度関数は

$$L(\theta_1, \theta_2, \ldots, \theta_n) = \prod_{i=1}^{n} \theta_i^{y_i}(1-\theta_i)^{1-y_i}$$

であり，パラメータ β_j $(j = 0, 1, \ldots, p)$ の尤度関数は

$$L(\beta_0, \beta_1, \ldots, \beta_p) = \prod_{i=1}^{n} \left[\frac{\exp(y_i(\beta_0 + \beta_1 x_{i1} + \cdots + \beta_p x_{ip}))}{1 + \exp(\beta_0 + \beta_1 x_{i1} + \cdots + \beta_p x_{ip})} \right]$$

となる。これより，対数尤度関数は

$$\begin{aligned}
l(\beta_0, \beta_1, \ldots, \beta_p) &= \log L(\beta_0, \beta_1, \ldots, \beta_p) \\
&= \sum_{i=1}^{n} y_i(\beta_0 + \beta_1 x_{i1} + \cdots + \beta_p x_{ip}) \\
&\quad - \sum_{i=1}^{n} \log(1 + \exp(\beta_0 + \beta_1 x_{i1} + \cdots + \beta_p x_{ip}))
\end{aligned}$$

〔2〕 (1) 式を変換すると $\log\left(\dfrac{\theta}{1-\theta}\right) = \beta_0 + \beta_1 x_1 + \cdots + \beta_p x_p$ となる。また，対数オッズ比は

$$\begin{aligned}
&\log\left\{ \frac{\Pr(Y=1|x_1=1, x_2, \ldots, x_p)}{\Pr(Y=0|x_1=1, x_2, \ldots, x_p)} \middle/ \frac{\Pr(Y=1|x_1=0, x_2, \ldots, x_p)}{\Pr(Y=0|x_1=0, x_2, \ldots, x_p)} \right\} \\
&= \log\left\{ \frac{\Pr(Y=1|x_1=1, x_2, \ldots, x_p)}{\Pr(Y=0|x_1=1, x_2, \ldots, x_p)} \right\} - \log\left\{ \frac{\Pr(Y=1|x_1=0, x_2, \ldots, x_p)}{\Pr(Y=0|x_1=0, x_2, \ldots, x_p)} \right\} \\
&= (\beta_0 + \beta_1 \times 1 + \beta_2 x_2 + \cdots + \beta_p x_p) - (\beta_0 + \beta_1 \times 0 + \beta_2 x_2 + \cdots + \beta_p x_p) \\
&= \beta_1
\end{aligned}$$

〔3〕
$$\begin{aligned}
\mathrm{AIC} &= -2 \times l(\hat{\beta}_0, \hat{\beta}_1, \ldots, \hat{\beta}_p) + 2(p+1) \\
&= -2 \sum_{i=1}^{n} y_i(\hat{\beta}_0 + \hat{\beta}_1 x_{i1} + \cdots + \hat{\beta}_p x_{ip}) \\
&\quad + 2 \sum_{i=1}^{n} \log(1 + \exp(\hat{\beta}_0 + \hat{\beta}_1 x_{i1} + \cdots + \hat{\beta}_p x_{ip})) + 2(p+1)
\end{aligned}$$

統計検定　1 級

〔4〕
$$I(g;f) = E\left[\log\frac{g(x)}{f(x)}\right] = E[\log g(x)] - E[\log f(x)]$$
$$= \theta\log\left(\frac{\theta}{\pi}\right) + (1-\theta)\log\left(\frac{1-\theta}{1-\pi}\right)$$

〔5〕　ロジスティックモデルでは，{年齢，性別，頭痛の既往，感音性} が疾病発症のリスク因子として示された。このモデルに基づく予測は，検証コホートでの AUC の値は 0.70 と高くはないが，医師単独の予測よりも感度と特異度の観点から優れていることが示唆された。

統計応用（医薬生物学）　問 5

統計応用（人文科学）問 5 と共通問題。104 ページ参照。

PART 4

準1級
2019年6月
問題／解説

2019年6月に実施された準1級の問題です。
「選択問題及び部分記述問題」と「論述問題」からなります。
部分記述問題は 記述4 のように記載されているので、
解答用紙の指定されたスペースに解答を記入します。
論述問題は3問中1問を選択解答します。

選択問題及び部分記述問題　問題…………157
選択問題及び部分記述問題　正解一覧／解説…………176
論述問題　問題／解答例…………191
※統計数値表は本書巻末に「付表」として掲載しています。

統計検定　準1級

選択問題及び部分記述問題　問題

問 1　あるサッカーの試合において，チーム T1 があげた得点 X およびチーム T2 があげた得点 Y がそれぞれ独立に平均 3 および 2 のポアソン分布に従うと仮定する。次の空欄に当てはまる数値または用語を答えよ。

〔1〕2 チームの合計得点 $X+Y$ の従う分布は，平均が　記述 1 ，分散が　記述 2 　のポアソン分布である。

〔2〕2 チームの合計得点 $X+Y$ が 4 であるという条件の下で，チーム T1 の得点 X は平均が　記述 3 　の　記述 4 　分布に従う。ただし，必要であれば平均が λ のポアソン分布の確率関数は

$$P(X = x) = e^{-\lambda}\frac{\lambda^x}{x!} \quad (x = 0, 1, \dots)$$

であることを用いよ。

問 2　あるお菓子を買うと，3 種類のアニメキャラクターのカードのうちの 1 つが等確率でおまけとして付いてくる。

〔1〕無作為復元抽出を仮定できるとき，3 種類すべてのカードを揃えるまでに必要な購入回数の期待値を求めよ。ただし，必要であればパラメータ p $(0 < p < 1)$ をもつ幾何分布の平均は p^{-1} となること，つまり

$$\sum_{k=1}^{\infty} k(1-p)^{k-1}p = \frac{1}{p}$$

となることを用いよ。　記述 5

〔2〕3 種類のカードをすべて集めた後，お菓子を買うのをやめていたが，新しい種類のカード 1 枚が追加されたため再び購入を始めた。この場合に，はじめの 3 種類と追加の 1 種類の，4 種類すべてを揃えるのに必要な購入回数の期待値を x とする。一方，はじめから 4 種類が発売されていた場合に，4 種類すべてを揃えるまでに必要な購入回数の期待値を y とする。このとき，購入回数の期待値の差 $x-y$ の値を求めよ。ただし，いずれの購入時期においても等確率の無作為復元抽出を仮定してよい。　記述 6

注：記述 7〜10 は問 11，問 12 にあります。

問 3 医薬品の開発段階において観察された有害事象は，審査時に臨床的重要性について検討がなされ，製造販売後の調査において適切に監視される。

〔1〕開発段階の臨床試験において，ある有害事象の発現割合（母比率）を p とする。また，症例数は十分大きく，発現割合の推定量 $\hat{p}$ は近似的に正規分布に従うと仮定する。

(1) 症例数 475 で，帰無仮説 $H_0 : p = 0.05$，対立仮説 $H_1 : p > 0.05$ の片側検定をするとき，帰無仮説の下で $\hat{p}$ が 0.0733 以上になる確率はいくらか。次の ①〜⑤ のうちから最も適切なものを一つ選べ。 | 1 |

① 0.01　　② 0.025　　③ 0.05　　④ 0.1　　⑤ 0.2

(2) 帰無仮説 $H_0 : p = 0.05$，対立仮説 $H_1 : p = 0.1$ に対し，有意水準 2.5 % の片側検定を行うとき，検出力を 90 % とする製造販売後調査の必要症例数は何例になるか。次の ①〜⑤ のうちから最も適切なものを一つ選べ。 | 2 |

① 114　　② 164　　③ 214　　④ 264　　⑤ 314

〔2〕発現が懸念されるある有害事象が，開発段階の臨床試験では観察されなかった。該当の有害事象は，発現割合が 0.001 未満であれば，安全性の観点からは許容可能であると考えられている。

(1) 発現割合が 0.05 の事象について，独立に 8 症例を調べた。このとき，少なくとも 1 例の有害事象が観測される確率はいくらか。次の ①〜⑤ のうちから最も適切なものを一つ選べ。 | 3 |

① 0.05　　② 0.24　　③ 0.34　　④ 0.40　　⑤ 0.66

(2) 発現割合が 0.001 の独立な事象について，95 % の確率で少なくとも 1 例の有害事象が観察されるような症例数を n とする。この症例数 n で独立に観察を行ったときに，1 例も有害事象が観察されなければ，その事象の発現割合は 0.001 未満であると判断する。この場合の製造販売後調査の必要症例数は何例になるか。次の ①〜⑤ のうちから最も適切なものを一つ選べ。ただし，必要に応じて付表 5 を用い，また $\varepsilon(>0)$ が十分小さいときに $\log(1-\varepsilon) \simeq -\varepsilon$ であることを用いてよい。ここで，log は自然対数である。
| 4 |

① 1000　　② 1500　　③ 2000　　④ 2500　　⑤ 3000

統計検定　準1級

問 4　ある商品について，CM の影響の有無と購入の有無について調査した結果，次の分割表が得られた。

	購入あり	購入なし	計
CM の影響あり	93	42	135
CM の影響なし	97	68	165
計	190	110	300

〔1〕CM の影響の有無と購入の有無に関連がないと仮定して確率を推定する。このとき，CM の影響ありかつ購入ありの頻度の期待値として，次の ① ～ ⑤ のうちから最も適切なものを一つ選べ。　**5**

① 34.3　　　② 48.7　　　③ 58.3　　　④ 85.5　　　⑤ 106.7

〔2〕CM の影響の有無と購入の有無の関連性に関するピアソンの χ^2 統計量はいくつか。次の ① ～ ⑤ のうちから最も適切なものを一つ選べ。　**6**

① -4.32　　② 0.33　　③ 3.26　　④ 10.49　　⑤ 22.93

〔3〕「CM の影響の有無と購入の有無の関連性がない」という帰無仮説に対する片側検定の結果について，次の ① ～ ⑤ のうちから最も適切なものを一つ選べ。

7

① 有意水準 10 ％では帰無仮説は棄却されない。

② 有意水準 10 ％では帰無仮説は棄却されるが，有意水準 5 ％では棄却されない。

③ 有意水準 5 ％では帰無仮説は棄却されるが，有意水準 2.5 ％では棄却されない。

④ 有意水準 2.5 ％では帰無仮説は棄却されるが，有意水準 1 ％では棄却されない。

⑤ 有意水準 1 ％では帰無仮説は棄却される。

問5 ある冠動脈疾患の治療施設では，心筋梗塞と喫煙の関係を調べるため，以下の
ような調査を行った。まず，急性心筋梗塞を発症してこの施設に入院した患者（86
名）について，喫煙歴の有無を調査した。次に，86名のそれぞれに対して，同じ
期間に別の急性疾患を発症してこの施設に入院した患者の中から，年齢，性別，身
長，体重が比較的近い者を3名ずつ選んだ。選ばれた258名をコントロール群と
よび，コントロール群に対しても喫煙歴の有無を調査した。調査結果をまとめたの
が，次の表である。

	心筋梗塞患者	コントロール群	合計
喫煙歴あり	65	66	131
喫煙歴なし	21	192	213
合計	86	258	344

この調査から読み取れる心筋梗塞に罹る確率（罹患率）の解釈について，次の ① ～
⑤ のうちから最も適切なものを一つ選べ。 8

① 心筋梗塞患者に関する喫煙歴ありのオッズ（65/21 = 3.10）はコントロール
群に関する喫煙歴ありのオッズ（66/192 = 0.344）の約9倍である。心筋梗
塞の罹患率は小さい値であると知られているので，喫煙歴がある場合とない
場合のそれぞれに対する心筋梗塞の罹患率の比（相対リスク）は，およそ9
であると推定できる。

② 心筋梗塞患者に関する喫煙歴ありのオッズ（65/21 = 3.10）はコントロール
群に関する喫煙歴ありのオッズ（66/192 = 0.344）の約9倍である。コント
ロール群として3倍の人数を選んでいるので，喫煙歴がある場合とない場合
のそれぞれに対する心筋梗塞の罹患率の比（相対リスク）は，およそ3であ
ると推定できる。

③ 喫煙歴のある患者に関する心筋梗塞患者の割合は 65/131 = 0.496 であり，
喫煙歴のない患者に関する心筋梗塞患者の割合は 21/213 = 0.0986 である。
これらはそれぞれ，喫煙歴がある場合とない場合のそれぞれに対して，心筋
梗塞の罹患率の妥当な推定値である。

④ 喫煙歴のある患者に関する心筋梗塞患者の割合は 65/131 = 0.496 であり，
喫煙歴のない患者に関する心筋梗塞患者の割合は 21/213 = 0.0986 であり，
この差はおよそ 0.40 である。このことから，喫煙歴があると，喫煙歴がな
い場合に比べて，心筋梗塞の罹患率が 40％増えると推定できる。

⑤ この調査では，調査対象の4分の1は心筋梗塞患者となる。これは，実際の
心筋梗塞の罹患率とはかけ離れた値であるから，この調査から読み取れるも
のはない。

統計検定 準1級

問6 ある時点で生成したコンクリートの圧縮強度 (y) を調べるため，セメント量 (x_1)，高炉スラグ量 (x_2)，飛散灰量 (x_3)，水分量 (x_4)，高性能 AE 減水剤量 (x_5)，粗骨材量 (x_6)，細骨材量 (x_7)，およびこれらを観測した時点 (x_8) を記録した標本サイズ 50 のデータが観測されている。説明変数 $x_1, \ldots, x_8$ について相関係数行列に基づく主成分分析を行ったところ，第1主成分 (PC1) から第8主成分 (PC8) までの固有値，寄与率，長さ1の固有ベクトルは以下の通りであった。

主成分		PC1	PC2	PC3	PC4	PC5	PC6	PC7	PC8
固有値		2.334	1.540	1.372	1.012	0.936	0.659	0.113	0.035
寄与率		0.292	0.193	0.172	0.127	0.117	0.082	0.014	0.004
固有ベクトル	x_1	0.288	−0.349	0.454	−0.553	0.034	−0.158	0.057	−0.504
	x_2	−0.416	0.319	0.374	0.212	0.191	0.485	0.224	−0.468
	x_3	0.250	0.578	−0.353	0.023	0.095	−0.469	0.277	−0.415
	x_4	−0.593	−0.014	−0.018	−0.006	−0.041	−0.448	−0.610	−0.272
	x_5	0.461	0.474	0.206	−0.049	0.014	0.266	−0.668	0.016
	x_6	−0.021	−0.202	−0.693	−0.299	0.192	0.471	−0.167	−0.321
	x_7	0.301	−0.344	−0.058	0.662	−0.401	0.041	−0.105	−0.420
	x_8	−0.161	0.242	−0.060	−0.345	−0.868	0.160	0.111	−0.032

資料: UCI Machine Learning Repository,
Concrete Compressive Strength Data Set

〔1〕第何主成分まででではじめて累積寄与率が 80 ％以上になるか。次の ① ～ ⑤ のうちから最も適切なものを選べ。 9

① 第3主成分　② 第4主成分　③ 第5主成分　④ 第6主成分　⑤ 第7主成分

〔2〕横軸を第 1 主成分 (PC1)，縦軸を第 2 主成分 (PC2) とした場合の $x_1, \ldots, x_4$ の固有ベクトルのプロットはどれか。次の ① ～ ⑤ のうちから最も適切なものを一つ選べ。 $\boxed{10}$

①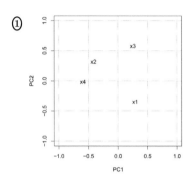

②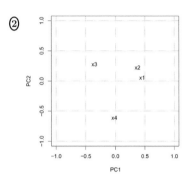

③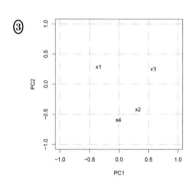

④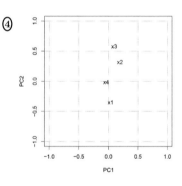

⑤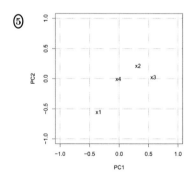

〔3〕次に，主成分スコア $z_1, \ldots, z_8$ を説明変数とした線形回帰モデルを考える。説明変数として $\{z_1\}, \{z_1, z_2\}, \ldots, \{z_1, z_2, \ldots, z_8\}$ を用いた階層型モデルを順にモデル 1, モデル 2, ..., モデル 8 とする。このとき，各モデルの AIC を計算したところ，図 1 の結果が得られた。

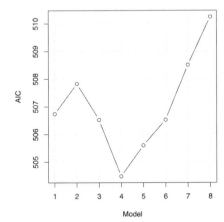

図 1：各モデルの AIC の値

ここで，縦軸は AIC の値，横軸は AIC を計算するために用いたモデルを示している。図 1 から，予測の観点から最適なモデルは何か。次の ①〜⑤ のうちから最も適切なものを一つ選べ。 11

① モデル 2　　② モデル 4　　③ モデル 6
④ モデル 7　　⑤ モデル 8

〔4〕次の ①〜⑤ の文章のうちから最も適切なものを一つ選べ。 12

① 主成分分析を行う際には，前処理としてデータを標準化することが不可欠である。
② 相関行列に対する主成分分析では，各主成分の主成分負荷量（因子負荷量）はその主成分ともとの変量との相関係数と一致する。
③ AIC を用いて比較できるのはモデルのパラメータ集合間に包含関係がある場合のみである。
④ AIC の特徴として，一般にモデル同定の一致性をもつことがあげられる。
⑤ AIC によるモデル選択は，交差検証法に比べて一般に計算量が大きくなるという欠点がある。

問 7 平均 μ が未知,分散 σ^2 が既知の正規分布に従うサイズ 1 の標本 $X \sim N(\mu, \sigma^2)$ が観測されたとする。このとき,μ に対する事前分布として正規分布 $N(\mu_0, \sigma_0^2)$ を仮定すると,事後分布も正規分布となるが,これを $N(\tilde{\mu}, \tilde{\sigma}^2)$ と表すことにする。例えば,$\mu_0 = 0, \sigma_0 = 1, \sigma = 2$ のときに観測値 $X = 2$ が得られた場合の事前分布と事後分布の密度関数のグラフは,それぞれ図 1 の破線と実線のようになる。

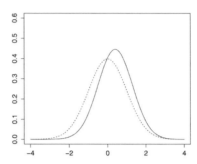

図 1:事前分布 (破線) と事後分布 (実線) の密度関数

〔1〕事後平均と事後分散の組合せ $(\tilde{\mu}, \tilde{\sigma}^2)$ として,次の ① ～ ⑤ のうちから適切なものを一つ選べ。 **13**

① $\tilde{\mu} = \dfrac{\sigma^2 X + \sigma_0^2 \mu_0}{\sigma^2 + \sigma_0^2}, \quad \tilde{\sigma}^2 = \sigma \sigma_0$

② $\tilde{\mu} = \dfrac{\sigma^2 X + \sigma_0^2 \mu_0}{\sigma^2 + \sigma_0^2}, \quad \tilde{\sigma}^2 = \dfrac{\sigma^2 + \sigma_0^2}{2}$

③ $\tilde{\mu} = \dfrac{\sigma^2 X + \sigma_0^2 \mu_0}{\sigma^2 + \sigma_0^2}, \quad \tilde{\sigma}^2 = \left(\dfrac{1}{\sigma^2} + \dfrac{1}{\sigma_0^2}\right)^{-1}$

④ $\tilde{\mu} = \dfrac{\sigma_0^2 X + \sigma^2 \mu_0}{\sigma^2 + \sigma_0^2}, \quad \tilde{\sigma}^2 = \dfrac{\sigma^2 + \sigma_0^2}{2}$

⑤ $\tilde{\mu} = \dfrac{\sigma_0^2 X + \sigma^2 \mu_0}{\sigma^2 + \sigma_0^2}, \quad \tilde{\sigma}^2 = \left(\dfrac{1}{\sigma^2} + \dfrac{1}{\sigma_0^2}\right)^{-1}$

〔2〕ある施設で養殖されている蟹の重さ(グラム)の測定データを正規分布で近似したうえで,平均の事後分布を求める。ただし,蟹の重さの平均の事前分布については,測定日の前日までのデータをもとにして得られた $N(13, 2.7^2)$ を用い,分散 σ^2 としては当日のデータの標本分散を用いることにする。当日の測定で次の 10 個体のデータが新たに得られたとする。

| 重さ (g) | 14.05 | 19.25 | 23.00 | 16.00 | 13.90 | 14.70 | 20.35 | 15.05 | 15.30 | 15.50 |

平均: 16.71, 標準偏差: 3.07

資料: CRAN Package 'isdals'

このとき，事前分布（破線）と事後分布（実線）の密度関数のグラフとして，次の ① ～ ⑤ のうちから最も適切なものを一つ選べ。 14

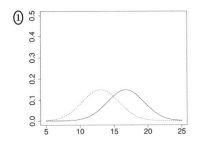
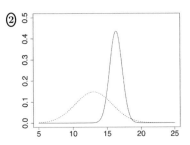
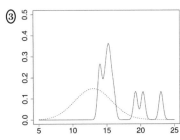
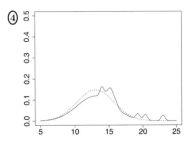
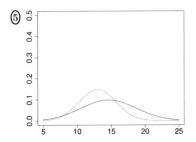

〔3〕上の正規分布の例のように，特定の確率分布のパラメータに対して，事前分布と事後分布が同じ分布族に属するような性質をもつ事前分布は共役事前分布とよばれる。これに関して述べた次の (A) ～ (C) の文章の正誤について，下の ① ～ ⑤ のうちから最も適切なものを一つ選べ。 15

(A) 共役事前分布を用いる利点の一つは，事後分布の計算がハイパーパラメータの更新として表現できる点である。

(B) 正規分布の平均が既知で分散が未知のとき，分散に対する共役事前分布としては例えばベータ分布を用いることができる。

(C) 共役事前分布を用いることができない場合には，一般にモンテカルロ法等の数値計算を用いて事後分布を近似計算する。

① (A)，(B)，(C) はすべて正しい。

② (A)，(B) のみが正しい。

③ (A)，(C) のみが正しい。

④ (B)，(C) のみが正しい。

⑤ (A)，(B)，(C) はすべて誤り。

問 8 中性子モニターは宇宙から地球の大気に当たる高エネルギー荷電粒子の数を測定するために設計された地上ベースの検出器である。図 1 は，2000 年 10 月から 2018 年 10 月までの，フィンランド Oulu 大学における中性子モニターによって計測された中性子のカウントデータ (月次) である。

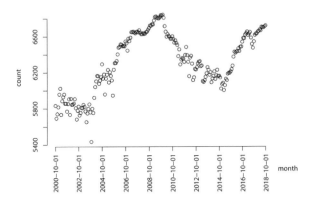

図 1：中性子のカウントデータ

資料: Cosmic Ray Station of the University of Oulu (http://cosmicrays.oulu.fi/#solar)

217 点の観測データを $y_i (i = 1, 2, \ldots, 217)$ とし，このデータに対して平滑化を行うことで，中性子数の変動に関する特徴を捉えたい。特に Fused Lasso は，次の式により (y_i) を平滑化した実数列 (β_i) を生成する手法である。

$$\hat{\boldsymbol{\beta}} = \mathop{\arg\min}_{\boldsymbol{\beta} \in \mathbb{R}^{217}} \frac{1}{2} \sum_{i=1}^{217} (y_i - \beta_i)^2 + \lambda \sum_{i=1}^{216} |\beta_{i+1} - \beta_i|$$

ここで λ は非負の平滑化パラメータであり，$\mathop{\arg\min}_{\boldsymbol{\beta} \in \mathbb{R}^{217}} f(\boldsymbol{\beta})$ は関数 $f(\boldsymbol{\beta})$ を $\boldsymbol{\beta} \in \mathbb{R}^{217}$ (217 次元ベクトルの集合) の範囲で最小化するような $\boldsymbol{\beta} = (\beta_1, \beta_2, \ldots, \beta_{217})$ の値を意味する。

〔1〕 $\lambda = 500$ とした Fused Lasso で平滑化を行った結果の図として，次の ① 〜 ④ から最も適切なものを一つ選べ。 16

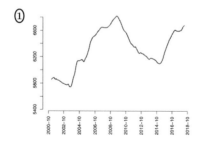
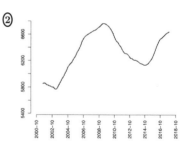
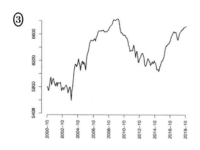
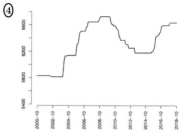

〔2〕次に，同じデータに対して別の平滑化手法を適用したところ次の図のようになった。

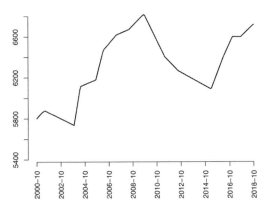

この結果に対応する平滑化手法として，次の ① 〜 ⑤ のうちから最も適切なものを一つ選べ。 17

① $\hat{\boldsymbol{\beta}} = \underset{\boldsymbol{\beta} \in \mathbb{R}^{217}}{\arg\min} \dfrac{1}{2} \sum_{i=1}^{217} |y_i - \beta_i| + 100 \sum_{i=1}^{217} \beta_i^2$

② $\hat{\boldsymbol{\beta}} = \underset{\boldsymbol{\beta} \in \mathbb{R}^{217}}{\arg\min} \dfrac{1}{2} \sum_{i=1}^{217} |y_i - \beta_i| + 500 \sum_{i=1}^{217} |\beta_i|$

③ $\hat{\boldsymbol{\beta}} = \underset{\boldsymbol{\beta} \in \mathbb{R}^{217}}{\arg\min} \dfrac{1}{2} \sum_{i=1}^{217} (y_i - \beta_i)^2 + 500 \sum_{i=1}^{217} |\beta_i|$

④ $\hat{\boldsymbol{\beta}} = \underset{\boldsymbol{\beta} \in \mathbb{R}^{217}}{\arg\min} \dfrac{1}{2} \sum_{i=1}^{217} (y_i - \beta_i)^2 + 500 \sum_{i=1}^{215} |\beta_{i+2} - 2\beta_{i+1} + \beta_i|$

⑤ $\hat{\boldsymbol{\beta}} = \underset{\boldsymbol{\beta} \in \mathbb{R}^{217}}{\arg\min} \dfrac{1}{2} \sum_{i=1}^{217} (y_i - \beta_i)^2 + 500 \sum_{i=1}^{214} |\beta_{i+3} - 3\beta_{i+2} + 3\beta_{i+1} - \beta_i|$

問 9 図 1 および図 2 は，ある一週間における米ドル／円とユーロ／円の為替レートの一例である。

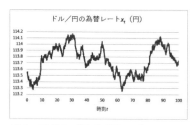

図 1：米ドル／円 為替レート　　図 2：ユーロ／円 為替レート

〔1〕一週間における取引市場の開始時刻を $t = 0$，終了時刻を $t = 100$ として，時刻 $t \in [0, 100]$ において 1 米ドル $= x_t$ 円が以下の式に従うとする：

$$x_t = x_0 + \sigma B_t$$

ただし，$x_0, \sigma > 0$ は定数で，$(B_t)_{0 \leq t \leq 100}$ は標準ブラウン運動とする。観測データ x_k $(k = 0, 1, \ldots, 100)$ を用いて x_t の増分の二乗の平均を計算したところ，

$$V = \frac{1}{100} \sum_{k=1}^{100} (x_k - x_{k-1})^2 = 0.001224$$

となった。このとき，観測データを用いて σ をモーメント法により推定したときの推定値 $\hat{\sigma}$ として，次の ① ～ ⑤ のうちから最も適切なものを一つ選べ。　18

① 0.019　② 0.035　③ 0.11　④ 0.19　⑤ 0.35

〔2〕〔1〕とは別の一週間の取引市場に対して得られた，より高頻度の観測データ $x_{k/10}$ $(k = 0, 1, \ldots, 1000)$ を用いて x_t の増分の二乗の平均を計算したところ，

$$V_1 = \frac{1}{1000} \sum_{k=1}^{1000} (x_{\frac{k}{10}} - x_{\frac{k-1}{10}})^2 = 0.000595$$

となった。〔1〕と同じ確率過程モデルを仮定したとき，この観測データを用いて σ をモーメント法により推定したときの推定値 $\hat{\sigma}$ として，次の ① ～ ⑤ のうちから最も適切なものを一つ選べ。　19

① 0.0077　② 0.024　③ 0.077　④ 0.24　⑤ 0.77

〔3〕次に，1 米ドル $= x_t$ 円，1 ユーロ $= y_t$ 円としたとき，x_t と y_t が以下の式に従うとする：

$$x_t = x_0 + \sigma_1\sqrt{\rho}B_t^{(1)} + \sigma_1\sqrt{1-\rho}B_t^{(2)}$$
$$y_t = y_0 + \sigma_2\sqrt{\rho}B_t^{(1)} + \sigma_2\sqrt{1-\rho}B_t^{(3)}$$

ただし，$x_0, y_0, \sigma_1 > 0, \sigma_2 > 0, \rho \in (0,1)$ は定数で，$(B_t^{(1)}, B_t^{(2)}, B_t^{(3)})_{0\le t\le 100}$ は 3 個の独立な標準ブラウン運動とする。観測データ $\{x_{k/10}, y_{k/10}\}$ $(k = 0, 1, \ldots, 1000)$ を用いて，x_t, y_t の増分の二乗の平均と積和の平均を計算したところ，

$$V_1 = \frac{1}{1000}\sum_{k=1}^{1000}(x_{\frac{k}{10}} - x_{\frac{k-1}{10}})^2 = 0.000595$$

$$V_2 = \frac{1}{1000}\sum_{k=1}^{1000}(y_{\frac{k}{10}} - y_{\frac{k-1}{10}})^2 = 0.001008$$

$$V_{1,2} = \frac{1}{1000}\sum_{k=1}^{1000}(x_{\frac{k}{10}} - x_{\frac{k-1}{10}})(y_{\frac{k}{10}} - y_{\frac{k-1}{10}}) = 0.000292$$

と計算された。このとき，観測データを用いて ρ をモーメント法により推定したときの推定値 $\hat{\rho}$ として，次の ① 〜 ⑤ のうちから最も適切なものを一つ選べ。

20

① 0.12　　② 0.25　　③ 0.38　　④ 0.51　　⑤ 0.64

問 10 1986 年に起きたスペースシャトル「チャレンジャー号」の爆発事故は，右側固体燃料補助ロケットの密閉用 O リングの破損が原因であったと考えられる。S. R. Dalal, E. B. Fowlkes and B. Hoadley (1989) では，チャレンジャー号爆発事故より以前の 23 回のスペースシャトルの打ち上げにおける，外気温と O リングの破損の有無のデータを分析している。このデータについて，統計ソフトウェアを利用してロジスティック回帰モデルを推定したところ，以下のような出力結果が得られた。ただし，「外気温（華氏）」と「破損の有無（1 が破損あり，0 が破損なし）」に対応する変数名をそれぞれ Temperature, TD としている。また，出力結果の (Intercept) は回帰モデルの定数項を意味している。

```
┌─ 出力結果 ─────────────────────────────────────
│
│ Deviance Residuals:
│     Min      1Q   Median       3Q      Max
│ -1.0611  -0.7613  -0.3783   0.4524   2.2175
│
│ Coefficients:
│             Estimate Std. Error z value Pr(>|z|)
│ (Intercept)  15.0429     7.3786   2.039   0.0415
│ Temperature  -0.2322     0.1082  -2.145   0.0320
│
└─────────────────────────────────────────────────
```

$i = 1, \ldots, 23$ について，x_i は i 番目の打ち上げ時の外気温（華氏），y_i は i 番目の打ち上げでの O リングの破損の有無とする。次の文章は，このデータに対するロジスティック回帰モデルの説明文である。

> y_i は互いに独立な確率変数 Y_i の実現値であり，Y_i は（ア）に従う。
> π_i $(0 < \pi_i < 1)$ について構造式（イ）を仮定する。

出典：S. R. Dalal, E. B. Fowlkes and B. Hoadley (1989). Risk analysis of the space shuttle: Pre-Challenger prediction of failure. (*Journal of the American Statistical Association*, **84**, 945–957)

〔1〕（ア）に当てはまる分布はどれか。次の ① ～ ④ のうちから適切なものを一つ選べ。　**21**

① ベルヌーイ分布 $Bin(1, \pi_i)$ 　　② 二項分布 $Bin(23, \pi_i)$

③ ポアソン分布 $Po(\pi_i)$ 　　④ 正規分布 $N(\pi_i, 1)$

〔2〕（イ）に当てはまる式はどれか。次の ① ～ ④ のうちから適切なものを一つ選べ。　**22**

① $\log \dfrac{\pi_i}{1 - \pi_i} = \alpha + \beta x_i$ 　　② $\dfrac{\exp(\pi_i)}{1 + \exp(\pi_i)} = \alpha + \beta x_i$

③ $\log \pi_i = \alpha + \beta x_i$ 　　④ $\pi_i = \alpha + \beta x_i$

統計検定　準1級

〔3〕ロジスティック回帰モデルの推定の出力結果によると，O リングの破損確率が 0.5 となるのは，外気温が何度のときか。次の ① ～ ⑤ のうちから最も適切なものを一つ選べ。 **23**

① 14.9 °F　② 24.3 °F　③ 54.9 °F　④ 64.8 °F　⑤ 71.7 °F

〔4〕チャレンジャー号の事故当日は，異常寒波の影響で外気温は 31°F であった。ロジスティック回帰モデルが正しいと仮定したときの，事故当日の O リングの破損確率の推定値として，次の ① ～ ⑤ のうちから最も適切なものを一つ選べ。必要に応じて付表 5 を用いよ。 **24**

① 0.0028　② 0.1589　③ 0.5820　④ 0.8979　⑤ 0.9996

問 11 企業の信用状態に対する評価（格付）が，ある格付会社によって A（優良），B（投資適格），C（投資不適格・債務不履行）の三つに分類されている．格付は一年毎に更新され，各企業の格付の推移がマルコフ連鎖で表される．各企業の格付推移はそれぞれ独立であるとする．状態 (A,B,C) を (1,2,3) に対応させ，$1 \leq i, j \leq 3$ に対して，一年後に状態 i から状態 j へ推移する確率を p_{ij} と書く．推移確率行列 $M = (p_{ij})_{1 \leq i,j \leq 3}$ が定数 $\theta, \phi \in [0,1], \phi + \theta \leq 1$ を用いて以下のように表される：

$$M = \begin{pmatrix} 1-\theta & \theta & 0 \\ \theta & 1-\theta-\phi & \phi \\ 0 & \phi & 1-\phi \end{pmatrix}$$

〔1〕ある年に格付 A の企業が 100 社，格付 B の企業が 20 社，格付 C の企業が 0 社あったとして，次の年において，A → B に推移した企業の数が 5 社，B → A に推移した企業の数が 1 社で他の企業に格付の変化はなかったとする．$\phi = 0.01$ であるとき，θ の最尤推定値はいくらか．小数点第 3 位を四捨五入して答えよ．

記述 7

〔2〕n を正の整数とする．M の固有値を λ_j $(j = 1,2,3)$ とし，直交行列 $U = (u_{ij})_{1 \leq i,j \leq 3}$ を

$$U^\top M U = \begin{pmatrix} \lambda_1 & 0 & 0 \\ 0 & \lambda_2 & 0 \\ 0 & 0 & \lambda_3 \end{pmatrix}$$

をみたすようにとる．ただし，$U^\top$ は行列 U の転置を表す．このとき，t 年において格付 A の企業が $t+n$ 年において格付 C である確率を n, λ_j $(j = 1,2,3), u_{ij}$ $(1 \leq i, j \leq 3)$ の式で表せ．記述 8

問 12 時系列モデルに関する以下の問いに答えよ。ただし、$\varepsilon_t\ (t=\ldots,-1,0,1,\ldots)$ は互いに独立に $N(0,\sigma^2)$ に従う確率変数列とする。

〔1〕自己回帰モデル AR(p) とは以下の式で表される時系列モデルである。

$$X_t = c + \sum_{i=1}^{p} a_i X_{t-i} + \varepsilon_t \quad (t=\ldots,-1,0,1,\ldots)$$

ただし、c と各 a_i は実数である。AR(p) モデルが定常であることの必要十分条件は方程式

$$1 - a_1 z - \cdots - a_p z^p = 0$$

のすべての解の絶対値が 1 より大きくなることである。AR(2) モデルが $a_1 = a_2 = a\ (0 < a)$ のとき、定常であるための a に関する必要十分条件を求めよ。 記述 9

〔2〕移動平均モデル MA(q) とは以下の式で表される時系列モデルである。

$$X_t = c + \varepsilon_t + \sum_{i=1}^{q} b_i \varepsilon_{t-i} \quad (t=\ldots,-1,0,1,\ldots)$$

ただし c と各 b_i は実数であるとする。

すべての b_i の値を 0.5 に設定した MA(q) モデルにより生成された時系列データ $x_t\ (t=1,\ldots,3000)$ のコレログラムを作成したところ、図 1 のようになった。(図中の破線は時系列が無相関であるという帰無仮説の下での有意水準 5 %の棄却限界値を表す。) モデルの次数 q の値はいくつと推測できるか。また、そのように考えられる理由を数式を用いて説明せよ。 記述 10

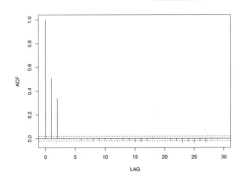

図 1：MA(q) のコレログラム

統計検定準1級　2019年6月　正解一覧

選択問題及び部分記述問題の正解一覧です。次ページ以降に解説を掲載しています。問題の趣旨やその考え方を理解するために活用してください。

論述問題の問題文，解答例は191ページに掲載しています。

問			解答番号	正解
問1	〔1〕		記述1	5
			記述2	5
	〔2〕		記述3	2.4
			記述4	二項(分布)
問2	〔1〕		記述5	5.5
	〔2〕		記述6	$\frac{7}{6}$
問3	〔1〕	(1)	1	①
		(2)	2	④
	〔2〕	(1)	3	③
		(2)	4	⑤
問4	〔1〕		5	④
	〔2〕		6	③
	〔3〕		7	②
問5			8	①
問6	〔1〕		9	③
	〔2〕		10	①
	〔3〕		11	②
	〔4〕		12	②

問		解答番号	正解
問7	〔1〕	13	⑤
	〔2〕	14	②
	〔3〕	15	③
問8	〔1〕	16	④
	〔2〕	17	④
問9	〔1〕	18	②
	〔2〕	19	③
	〔3〕	20	③
問10	〔1〕	21	①
	〔2〕	22	①
	〔3〕	23	④
	〔4〕	24	⑤
問11	〔1〕	記述7	※
	〔2〕	記述8	
問12	〔1〕	記述9	
	〔2〕	記述10	

※は次ページ以降を参照。

統計検定　準1級

選択問題及び部分記述問題　解説

問1

〔1〕 記述1 ·· 正解 5

記述2 ·· 正解 5

　まず，平均は $E[X + Y] = E[X] + E[Y] = 3 + 2 = 5$ である。次に，$X \sim Po(3)$，$Y \sim Po(2)$ である。ポアソン分布の平均と分散は等しいので，$\mathrm{Var}[X] = 3$，$\mathrm{Var}[Y] = 2$ である。したがって，X と Y の独立性から，$\mathrm{Var}[X + Y] = \mathrm{Var}[X] + \mathrm{Var}[Y] = 5$ となる。

〔2〕 記述3 ·· 正解 2.4

記述4 ·· 正解 二項（分布）

　$X \sim Po(\lambda_1)$，$Y \sim Po(\lambda_2)$ で互いに独立のとき，ポアソン分布の再生性より $X + Y \sim Po(\lambda_1 + \lambda_2)$ である。よって，

$$
P(X = x, Y = y \mid X + Y = x + y) = \frac{e^{-\lambda_1} \dfrac{\lambda_1^x}{x!} e^{-\lambda_2} \dfrac{\lambda_2^y}{y!}}{e^{-(\lambda_1 + \lambda_2)} \dfrac{(\lambda_1 + \lambda_2)^{x+y}}{(x+y)!}}
$$

$$
= \binom{x + y}{x} \left(\frac{\lambda_1}{\lambda_1 + \lambda_2} \right)^x \left(\frac{\lambda_2}{\lambda_1 + \lambda_2} \right)^y
$$

となり，これは $x + y = k$ が与えられたときに，X が二項分布 $B\left(k, \dfrac{\lambda_1}{\lambda_1 + \lambda_2} \right)$ に従うことを意味している。したがって，本問の設定の $k = 4$，$\lambda_1 = 3$，$\lambda_2 = 2$ のときは，X は $B(4, 0.6)$ に従う。これより，平均が 2.4 の二項分布が正解である。

問2

〔1〕 記述5 ·· 正解 5.5

　カードの種類を n としたとき，k 種類揃っている状態で $k + 1$ 種類目のカードが出る確率は $p_k = (n - k)/n$ であり，そのカードが出るまでに必要な購入回数は平均 $1/p_k$ の幾何分布に従う。よって，全 n 種類カードが出るまでの購入回数の期待値は $\displaystyle\sum_{k=0}^{n-1} \frac{1}{p_k} = \sum_{k=0}^{n-1} \frac{n}{n - k}$ となる。特に $n = 3$ のときは，

177

$$\sum_{k=0}^{2} \frac{3}{3-k} = \frac{3}{3} + \frac{3}{2} + \frac{3}{1} = 5.5$$

となる。

〔2〕 記述 6 ・・・ 正解 $\dfrac{7}{6}$

x は〔1〕で求めた期待値 5.5 に残り 1 枚のカードが出るまでの購入回数の期待値 4 を足した 9.5 である。一方，$y = \displaystyle\sum_{k=0}^{3} \frac{4}{4-k} = \frac{25}{3}$ であるから，$x-y = 9.5 - \dfrac{25}{3} = \dfrac{7}{6}$ となる。

問3

〔1〕(1) 1 ・・・ 正解 ①

症例数 475 で，帰無仮説 $H_0 : p = 0.05$ の片側検定をするとき，帰無仮説の下で $\hat{p}$ は近似的に正規分布 $N(0.05, \frac{0.05 \times 0.95}{475})$ に従う。これより，

$(\hat{p} - 0.05)/\sqrt{\dfrac{0.05 \times 0.95}{475}}$ は近似的に標準正規分布に従い，$\hat{p}$ が 0.0733 以上になる確率は

$$P(\hat{p} \geq 0.0733) = P\left(\frac{\hat{p} - 0.05}{\sqrt{\dfrac{0.05 \times 0.95}{475}}} \geq \frac{0.0733 - 0.05}{\sqrt{\dfrac{0.05 \times 0.95}{475}}} \right)$$

$$= P\left(\frac{\hat{p} - 0.05}{\sqrt{\dfrac{0.05 \times 0.95}{475}}} \geq 2.33 \right)$$

$$= 0.01$$

となる。

よって，正解は ① である。

〔1〕(2) 2 ・・・ 正解 ④

症例数 n で，帰無仮説 $H_0 : p = 0.05$，対立仮説 $H_1 : p = 0.1$ の片側検定をするとき，それぞれの仮説の下での $\hat{p}$ は近似的に正規分布 $N(0.05, 0.05 \times 0.95/n)$ および $N(0.1, 0.1 \times 0.9/n)$ に従う。この近似の下で，検出力が 90 % であることから棄却臨界点は $0.1 - Z_{0.9}\sqrt{0.1 \times 0.9/n}$ であり，有意水準が 2.5 % であることから

178

統計検定　準1級

棄却臨界点は $0.05 + Z_{0.975}\sqrt{0.05 \times 0.95/n}$ でもある。ただし，$Z_{0.975}$, $Z_{0.9}$ はそれぞれ下側確率 0.975，0.9 に対する標準正規分布のパーセント点を表す。よって

$$0.1 - Z_{0.9}\sqrt{0.1 \times 0.9/n} \approx 0.05 + Z_{0.975}\sqrt{0.05 \times 0.95/n}$$

が成り立たねばならないことから，

$$n \approx \frac{(1.96\sqrt{0.05 \times 0.95} + 1.28\sqrt{0.1 \times 0.9})^2}{0.05^2} \approx 263.2$$

となる。

　よって，正解は④である。

〔2〕(1)　| **3** |　⋯⋯⋯⋯⋯⋯⋯⋯⋯⋯⋯⋯⋯⋯⋯⋯⋯⋯⋯⋯　正解 ③

　発現割合が 0.05 の事象について，独立に 8 症例を調べたとき，少なくとも 1 例の有害事象が観察される確率は

$$P(少なくとも 1 例が観測される) = 1 - P(1 例も観測されない)$$
$$= 1 - (1 - 0.05)^8 \approx 0.34$$

となる。

　よって，正解は③である。

〔2〕(2)　| **4** |　⋯⋯⋯⋯⋯⋯⋯⋯⋯⋯⋯⋯⋯⋯⋯⋯⋯⋯⋯⋯　正解 ⑤

　発現割合が 0.1 ％のときに 95 ％の確率で少なくとも 1 例観察されるということは，1 例も観察されない確率が 5 ％ということを意味するので，症例数を n 例として以下の等式が成り立つ。

$$(1 - 0.001)^n = 1 - 0.95$$

両辺の対数をとって付表を用いると，

$$n \log(1 - 0.001) = \log 0.05 = \log 5 - 2\log 10 = 2.3026 \times (0.699 - 2) \approx -3.0$$

一方，$\log(1 - 0.001) \approx -0.001$ を用いると，

$$n \approx -3.0/(-0.001) = 3000$$

となる。

　よって，正解は⑤である。

179

問4

〔1〕　**5** .... 正解 ④

(総人数) × (CM の影響ありの割合) × (購入ありの割合) を求めればよいから,

$$300 \times (135/300) \times (190/300) = 135 \times 190/300 = 85.5$$

となる。

よって,正解は④である。

〔2〕　**6** .... 正解 ③

ピアソンの χ^2 統計量は各セルに対する (観測値 − 期待値)^2/期待値 の値の和であるから,

$$\chi^2 = \frac{(93 - 135 \times 190/300)^2}{135 \times 190/300} + \frac{(42 - 135 \times 110/300)^2}{135 \times 110/300}$$
$$+ \frac{(97 - 165 \times 190/300)^2}{165 \times 190/300} + \frac{(68 - 165 \times 110/300)^2}{165 \times 110/300} = 3.262 \cdots$$

なお,2×2 のクロス表の χ^2 統計量の計算は,分数の分子が同じ値になることを利用すると計算が楽になる (分子が等しくなる理由は,上の例で,例えば $(93 - 135 \times 190/300) + (42 - 135 \times 110/300) = 135 - 135 = 0$ となることから,$93 - 135 \times 190/300 = -(42 - 135 \times 110/300)$ となり,この関係は一般の場合に成立することから確認できる)。

よって,正解は③である。

〔3〕　**7** .... 正解 ②

クロス表の χ^2 統計量の自由度は (行数 − 1) × (列数 − 1) であるから,本問の場合は自由度 1 のカイ二乗分布の上側確率を確認すればよい。付表から 3.26 に対する上側確率は 0.05 より大きく,0.10 未満である。

よって,正解は②である。

統計検定　準1級

問5

8 .... 正解 ①

① : 正しい。喫煙の有無を $X(=0,1)$，心筋梗塞疾患の有無を $Y(=0,1)$ とした
とき，本当に知りたいのは $P(Y \mid X)$ であるが，推定できるのは $P(X \mid Y)$
の値のみである。しかし，オッズ比を

$$\frac{P(X=1 \mid Y=1)P(X=0 \mid Y=0)}{P(X=1 \mid Y=0)P(X=0 \mid Y=1)}$$

$$=\frac{P(Y=1, X=1)P(Y=0, X=0)}{P(Y=1, X=0)P(Y=0, X=1)}$$

$$=\frac{P(Y=1 \mid X=1)P(Y=0 \mid X=0)}{P(Y=1 \mid X=0)P(Y=0 \mid X=1)}$$

と変形し，$P(Y=1 \mid X=1), P(Y=1 \mid X=0)$ がいずれも小さい値であ
れば，$P(Y=0 \mid X=0)/P(Y=0 \mid X=1) \approx 1$ と近似して

$$\frac{P(Y=1 \mid X=1)P(Y=0 \mid X=0)}{P(Y=1 \mid X=0)P(Y=0 \mid X=1)} \approx \frac{P(Y=1 \mid X=1)}{P(Y=1 \mid X=0)}$$

となる。つまりオッズ比は，罹患率比（相対リスク）の推定値として使える。

② : 誤り。前半は正しいが，後半部分は ① の内容が正しい。

③ : 誤り。心筋梗塞患者とコントロール群の比の 1 : 3 は，研究デザインで定めた
ものであるので，意味がない。したがって，各行についても，心筋梗塞患者と
コントロール群の比に意味はない。

④ : 誤り。③ と同じ理由で誤りである。ケースコントロール研究では，曝露要因ご
との罹患率や，その差を推定することはできない。

⑤ : 誤り。母集団（たとえば，国民全体）からの無作為標本でなくても，①のよう
に考えることで，意味のある解釈を導くことができる。

以上から，正解は①である。

問6

〔1〕 9 .... 正解 ③

PC1 から PC4 の寄与率の和が 0.784，PC1 から PC5 の寄与率の和が 0.901 で
あることから，第 5 主成分までで累積寄与率が 80 ％を超える。

よって，正解は③である。

181

〔2〕 **10** .... 正解 ①

表の固有ベクトル $x_1, \ldots, x_4$ の PC1，PC2 成分を座標とする 4 点となっているのは ① の図である。

よって，正解は ① である。

〔3〕 **11** .... 正解 ②

AIC が最も小さい値をもつモデルを選べばよいので，モデル 4 が最適となる。

よって，正解は ② である。

〔4〕 **12** .... 正解 ②

① : 誤り。主成分分析は前処理として相関行列を計算する場合もあるが，これは必須ではなく，目的によって共分散行列を使うか相関行列を使うかを判断する。

② : 正しい。相関行列に対する主成分分析の場合，主成分負荷量（因子負荷量）は，その主成分ともとの変量との相関係数になるのでこれは正しい。

③ : 誤り。2 つの統計モデルを比較する際には，片方のモデルが他方のモデルに含まれるいわゆる「入れ子構造」になっていなくても AIC を用いることができる。実際にこの場合においてもサンプルサイズが十分に大きいと仮定した漸近理論を用いて，AIC を用いたモデルの選択および，そのモデルの下でのパラメータの推定の妥当性を証明できる。

　　AIC や BIC などの情報量規準については，たとえば，小西貞則・北川源四郎著『情報量規準』（朝倉書店）を参照するとよい。

④ : 誤り。AIC はモデル同定の一致性（サンプルサイズが大きくなるにつれて正しいモデルを選択する確率が 1 に収束する性質）をもたない。モデル同定の一致性を持つ選択規準は，たとえば BIC などがある。

⑤ : 誤り。交差検証法（クロスバリデーション）とは，一部のデータ集合を用いて訓練した結果が，残りのデータ（バリデーション集合）に対しても当てはまりがよいかを確認することにより，データ解析手法の妥当性を評価する方法である。訓練用データ集合とバリデーション集合の分割の仕方を変えて繰り返し計算し，その平均的な精度を用いて評価するため，一般に計算量が大きくなるという欠点がある。

以上から，正解は ② である。

統計検定　準1級

問7

〔1〕　**13**　　　　　　　　　　　　　　　　　　　　　　　　正解▶⑤

　正規分布の密度関数は期待値のところで最大となり，その値は $(\sqrt{2\pi}\sigma)^{-1}$ である。したがって，密度関数のグラフの比較より，事前分布に比べて事後分布は分散が小さいことがわかる（③ または ⑤）。また，事後平均についてもグラフを比較すると，観測値 2 より事前平均 0 に近い。したがって，残された選択肢の中では，観測値 x と事前平均 μ_0 を $\sigma^2 : \sigma_0^2 = 4 : 1$ に内分する点となっている $\dfrac{\sigma_0^2 x + \sigma^2 \mu_0}{\sigma_0^2 + \sigma^2}$ と適合する。

　よって，正解は⑤である。

　なお，厳密な計算でも以下のように確認できる。まず $f(x;\mu,\sigma)$, $\pi(\mu;\mu_0,\sigma_0)$ をそれぞれ X の従う分布の密度関数および事前分布の密度関数とする。このとき，事後分布の密度関数は

$$
\begin{aligned}
f_\pi(\mu|x) &= \frac{f(x;\sigma,\sigma)\pi(\mu;\mu_0,\sigma_0)}{\int f(x;\sigma,\sigma)\pi(\mu;\mu_0,\sigma_0)d\mu} \\
&= \frac{(2\pi\sigma^2)^{-1/2}\exp\{-(x-\mu)^2/2\sigma^2\}(2\pi\sigma_0^2)^{-1/2}\exp\{-(\mu-\mu_0)^2/2\sigma_0^2\}}{\int (2\pi\sigma^2)^{-1/2}\exp\{-(x-\mu)^2/2\sigma^2\}(2\pi\sigma_0^2)^{-1/2}\exp\{-(\mu-\mu_0)^2/2\sigma_0^2\}d\mu} \\
&= \frac{\exp\{-(x-\mu)^2/2\sigma^2\}\exp\{-(\mu-\mu_0)^2/2\sigma_0^2\}}{\int \exp\{-(x-\mu)^2/2\sigma^2\}\exp\{-(\mu-\mu_0)^2/2\sigma_0^2\}d\mu} \qquad (1) \\
&= C\exp\left\{-\left(\frac{1}{2\sigma^2}+\frac{1}{2\sigma_0^2}\right)\left(\mu-\frac{\sigma_0^2 x + \sigma^2 \mu_0}{\sigma_0^2 + \sigma^2}\right)^2\right\}
\end{aligned}
$$

ここで，$C = \left\{2\pi\left(\dfrac{1}{2\sigma^2}+\dfrac{1}{2\sigma_0^2}\right)\right\}^{-1/2}$ であり，これは式 (1) 右辺の分子の平方完成および分母のガウス積分を用いて求めることができる。よって事後分布は平均が $\dfrac{\sigma_0^2 x + \sigma^2 \mu_0}{\sigma_0^2 + \sigma^2}$，分散が $\left(\dfrac{1}{\sigma^2}+\dfrac{1}{\sigma_0^2}\right)^{-1}$ の正規分布となる。つまり，事後平均 $\tilde{\mu}$ は観測値 x と事前平均 μ_0 を $\sigma^2 : \sigma_0^2$ に内分する点であり，事後分散 $\tilde{\sigma}^2$ は $\left(\dfrac{1}{\sigma^2}+\dfrac{1}{\sigma_0^2}\right)^{-1}$ となり，σ^2, σ_0^2 のいずれよりも小さくなる。

〔2〕　**14**　　　　　　　　　　　　　　　　　　　　　　　　正解▶②

　事後分布が正規分布になることから ①, ②, ⑤ に絞られ，さらに事後分布の分散は事前分布の分散より小さくなることから ② とわかる。なお，標本サイズの増大とともにベイズ事後分散は小さくなり，事後平均が標本平均に近づく傾向がある。

183

よって，正解は②である。

これを数式で確認すると以下のようになる。正規分布に独立同一に従う標本 $X_1, \ldots, X_n \overset{\text{i.i.d.}}{\sim} N(\mu, \sigma^2)$ の同時確率密度関数は

$$f(x_1, \ldots, x_n; \mu, \sigma^2) = (2\pi\sigma^2)^{-n/2} \exp\left\{ -\sum_{i=1}^{n} \frac{(x_i - \mu)^2}{2\sigma^2} \right\}$$
$$= C' \exp\left\{ -\frac{(\bar{x} - \mu)^2}{2\sigma^2/n} \right\}$$

となる。ここで，$\bar{x}$ は $x_1, \ldots, x_n$ の平均であり，C' は μ によらない係数である。よって，事後密度関数は〔1〕において $f(x; \mu, \sigma)$ の代わりに $f(\bar{x}; \mu, \sigma/\sqrt{n})$ を用いたものであり，事後分布は $N\left(\dfrac{\sigma_0^2 \bar{x} + (\sigma^2/n)\mu_0}{\sigma_0^2 + (\sigma^2/n)}, \left(\dfrac{n}{\sigma^2} + \dfrac{1}{\sigma_0^2} \right)^{-1} \right)$ となる。これより，標本サイズ n の増大とともに事後分散は小さくなり，事後平均が標本平均 $\bar{x}$ に近づくことがわかる。

〔3〕 **15** ⋯⋯⋯⋯⋯⋯⋯⋯⋯⋯⋯⋯⋯⋯⋯⋯⋯⋯⋯⋯⋯⋯⋯⋯⋯⋯⋯⋯⋯⋯ **正解** ③

(A)：正しい。たとえば，上記の正規分布の例では，事前分布の μ_0，σ_0 がハイパーパラメータであり，データの観測によって $\mu_0 \mapsto \tilde{\mu}$，$\sigma_0 \mapsto \tilde{\sigma}$ と更新される。

(B)：正しくない。分散に関する共役事前分布としては逆ガンマ分布が知られている。

(C)：正しい。共役事前分布をもつような尤度関数の種類は限られており，それ以外の場合は通常は数値計算や近似計算を用いる必要がある。

以上から，正解は③である。

184

統計検定　準1級

問8

〔1〕　**16**　.. **正解** ④

　ℓ_1 ノルム $\|\boldsymbol{x}\|_1 := \sum_{i=1}^{d} |x_i|$ による罰則項を用いる ℓ_1 正則化では，ℓ_2 ノルム $\|\boldsymbol{x}\|_2 := \sum_{i=1}^{d} |x_i|^2$ による罰則項を用いる ℓ_2 正則化に比べて，ベクトル $\boldsymbol{x}$ の各成分 x_i が 0 の値を取りやすいように最適化される。通常の Lasso は，この性質を用いて疎性をもつパラメータの推定を実現する手法であった。

　本問では，同様の仕組みを用いてより一般化した Fused Lasso を，時系列データの平滑化に用いている。上記の ℓ_1 正則化の性質より，中性子のカウントデータの差分に対して ℓ_1 罰則項を用いて最適化すると，最適値の連続する月のカウント数の差 $\beta_{i+1} - \beta_i$ が 0 になりやすくなる。つまり，連続する月で同じ値を取りやすくなる。

　よって，正解は④である。

　なお，①，②，③ のグラフはそれぞれ，移動平均過程 $MA(10)$，$MA(20)$ およびカルマンフィルターによる平滑化である。

〔2〕　**17**　.. **正解** ④

　グラフを見ると，ほぼ区分線形関数になっているが，このようになるのは ④ の正則化項の形の場合である。なぜなら，

$$|\beta_{i+2} - 2\beta_{i+1} + \beta_i| = |(\beta_{i+2} - \beta_{i+1}) - (\beta_{i+1} - \beta_i)|$$

と考えることにより，差分の差分，つまり傾きの変化が 0 となりやすいように最適化されるからである。

　よって，正解は④である。

　なお，$|f(i+2) - 2f(i+1) + f(i)|$ の形が関数 f の 2 階微分の離散近似として用いられることを知っていると，正則化項の意味に気づきやすい。また，本文で問われていることとは直接関係はないが，選択肢①，②のように $\hat{\beta}$ の定義式の第 1 項の 2 乗和を絶対値の和に直すと，より外れ値の影響を受けづらい（ロバスト性をもつ）推定量となることが知られている。

185

問9

〔1〕 **18** .... 正解 ②

標準ブラウン運動（ウィーナー過程）B_t $(t \geq 0)$ は，各 t に対して B_t が確率変数となるような「確率過程」の最も標準的な例であり，以下の性質をもつ。

1. $B_0 = 0$

2. B_t $(t \geq 0)$ は確率 1 で連続なグラフをもつ

3. 独立増分をもつ。つまり $0 \leq s \leq t \leq s' \leq t'$ に対して，$B_t - B_s$ と $B_{t'} - B_{s'}$ が独立になる

4. $t > s$ に対して，$B_t - B_s$ が正規分布 $N(0, t-s)$ に従う

上記の性質 3, 4 により $\Delta x_k := x_k - x_{k-1} = \sigma(B_k - B_{k-1})$ は正規分布 $N(0, \sigma^2)$ に従い，互いに独立である。したがって，$n = 100$ とおくと

$$\frac{1}{n}\sum_{k=1}^{n}(\Delta x_k)^2 = \hat{\sigma}^2$$

よりモーメント法による推定値 $\hat{\sigma}$ は $\hat{\sigma}^2 = 0.001224$ をみたし，$\hat{\sigma} = 0.0350$ となる。

よって，正解は②である。

〔2〕 **19** .... 正解 ③

〔1〕と同様の理由から $\Delta x_k := x_{\frac{k}{10}} - x_{\frac{k-1}{10}}$ は正規分布 $N(0, \sigma^2/10)$ に従い，互いに独立である。したがって，$n = 1000$ とおくと

$$\frac{1}{n}\sum_{k=1}^{n}(\Delta x_k)^2 = \frac{\hat{\sigma}^2}{10}$$

よりモーメント法による推定値 $\hat{\sigma}$ は $\hat{\sigma}^2 = 10 \times 0.000595$ をみたす。よって $\hat{\sigma} = 0.0771$ となる。

よって，正解は③である。

〔3〕 **20** .... 正解 ③

$\Delta x_k := x_{\frac{k}{10}} - x_{\frac{k-1}{10}}$, $\Delta y_k := y_{\frac{k}{10}} - y_{\frac{k-1}{10}}$ とおくと，$(\Delta x_k, \Delta y_k)$ は 2 次元の独立同一の正規分布に従い，各々の分散は $\sigma_1^2/10$, $\sigma_2^2/10$, 共分散は $\sigma_1\sigma_2\rho/10$ である。したがって，$n = 1000$ とおくと，

$$\frac{1}{n}\sum_{k=1}^{n}(\Delta x_k)^2 = \frac{\hat{\sigma}_1^2}{10}, \quad \frac{1}{n}\sum_{k=1}^{n}(\Delta y_k)^2 = \frac{\hat{\sigma}_2^2}{10}, \quad \frac{1}{n}\sum_{k=1}^{n}\Delta x_k \Delta y_k = \frac{\hat{\sigma}_1\hat{\sigma}_2\hat{\rho}}{10}$$

統計検定　準 1 級

よりモーメント法による $\hat{\sigma}_1$, $\hat{\sigma}_2$, $\hat{\rho}$ の推定値は

$$\hat{\sigma}_1^2 = 10 \times 0.000595, \quad \hat{\sigma}_2^2 = 10 \times 0.001008, \quad \hat{\sigma}_1\hat{\sigma}_2\hat{\rho} = 10 \times 0.000292$$

をみたす。よって

$$\hat{\sigma}_1 = 0.0771, \quad \hat{\sigma}_2 = 0.1004, \quad \hat{\rho} = 0.377$$

となる。

よって，正解は ③ である。

問 10

〔1〕　**21**　$\cdots\cdots\cdots\cdots\cdots\cdots\cdots\cdots\cdots\cdots\cdots\cdots\cdots$　正解 ①

ロジスティック回帰では，ベルヌーイ分布 $Bin(1, \pi_i)$ のパラメータ π_i がリンク関数を介して回帰分析される。

よって，正解は ① である。

〔2〕　**22**　$\cdots\cdots\cdots\cdots\cdots\cdots\cdots\cdots\cdots\cdots\cdots\cdots\cdots$　正解 ①

① の左辺は π_i のロジット関数であり，ロジスティック回帰のリンク関数である。
③ の左辺は π_i の対数関数であり，ポアソン回帰等のリンク関数として用いられる。
④ の左辺は π_i の恒等関数であり，線形回帰等のリンク関数として用いられる。なお，② の左辺は π_i のロジスティック関数とよばれ，ロジット関数の逆関数であるが，一般化線形モデルのリンク関数として用いられることは少ない。

よって，正解は ① である。

〔3〕　**23**　$\cdots\cdots\cdots\cdots\cdots\cdots\cdots\cdots\cdots\cdots\cdots\cdots\cdots$　正解 ④

推定された回帰式は以下のようになる。

$$\log \frac{\hat{\pi}}{1 - \hat{\pi}} = \hat{\alpha} + \hat{\beta}x$$

これに $\hat{\pi} = 1/2$, $\hat{\alpha} = 15.0429$, $\hat{\beta} = -0.2322$ を代入すると，

$$x = -\frac{\hat{\alpha}}{\hat{\beta}} = -15.0429/(-0.2322) \approx 64.8$$

である。

よって，正解は ④ である。

187

〔4〕 **24** .... 正解 ⑤

$$\log \frac{\hat{\pi}}{1 - \hat{\pi}} = \hat{\alpha} + \hat{\beta}x = 15.0429 - 0.2322 \times 31 = 7.8447$$

付表5の注意書きより

$$\log_{10} \frac{\hat{\pi}}{1 - \hat{\pi}} = 2.3026^{-1} \log \frac{\hat{\pi}}{1 - \hat{\pi}} = 7.8447/2.3026 \approx 3.40$$

したがって，

$$\frac{\hat{\pi}}{1 - \hat{\pi}} \approx 10^{3.4} > 10^3 = 1000$$

である。これより，$\hat{\pi} > 1000/1001 \approx 0.999$ であり，選択肢の中では⑤が最も適切である。

よって，正解は⑤である。

なお，実際のデータは Temperature の最小値が $53°\text{F}$，最大値が $81°\text{F}$ で，事故当日の $31°\text{F}$ での確率の推定は「外挿」となるため注意が必要であるが，この問いでは「ロジスティック回帰モデルが正しいと仮定したとき」という条件をおくことによって計算を可能としている。

統計検定　準1級

問11

〔1〕 記述 **7** ··· **正解** 下記参照

推移確率行列 M から尤度関数は

$$L(\theta) = (1-\theta)^{100-5}\theta^5 \times \theta^1(1-\theta-\phi)^{19} = (1-\theta)^{95}\theta^6(0.99-\theta)^{19}$$

となる。最尤推定量は対数尤度関数 $\log L(\theta)$ の1階微分の根なので，これを $\hat{\theta}$ とすると，

$$-\frac{95}{1-\hat{\theta}} + \frac{6}{\hat{\theta}} - \frac{19}{0.99-\hat{\theta}} = 0$$

両辺に $\hat{\theta}(1-\hat{\theta})(0.99-\hat{\theta})$ を掛けて整理すると，

$$120\hat{\theta}^2 - 125\hat{\theta} + 5.94 = 0$$

よって，$\hat{\theta} = 0.0499$ と最尤推定値が求まり，四捨五入して $\hat{\theta} = 0.05$ となる。

〔2〕 記述 **8** ··· **正解** 下記参照

格付 A の企業が n 年後に各状態に推移する確率は M を用いて

$$(1,0,0)\,M^n = (1,0,0)\,U \begin{pmatrix} \lambda_1^n & 0 & 0 \\ 0 & \lambda_2^n & 0 \\ 0 & 0 & \lambda_3^n \end{pmatrix} U^\top$$

と表される。よって，格付 C になる確率は $(1,0,0)\,M^n$ の第3成分 $\sum_{j=1}^3 \lambda_j^n u_{1j}u_{3j}$ となる。

問12

〔1〕 記述 **9** ··· **正解** 下記参照

問題中の $\mathrm{AR}(p)$ が定常になる必要十分条件は $a < 0.5$ である。この理由を説明する。$\mathrm{AR}(p)$ の定常性の必要十分条件は

$$1 - a_1 z - a_2 z^2 - \cdots - a_p z^p = 0$$

という方程式の（複素）解の絶対値が1より大きくなることである。いまの場合は $1 - az - az^2 = 0$ の解であるが，この2次方程式の判別式は $a^2 + 4a$ であり，$a > 0$ の仮定より常に正である。2つの実解は $z = \dfrac{-1 \pm \sqrt{1+4/a}}{2}$ となり，このうち

189

絶対値が小さい解は $\dfrac{-1+\sqrt{1+4/a}}{2}$ である。この絶対値が 1 より大きくなるのは $a < 1/2$ のときである。

なお，AR モデルの定常性については，たとえば，北川源四郎著『時系列解析入門』（岩波書店）を参照のこと。

〔2〕 記述 10 ………………………………………………… 正解 下記参照

正解は $q = 2$。この理由は以下の通りである。MA(q) モデルでは $X_t = \varepsilon_t + b_1 \varepsilon_{t-1} + \cdots + b_q \varepsilon_{t-q}$ と $X_{t+k} = \varepsilon_{t+k} + b_1 \varepsilon_{t+k-1} + \cdots + b_q \varepsilon_{t+k-q}$ が独立であることから，ラグ $k(> q)$ の自己相関は 0 になり，標本自己相関は 0 の周辺値を取る。一方，ラグ k が q 以下のときは，X_t と X_{t+k} の共分散が正となるので，自己相関も正の値を取るため，$q = 2$ と推測できる。

なお，実際に $q = 2, k = 1, 2$ のときの共分散を計算すると，

$$
\begin{aligned}
\mathrm{Cov}(X_t, X_{t+1}) &= \mathrm{Cov}(\varepsilon_t + b_1 \varepsilon_{t-1} + b_2 \varepsilon_{t-2}, \varepsilon_{t+1} + b_1 \varepsilon_t + b_2 \varepsilon_{t-1}) \\
&= b_1 \mathrm{Var}(\varepsilon_t) + b_1 b_2 \mathrm{Var}(\varepsilon_{t-1}) = \frac{3}{4}\sigma^2, \\
\mathrm{Cov}(X_t, X_{t+2}) &= \mathrm{Cov}(\varepsilon_t + b_1 \varepsilon_{t-1} + b_2 \varepsilon_{t-2}, \varepsilon_{t+2} + b_1 \varepsilon_{t+1} + b_2 \varepsilon_t) \\
&= b_2 \mathrm{Var}(\varepsilon_t) = \frac{1}{2}\sigma^2
\end{aligned}
$$

また，

$$
\mathrm{Var}(X_t) = \mathrm{Var}(X_{t+1}) = \mathrm{Var}(X_{t+2}) = \sigma^2 + \left(\frac{1}{2}\right)^2 \sigma^2 + \left(\frac{1}{2}\right)^2 \sigma^2 = \frac{3}{2}\sigma^2
$$

より，ラグ $1, 2$ の自己相関はそれぞれ

$$
\mathrm{Cor}(X_t, X_{t+1}) = \frac{\dfrac{3}{4}\sigma^2}{\sqrt{\dfrac{3}{2}\sigma^2}\sqrt{\dfrac{3}{2}\sigma^2}} = \frac{1}{2},
$$

$$
\mathrm{Cor}(X_t, X_{t+2}) = \frac{\dfrac{1}{2}\sigma^2}{\sqrt{\dfrac{3}{2}\sigma^2}\sqrt{\dfrac{3}{2}\sigma^2}} = \frac{1}{3}
$$

となり，コレログラムの値とほぼ一致する。

統計検定　準1級

論述問題　（3問中1問選択）

問1

白葉枯病（しらはがれ病）は水稲の感染病のひとつで，菌に感染した水稲の葉は縁部分から内側に向かい徐々に枯れてしまう。表は，水稲4品種について，温室内のポットを実験単位とし，白葉枯病に感染した株の割合を観測したデータである。各水準の繰り返し数 n_i $(i = 1, 2, 3, 4)$ は一定ではない。

品種	n_i	割合（%）					平均
A_1	4	34	31	29	28		30.5
A_2	5	25	28	30	28	27	27.6
A_3	5	32	31	30	31	28	30.4
A_4	4	33	32	29	34		32.0
計	18						30.0

水準 A_i の第 j 番目の観測データを y_{ij} とする $(i = 1, \ldots, 4; \ j = 1, \ldots, n_i)$。$y_{ij}$ を確率変数 Y_{ij} の実現値とみなし，その期待値を $E[Y_{ij}] = \mu_i$ とする。さらに，以下の，一元配置分散分析モデルを仮定した。

$$Y_{ij} = \mu_i + \varepsilon_{ij} = \mu + \alpha_i + \varepsilon_{ij}, \quad i = 1, \ldots, 4, \ j = 1, \ldots, n_i$$

ただし ε_{ij} は互いに独立に正規分布 $N(0, \sigma^2)$ に従う確率変数であると仮定する。

〔1〕通常，一元配置分散分析では，母数 $\alpha_1, \ldots, \alpha_4$ について

$$\sum_{i=1}^{4} \alpha_i = 0 \quad \text{あるいは} \quad \sum_{i=1}^{4} n_i \alpha_i = 0$$

のような制約を仮定する。その理由を説明せよ。また，それぞれの制約の下で，母数 μ, α_i と母平均 μ_i の関係を説明せよ。

〔2〕表のデータに対して，次の帰無仮説および対立仮説

$$H_0 \ : \ \alpha_1 = \alpha_2 = \alpha_3 = \alpha_4 = 0$$
$$H_1 \ : \ \alpha_i \neq \alpha_j \ \text{となる} \ i, j \ \text{が存在する}$$

を考える。分散分析表の空欄を埋め，検定を行い，その結果の解釈を述べよ。また，母分散 σ^2 の不偏推定量の値を答えよ。

要因	平方和	自由度	分散	F 値
品種				
誤差		$(=\nu)$		
合計				

ただし，誤差の自由度（$=\nu$ とおいた）は次の設問で使う。

〔3〕4 つの品種のうち，A_1, A_2 と A_3, A_4 は，それぞれ異なる母本（品種の親）からの品種であり，白葉枯病に対する抵抗力が異なっている可能性がある。そこで，次の帰無仮説および対立仮説

$$H_0 : \frac{\mu_1 + \mu_2}{2} = \frac{\mu_3 + \mu_4}{2}$$

$$H_1 : \frac{\mu_1 + \mu_2}{2} \neq \frac{\mu_3 + \mu_4}{2}$$

の検定を考える。各水準の観測データの標本平均を $\bar{Y}_i = \dfrac{1}{n_i} \displaystyle\sum_{j=1}^{n_i} Y_{ij}$ とする（$i = 1, \ldots, 4$）。検定統計量

$$T = \frac{1}{c} \left(\frac{\bar{Y}_1 + \bar{Y}_2}{2} - \frac{\bar{Y}_3 + \bar{Y}_4}{2} \right)$$

による有意水準 α の両側検定の棄却域が

$$|T| > t_{\alpha/2}(\nu)$$

で与えられるとき，c を求めよ。ただし，ν は分散分析表における誤差の自由度の値であり，$t_{\alpha/2}(\nu)$ は自由度 ν の t 分布の上側確率 $\alpha/2$ に対する t の値である。さらに，表のデータについてこの検定を実行し，結論を述べよ。

統計検定　準 1 級

〔4〕新人データアナリストの N 君は，表のデータを見て，「品種 A_2 の平均値が最も小さく，品種 A_4 の平均値が最も大きい」ことに注目し，次のことを主張した。

> 品種 A_2 のデータと品種 A_4 のデータから，帰無仮説および対立仮説
>
> $$H_0 : \mu_2 = \mu_4 \quad \text{vs} \quad H_1 : \mu_2 < \mu_4$$
>
> の検定を，母分散が等しいと仮定した二標本 t 検定により行うと，t 統計量の値は
>
> $$t = \frac{27.6 - 32.0}{\sqrt{(\frac{1}{5} + \frac{1}{4})\hat{\sigma}^2}} = -3.327 < -2.998 = -t_{0.01}(7)$$
>
> となる（母分散の不偏推定値は $\hat{\sigma}^2 = 3.886$ である）。したがって，H_0 は有意水準 1 ％で棄却される。つまり，品種 A_2 は品種 A_4 よりも白葉枯病に対する抵抗力が強いと，有意水準 1 ％で主張できる。

この N 君の主張に対し，上司の K 氏は，「検定の多重性が考慮されていない」と指摘した。K 氏の指摘する『検定の多重性』とは何を意味するか説明し，N 君の主張のどこが不適切であるかを説明せよ。

解答例

〔1〕任意の定数 c について μ を $\mu + c$ に，α_i を $\alpha_i - c$ に置き換えても，同じ構造式 $\mu_i = \mu + \alpha_i$ を満足する。すなわち，構造式はこのままでは母数が一意に推定可能ではなく識別可能性をもたない。一方，制約を仮定すれば母数は推定可能になる。

制約 $\sum_{i=1}^{4} \alpha_i = 0$ の下では，μ は 4 個の母平均 $\mu_1, \ldots, \mu_4$ の平均

$$\mu = \frac{1}{4} \sum_{i=1}^{4} \mu_i$$

となる。一方，制約 $\sum_{i=1}^{4} n_i \alpha_i = 0$ の下では，μ は 4 個の母平均 $\mu_1, \ldots, \mu_4$ の重み付き平均

$$\mu = \frac{1}{n} \sum_{i=1}^{4} n_i \mu_i, \quad n = \sum_{i=1}^{4} n_i$$

となる。いずれの場合も，$\alpha_i = \mu_i - \mu$ となる。

〔2〕分散分析表は以下。

要因	平方和	自由度	分散	F 値
品種	46.6	3	15.53	3.7886
誤差	57.4	14	4.10	
合計	104.0	17		

自由度 $(3, 14)$ の F 分布の上側 5 % $F_{0.05}(3, 14)$ は，$F_{0.05}(3, 10) = 3.708$ と $F_{0.05}(3, 15) = 3.287$ のあいだにある。よって，現在の F 値 $(=3.7886)$ は $F_{0.05}(3, 14)$ よりも大きい。検定の結論は「有意水準 5 % で帰無仮説は棄却される」。すなわち，$\alpha_i \neq \alpha_j$ となる $i \neq j$ が存在する。表より，母分散 σ^2 の不偏推定量は $\hat{\sigma}^2 = 4.10$ である。

〔3〕$\bar{Y}_i \sim N(\mu_i, \sigma^2/n_i)$，$i = 1, 2, 3, 4$ であるので，c を定数とするとき，帰無仮説の下で $\mathrm{E}(T) = 0$ であり，分散は

$$\mathrm{V}(T) = \frac{1}{c^2} \times \frac{\sigma^2}{4} \left(\frac{1}{n_1} + \frac{1}{n_2} + \frac{1}{n_3} + \frac{1}{n_4} \right)$$

となる。したがって，σ^2 をその不偏推定量 $\hat{\sigma}^2$ で置き換えて基準化した

$$\frac{\dfrac{\bar{Y}_1 + \bar{Y}_2}{2} - \dfrac{\bar{Y}_3 + \bar{Y}_4}{2}}{\sqrt{\dfrac{\hat{\sigma}^2}{4} \left(\dfrac{1}{n_1} + \dfrac{1}{n_2} + \dfrac{1}{n_3} + \dfrac{1}{n_4} \right)}}$$

は自由度 ν の t 分布に従う。したがって c の推定量は

$$\hat{c} = \sqrt{\frac{\hat{\sigma}^2}{4} \left(\frac{1}{n_1} + \frac{1}{n_2} + \frac{1}{n_3} + \frac{1}{n_4} \right)}$$

である。値を代入すると検定統計量 T の実現値の絶対値は，

$$|T| = \left| \frac{\dfrac{30.5 + 27.6}{2} - \dfrac{30.4 + 32.0}{2}}{\sqrt{\dfrac{4.10}{4} \left(\dfrac{1}{4} + \dfrac{1}{5} + \dfrac{1}{5} + \dfrac{1}{4} \right)}} \right| = |-2.238| = 2.238$$

となる。この値は，自由度 $\nu = 14$ の t 分布の上側 2.5 %点 $t_{14}(0.025) = 2.144787$ よりも大きいので，有意水準 $\alpha = 0.05$ で帰無仮説は棄却されるが，$t_{14}(0.005) = 2.976843$ よりは小さいので，有意水準 $\alpha = 0.01$ では棄却されない。

〔4〕データを見る前に品種 A_2 と品種 A_4 の二標本 t 検定を行うことを決めたのであれば問題ない。しかし，N 君はデータを見てから仮説を決めており，N 君が考えた仮説は，2 つの品種を比較する 6 通りの帰無仮説

$$H_0: \mu_1 = \mu_2, \quad H_0: \mu_1 = \mu_3, \quad H_0: \mu_1 = \mu_4,$$
$$H_0: \mu_2 = \mu_3, \quad H_0: \mu_2 = \mu_4, \quad H_0: \mu_3 = \mu_4$$

のうち，最も有意性の高い仮説である。したがって，第1種の誤りの指標をファミリーワイズエラー率（FWER）とすれば，「上の6通りの帰無仮説のすべてが真のときに，6つの t 検定のうち少なくとも1つが有意になる確率」として定めなくてはならず，これは明らかに，「仮説 $H_0: \mu_2 = \mu_4$ が真のときに，品種2と品種4の二標本 t 検定が有意になる確率」よりも大きい。つまり，N君の主張において，第1種の過誤の確率は $\alpha = 0.01$ 以下になっていない。このような問題を，検定の多重性の問題という。

多重性を考慮する方法（多重検定）には様々な方法がある。最も簡単なのは，上の例であれば，個々の t 検定の有意水準を $\alpha/6$ として，全体の有意水準を α 以下とするものである。これは Bonferroni の方法とよばれる。より良い方法（検出力が高い方法）には，Tukey 法などがある。ただし，ここでは第1種の誤りの指標はファミリーワイズエラー率（FWER）を用いるとする。

問 2

ある学校の同級生の A 君，B 君，C 君が互いに課題レポートを写しあっているのではないかと T 教員は疑っている．そこで，T 教員は各生徒の課題レポートの点数が正規分布に従うと仮定したうえで，グラフィカルモデルを用いて解析することにした．ここでいうグラフィカルモデルとは，以下のような性質をもつ統計モデルである．

多変量正規分布 $N(\mathbf{0}, \Sigma)$ に従う確率ベクトル $(X_1, \ldots, X_d)$ に対して，頂点集合 $V = \{v_1, \ldots, v_d\}$ をもつ無向グラフ (V, E) の辺集合 E を以下のように定義する．「もし，2 つの頂点 v_i と v_j が辺で結ばれていなければ，X_i と X_j はそれ以外の確率変数で条件付けたときに条件付き独立である．」このようにグラフによって条件付き独立性が表現される統計モデルをグラフィカルモデルという．

〔1〕確率ベクトル (X_1, X_2, X_3) は $N_3(\mathbf{0}, \Sigma)$ に従い，かつその条件付き独立性が図 1 のグラフで表されているとする．

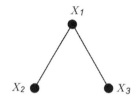

図 1　グラフィカルモデルの例

このグラフの構造からわかる共分散行列 Σ の性質を述べよ．ただし共分散行列の正則性は仮定してよい．また，理由の説明は必要ない．

〔2〕A 君，B 君，C 君の課題レポートの点数 (X_A, X_B, X_C) の標本相関行列 $\hat{C}$ およびその逆行列 $\hat{C}^{-1}$ の成分は以下のようになった．

$$\hat{C} = \begin{pmatrix} 1.00 & 0.80 & 0.52 \\ 0.80 & 1.00 & 0.65 \\ 0.52 & 0.65 & 1.00 \end{pmatrix}, \quad \hat{C}^{-1} = \begin{pmatrix} 2.78 & -2.22 & 0.00 \\ -2.22 & 3.51 & -1.13 \\ 0.00 & -1.13 & 1.73 \end{pmatrix}$$

この結果をふまえて 3 名の学生にヒアリングを行ったところ，以下のような発言を得た．

A 君：「私は B 君にレポートの解答のヒントをあげていますが，B 君はそれを C 君に伝えているみたいです．」

B 君：「僕はいつも A 君と C 君の両方にレポートのヒントをあげています．」

C 君：「B 君は僕と A 君の両方のレポートをうまく合成して自分のレポートを作成しています．」

A 君，B 君，C 君の発言のうち，標本相関行列 $\hat{C}$ を用いたグラフィカルモデル解析結果と最も適合 しない のは誰の発言か。そう考える理由とともに述べよ。

〔3〕調査を進めるうえで，新たに D 君の点数と上記 3 名の点数との相関が高いことがわかった。そこで，D 君の点数 X_D を目的変数，3 名の点数 X_A, X_B, X_C を説明変数として線形回帰を行い，AIC で変数選択を行ったところ次のようなモデルが選ばれた。

$$X_D = \alpha X_A + \gamma X_C + \epsilon$$

ここで，回帰係数 α, γ の推定値は有意に正の値をもっていた。さらに残差 ϵ は正規分布に従い，X_A, X_B, X_C との相関が十分に小さいことも確認できた。このとき，(X_A, X_B, X_C, X_D) の条件付き独立性を最も良く表すような，X_A, X_B, X_C, X_D の 4 頂点をもつグラフを描け。

〔4〕さらに調査を進めると，他の学級，学年も含めた巨大なレポート情報シンジケートがあることがわかってきた。今後の調査はグラフィカルモデルの頂点数が非常に多くなり，グラフ構造の推定に必要な行列演算の計算量が心配される。ただし，各学級から他の学級への情報の伝達が，各クラスの代表者一人のみを介して行われるとわかっているときには，推定に必要な計算は比較的容易になる。この理由を，確率密度関数の性質とグラフ構造の観点から説明せよ。

解答例

〔1〕Σ^{-1} の $(2,3)$ 要素および $(3,2)$ 要素が 0 となる。このとき，Σ の $(2,3)$ 要素および $(3,2)$ 要素は $\sigma_{12}\sigma_{13}/\sigma_1^2$ となる。これは以下の理由からである（解答に理由の説明は必要ない）。$A := \Sigma^{-1}$ とおく（A は精度行列 (precision matrix) とよばれる）。

$A_{ij} = 0$ と仮定したとき，x_i, x_j 以外の変数を並べた行ベクトルを $z := (x_k)_{k \neq i, j}$ とすると，多変量正規分布の同時密度関数は

$$f(x_1, \ldots, x_d) = (2\pi \det(\Sigma))^{-1/2} f_1(z) f_2(z, x_i) f_3(z, x_j) f_4(x_i, x_j)$$

のように関数

$$f_1(z) = \exp\left(-\sum_{k \neq i, j} \sum_{\ell \neq i, j} A_{k\ell} x_k x_\ell / 2\right)$$

$$f_2(z, x_i) = \exp\left(-\sum_{k \neq i, j} A_{ki} x_k x_i / 2\right)$$

2019年6月

$$f_3(z, x_j) = \exp\left(-\sum_{k \neq i, j} A_{kj} x_k x_j / 2\right)$$

$$f_4(x_i, x_j) = \exp(-A_{ij} x_i x_j / 2) = 1$$

の積の形で表すことができる。よって、適当な関数 g, h を用いて $f(x_1, \ldots, x_d) = g(z, x_i) h(z, x_j)$ のように分解できる。これはたとえば

$$g(z, x_i) := (2\pi \det(\Sigma))^{-1/2} f_1(z) f_2(z, x_i),$$

$$h(z, x_j) := f_3(z, x_j) f_4(x_i, x_j) = f_3(z, x_j)$$

とおけばよい。このとき条件付き密度関数は

$$
\begin{aligned}
f(x_i, x_j | z) &= \frac{f(x_1, \ldots, x_d)}{\int f(x_1, \ldots, x_d) dx_i dx_j} \\
&= \frac{(z, x_i) h(z, x_j)}{\int g(z, x_i) dx_i \int h(z, x_j) dx_j} \\
&= f(x_i | z) f(x_j | z)
\end{aligned}
$$

となり、Z が与えられたときに X_i と X_j は条件付き独立となる。逆に条件付き独立性を仮定すると、$f(x_1, \ldots, x_d) = g(z, x_i) h(z, x_j)$ のように同時密度関数は分解できるため、上記の f_4 は定数でなくてはならない。よって $A_{ij} = 0$ である。以上よりグラフィカルモデルで頂点ペア $\{i, j\}$ 間に辺がないときは、Σ^{-1} の (i, j) 要素 A_{ij} が 0 であることがわかる。

〔2〕　C 君の発言が最も適合しない。これは、以下の理由による。

　まず、相関行列の逆行列と、共分散行列の逆行列は 0 の要素の位置が一致する（これは $C_{ij} = \Sigma_{ij} \text{Var}(X_i)^{-1/2} \text{Var}(X_j)^{-1/2}$ より $(C^{-1})_{ij} = (\Sigma^{-1})_{ij} \text{Var}(X_i)^{1/2} \text{Var}(X_j)^{1/2}$ となることから確認できる）。標本相関行列の $(1, 3)$ 要素と $(3, 1)$ 要素が 0 であることから、グラフィカルモデルは辺 $\{1, 3\}$ をもたない。

　もし C 君が言うように、B 君が A 君と C 君の両方のレポートを合成してレポートを作成しているならば、B 君の点数で条件付けたときに A 君と C 君のレポートの点数に相関が生じ、たとえ A 君と C 君が全く独立にレポートを作成していたとしても条件付き独立でなくなる。これはグラフの構造と矛盾する。

　一方、A 君と B 君の発言は、B 君の点数で条件付けたときに A 君と C 君のレポートの点数が条件付き独立になることとは矛盾しない。

　以下は、より詳細な説明である。簡単のため、3名の点数を X_A, X_B, X_C の代わりに単に A, B, C と書き、3名の点数の同時確率を $P(A, B, C)$ とする。このとき、一般の条件付き確率の性質より $P(A, B, C) = P(A, B) P(C | A, B) = P(A) P(B | A) P(C | A, B)$ という分解が成立するが、A 君の発言は $P(C | A, B) = P(C | B)$ を意味する。このとき、B 君の点数で条件付けたときの A 君と C 君の点数の条件付き確率は、

$$P(A,C|B) = P(A,B,C)/P(B) = P(A)P(B|A)P(C|B)/P(B)$$
$$= P(A|B)P(B)P(C|B)/P(B) = P(A|B)P(C|B)$$

と分解できる。

次に B 君の発言について考える。一般に $P(A,B,C) = P(B)P(A|B)P(C|A,B)$ という同時確率の分解が成立するが、B 君の発言は $P(C|A,B) = P(C|B)$ を意味しており、条件付き確率は

$$P(A,C|B) = P(A,B,C)/P(B)$$
$$= P(B)P(A|B)P(C|B)/P(B)$$
$$= P(A|B)P(C|B)$$

と分解できる。最後に C 君の発言は $P(A,B,C) = P(A)P(C)P(B|A,C)$ を意味している。この場合は、一般に条件付き確率 $P(A,C|B)$ の上のような分解は不可能であり、グラフから辺 AC を除くことはできない。

〔3〕 グラフは次のようになる。

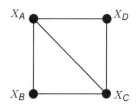

(解答に理由は必要ない) これは、以下のような理由による。回帰式によると、X_A, X_C の値を固定すると、X_B と X_D は条件付き独立である。よって、この条件付き独立性を表すためには、グラフは辺 BD をもたない方が適切である。一方、X_D を固定したとき、X_B の値に関わらず X_A と X_C は相関をもち (ただし負の相関も含む)、グラフは辺 $\{A,C\}$ をもつ。これ以外の条件付き独立性については以上の条件からは言えないので、頂点ペア $\{A,C\}$ については辺を加えるべきである。

〔4〕 学級数を m として、各学級 i $(i = 1, \ldots, m)$ の生徒のうち、学級の代表の生徒を H_i、代表以外の生徒の集合を C_i と表す。また記法の省略のため、各生徒の点数を表す確率変数の集合、および対応するグラフの頂点集合も同じ記号を用いて表すことにする。代表 H_i を介してのみ外部の学級と情報の交換を行う場合は、この生徒の成績で条件付けると、学級 i の代表以外の生徒 C_i と、i 以外の学級の生徒の成績は条件付き独立となる。よって、グラフィカルモデルでは、C_i に属する頂点とそれ以外の頂点を結ぶ経路は必ず頂点 H_i を通る。このような場合は、グラフは大きなサイクルをもたない。一方、全生徒集合を V、全級の代表者の集合を $H := \{H_i \mid i = 1, \ldots, m\}$ とすると、

$V = C_1 \cup \cdots \cup C_m \cup H$ と分解でき，全員の成績の同時密度関数は

$$P(V) = P(C_1, \ldots, C_m, H) = \prod_{i=1}^{m} P(C_i|H)P(H)$$

と分解できる。さらに，C_i の従う分布は H_i で条件付けると，H_i 以外の H 内の変数とは条件付け独立になるので，$P(C_i|H) = P(C_i|H_i)$ と書き直せる。これより

$$P(V) = \prod_{i=1}^{m} P(C_i|H_i)P(H)$$

となり，各学級内の変数による部分 $P(C_i|H_i)$ および代表者集合のみによる部分 $P(H)$ に分解できるため，推定の計算も分解でき，計算量が大幅に節約できる。このように効率的な分解ができるグラフィカルモデルは分解可能モデルとよばれる。

問 3

図1のような2次元データがあり，それぞれ平均および分散共分散行列が

$$\boldsymbol{\mu}_1 = \begin{pmatrix} 1.5 \\ 1.5 \end{pmatrix}, \quad \boldsymbol{\mu}_2 = \begin{pmatrix} -1 \\ -1 \end{pmatrix}, \quad \Sigma_1 = \begin{pmatrix} 0.8 & 0 \\ 0 & 0.8 \end{pmatrix}, \quad \Sigma_2 = \begin{pmatrix} 0.4 & 0 \\ 0 & 0.4 \end{pmatrix}$$

である2変量正規分布 $N_2(\boldsymbol{\mu}_1, \Sigma_1)$ および $N_2(\boldsymbol{\mu}_2, \Sigma_2)$ に従う2つのクラスに属するものとする。なお，2変量正規分布 $N_2(\boldsymbol{\mu}, \Sigma)$ の同時確率密度関数は

$$f(\boldsymbol{x}; \boldsymbol{\mu}, \Sigma) = (2\pi)^{-1} (\det \Sigma)^{-1/2} \exp\left(-\frac{1}{2}(\boldsymbol{x} - \boldsymbol{\mu})^\top \Sigma^{-1} (\boldsymbol{x} - \boldsymbol{\mu})\right)$$

である。ただし，$\boldsymbol{x}^\top$ は列ベクトル $\boldsymbol{x}$ の転置を表す。

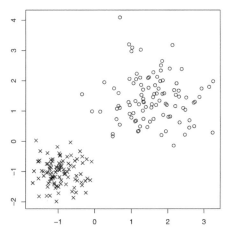

図1：判別するデータの集合（○がクラス1，×がクラス−1のデータを表す）

[1] 二次判別分析を用いて，2次元の列ベクトルの入力 $\boldsymbol{x}$ から，1もしくは-1のクラスラベル y を予測する。$\boldsymbol{x}$ で条件付けたクラスラベル y の確率の比を用いて

$$\hat{y} = \text{sign}\left(\log \frac{\Pr(y=1|\boldsymbol{x})}{\Pr(y=-1|\boldsymbol{x})}\right)$$

で2クラス判別器を構成する。$\Pr(\boldsymbol{x}|y=1)$ および $\Pr(\boldsymbol{x}|y=-1)$ に対応する条件付き分布をそれぞれ $N(\boldsymbol{\mu}_1, \Sigma_1)$，$N(\boldsymbol{\mu}_2, \Sigma_2)$ としたとき，この判別関数は $\boldsymbol{x}$ の二次関数

$$f_q(\boldsymbol{x}) = \boldsymbol{x}^\top A \boldsymbol{x} + \boldsymbol{b}^\top \boldsymbol{x} + c, \quad A \in \mathbb{R}^{2 \times 2}, \boldsymbol{b} \in \mathbb{R}^2$$

となり，判別器はその符号として表すことができる。ただし，A は 2×2 の対称行列，$\boldsymbol{b} \in \mathbb{R}^2$ は2次元の列ベクトルである。このとき，$A, \boldsymbol{b}$ を $\boldsymbol{\mu}_1, \boldsymbol{\mu}_2, \Sigma_1, \Sigma_2$ を用いて表わせ。また，この判別関数が $\boldsymbol{x}$ の一次関数になるための条件を述べよ。

〔2〕サンプルデータから $\mu_1, \mu_2, \Sigma_1, \Sigma_2$ を経験平均,経験分散共分散行列として推定する。$f_q(\boldsymbol{x})$ における $\mu_1, \mu_2, \Sigma_1, \Sigma_2$ を推定値で置き換えたものを $\hat{f}_q(\boldsymbol{x})$ として $\hat{f}_q(\boldsymbol{x})$ の等高線を示したものが図 2 である。

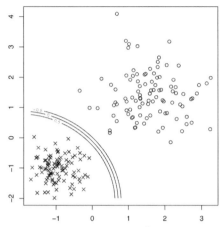

図 2：二次判別分析による $\hat{f}_q(\boldsymbol{x})$ の等高線

経験平均,経験分散共分散行列がそれぞれ

$$\hat{\boldsymbol{\mu}}_1 = \begin{pmatrix} 1.57 \\ 1.41 \end{pmatrix}, \quad \hat{\boldsymbol{\mu}}_2 = \begin{pmatrix} -0.95 \\ -1.00 \end{pmatrix}, \quad \hat{\Sigma}_1 = \begin{pmatrix} 0.53 & 0 \\ 0 & 0.60 \end{pmatrix}, \quad \hat{\Sigma}_2 = \begin{pmatrix} 0.14 & 0 \\ 0 & 0.17 \end{pmatrix}$$

であったとき,〔1〕で求めた判別器における $A, \boldsymbol{b}$ の値を小数点以下第 2 位まで求めよ。

〔3〕学習データ $\{\boldsymbol{x}_i, y_i\}$ $(i = 1, 2, \ldots, n)$ に対して,サポートベクトルマシン（SVM）の判別関数は,カーネル関数 $k(\boldsymbol{x}, \tilde{\boldsymbol{x}})$ を用いて

$$f_s(\boldsymbol{x}) = \sum_{i \in SV} \alpha_i y_i k(\boldsymbol{x}_i, \boldsymbol{x}) + \beta$$

で表すことができる。ただし SV はサポートベクトル集合を表し,α_i $(i = 1, 2, \ldots, n), \beta$ は実数パラメータである。多項式カーネル

$$k(\boldsymbol{x}, \tilde{\boldsymbol{x}}) = (\boldsymbol{x}^\top \tilde{\boldsymbol{x}} + 1)^2$$

を採用した SVM の判別関数 $f_s(\boldsymbol{x})$ は,入力 $\boldsymbol{x} = (x_1, x_2)^\top \in \mathbb{R}^2$ の二次関数となり,これを

$$f_s(\boldsymbol{x}) = \boldsymbol{x}^\top \tilde{A} \boldsymbol{x} + \tilde{\boldsymbol{b}}^\top \boldsymbol{x} + \tilde{c}$$

とする。このときの行列 $\tilde{A}$ の式を,学習データ $\{\boldsymbol{x}_i, y_i\}$ $(i = 1, 2, \ldots, n)$ および最適化されたパラメータ値 α_i $(i = 1, 2, \ldots, n), \beta$ を用いて表せ。

〔4〕上記の多項式カーネルを用いた SVM を用いて判別器を学習したところ，判別関数 $f_s(\boldsymbol{x})$ は図 3 のようになった。

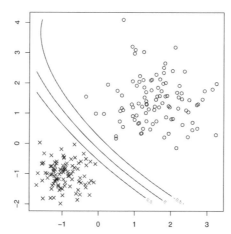

図 3：サポートベクトルマシンによる判別関数の等高線

このように，二次判別分析における判別器とサポートベクトルマシンにおける判別器は，どちらも二次関数により記述されても形状が大きく異なることがある。本問題のデータに対してはどちらを用いる方が適当かを，その理由とともに説明せよ。

解答例

〔1〕

$$
\begin{aligned}
&\log \frac{P(y=1|\boldsymbol{x})}{P(y=-1|\boldsymbol{x})} \\
&= \log \frac{p(\boldsymbol{x}|y=1)P(y=1)/p(\boldsymbol{x})}{p(\boldsymbol{x}|y=-1)P(y=-1)/p(\boldsymbol{x})} \\
&= \log \frac{P(y=1)}{P(y=-1)} + \log \frac{p(\boldsymbol{x}|y=1)}{p(\boldsymbol{x}|y=-1)} \\
&= \log \frac{P(y=1)}{P(y=-1)} \\
&\quad + \log \exp\left\{-\frac{1}{2}(\boldsymbol{x}-\boldsymbol{\mu}_1)^\top \Sigma_1^{-1}(\boldsymbol{x}-\boldsymbol{\mu}_1) + \frac{1}{2}(\boldsymbol{x}-\boldsymbol{\mu}_2)^\top \Sigma_2^{-1}(\boldsymbol{x}-\boldsymbol{\mu}_2)\right\} \\
&= \frac{1}{2}\boldsymbol{x}^\top\left(-\Sigma_1^{-1}+\Sigma_2^{-1}\right)\boldsymbol{x} + (\boldsymbol{\mu}_1^\top \Sigma_1^{-1} - \boldsymbol{\mu}_2^\top \Sigma_2^{-1})\boldsymbol{x} + const
\end{aligned}
$$

よって，$A = -\frac{1}{2}\Sigma_1^{-1} + \frac{1}{2}\Sigma_2^{-1}$，$\boldsymbol{b} = \Sigma_1^{-1}\boldsymbol{\mu}_1 - \Sigma_2^{-1}\boldsymbol{\mu}_2$ であり，$\Sigma_1 = \Sigma_2$ のときに

一次式になる。

〔2〕 〔1〕で求めた解に代入すればよい。小数点以下第3位を四捨五入すると

$$A = \begin{pmatrix} 2.63 & 0 \\ 0 & 2.11 \end{pmatrix}$$

$$\boldsymbol{b} = (9.75, 8.23)^\top$$

〔3〕

$$
\begin{aligned}
f(\boldsymbol{x}) &= \sum_{i \in SV} \alpha_i y_i k(\boldsymbol{x}_i, \boldsymbol{x}) + \beta \\
&= \sum_{i \in SV} \alpha_i y_i (\boldsymbol{x}_i^\top \boldsymbol{x} + 1)^2 + \beta \\
&= \sum_{i \in SV} \alpha_i y_i (\boldsymbol{x}^\top \boldsymbol{x}_i \boldsymbol{x}_i^\top \boldsymbol{x} + 2\boldsymbol{x}_i^\top \boldsymbol{x} + 1) + \beta \\
&= \boldsymbol{x}^\top \left(\sum_{i \in SV} \alpha_i y_i \boldsymbol{x}_i \boldsymbol{x}_i^\top \right) \boldsymbol{x} + \left(2 \sum_{i \in SV} \alpha_i y_i \boldsymbol{x}_i \right)^\top \boldsymbol{x} + \sum_{i \in SV} \alpha_i y_i + \beta
\end{aligned}
$$

よって，$\tilde{A} = \sum_{i \in SV} \alpha_i y_i \boldsymbol{x}_i \boldsymbol{x}_i^\top$ である。また，サポートベクトル以外の α_i は 0 であるので，$\sum_{i \in SV}$ の代わりに，単に $\sum_{i=1}^{n}$ とした場合も正解とする。

〔4〕 本問のように，データの生成モデルとして多変量正規分布を仮定できるときは，統計モデルに基づくベイズ最適解である二次判別分析を用いるべきである。一方，統計モデルが不明であり推定も困難であるような場合や，正規分布と比べて大きな外れ値をもちやすくロバストな推定が必要な場合，もしくはサポートベクトルによる情報圧縮や効率的な最適化アルゴリズムを用いる必要があるほどデータのサイズが大きいときは SVM を用いた判別分析が有効であるが，本問の場合はいずれも当てはまらない。

　二次判別問題（Quadratic Discriminant Analysis, QDA）およびサポートベクトルマシン（SVM）に関しては，たとえば，G. James 他著『An Introduction to Statistical Learning: with Applications in R』（Springer 社），（日本語訳：『R による統計的学習入門』（朝倉書店））を参考にするとよい。

PART 5

準1級
2018年6月
問題／解説

2018年6月に実施された準1級の問題です。
「選択問題及び部分記述問題」と「論述問題」からなります。
部分記述問題は 記述4 のように記載されているので、
解答用紙の指定されたスペースに解答を記入します。
論述問題は3問中1問を選択解答します。

選択問題及び部分記述問題　問題…………206
選択問題及び部分記述問題　正解一覧／解説…………228
論述問題　問題／解答例…………242
※統計数値表は本書巻末に「付表」として掲載しています。

選択問題及び部分記述問題　問題

問1　ある感染症に 1000 人に 1 人の割合で感染している。この感染症には検査 1，検査 2 の 2 種類の検査がある。検査 1 は，本当に感染していた場合に 99.9 ％の確率で陽性反応を示すが，感染していない場合でも 0.1 ％の確率で陽性反応を示す。検査 2 は，検査 1 で陽性と診断された者に対して行う。検査 1 で陽性と診断された者が本当に感染していた場合，検査 2 は 95 ％の確率で陽性反応を示す。検査 1 で陽性と診断された者が実際は感染していない場合，検査 2 は 5 ％の確率で陽性反応を示す。

〔1〕A さんが検査 1 を受診したところ，結果は「陽性」であった。A さんが本当に感染している確率は何パーセントになるか求めよ。　記述 1

〔2〕検査 1 で「陽性」と判定された A さんは，次に検査 2 を受診し，再び「陽性」と判定された。A さんが本当に感染している確率は何パーセントになるか求めよ。　記述 2

統計検定　準 1 級

問 2　ある 10 人のグループのうち 5 人は関東地方出身者，他の 5 人は関東地方以外の出身者であった。この 10 人の中から無作為非復元抽出によって選ばれた 5 人の標本を

$$X_i = \begin{cases} 1, & i \text{ 番目の人は関東地方出身者} \\ 0, & i \text{ 番目の人は関東地方以外の出身者} \end{cases}, i = 1, 2, 3, 4, 5$$

とおく。

〔1〕　X_i^2 の期待値 $E[X_i^2]$ を求めよ。　記述 **3**

〔2〕　X_i, X_j, $i \neq j$ に対し $E[X_i X_j]$ を求めよ。　記述 **4**

〔3〕　標本平均 $\bar{X} = (1/5) \sum_{i=1}^{5} X_i$ の分散 $V[\bar{X}]$ を求めよ。　記述 **5**

2018年6月

207

問 3 判別分析に関する次の各問に答えよ。

〔1〕図 1 の散布図にあるような正例 (+1) と負例 (−1) の 2 群からなる 2 次元データを考える。

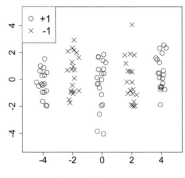

図 1：2 群のデータ (1)

このデータで正例と負例を判別するために，p 次の多項式カーネル

$$k(\boldsymbol{x}, \boldsymbol{x}') = (1 + \boldsymbol{x}^T \boldsymbol{x}')^p$$

を用いて，SVM で判別を行う。ここで，$\boldsymbol{x}$, $\boldsymbol{x}'$ は 2 次元の縦ベクトル，$\boldsymbol{x}^T$ は $\boldsymbol{x}$ の転置とする。また，p は正の整数であるとする。このとき，すべてのデータが正しく判別されるために必要な多項式カーネルの最小の次数 p はいくつになるか。その理由も含めて述べよ。 記述 6

〔2〕図 2 のような正例（+1）と負例（−1）の 2 群からなる 2 次元データを考える。

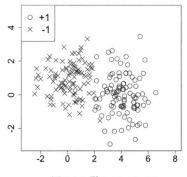

図 2：2 群のデータ (2)

このデータで正例，負例を判別するために，
- 線形カーネルを用いて正則化パラメータを固定したソフトマージン SVM
- 線形判別分析

の 2 つの手法を適用した結果，図 3(a) のような判別直線が得られた。

次に，判別直線に近い観測値以外の観測値を取り除いて，再び 2 つの手法で判別を行った結果，図 3(b) のような判別直線が得られた。このとき，すべてのデータを用いた場合と比べて，線形判別分析では判別直線に変化が見られたが，SVM では判別直線が全く変化しなかった。SVM で判別直線の位置に変化がなかった理由を述べよ。 記述 7

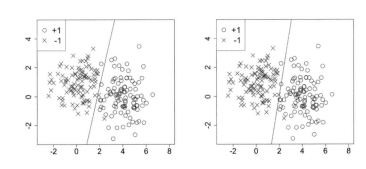

(a) すべてのデータに対する判別直線

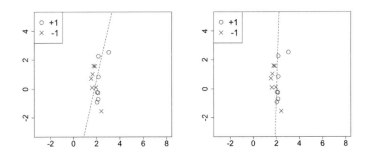

(b) 一部のデータに対する判別直線

図 3: SVM と線形判別による判別直線

注：記述 8，9，10 は問 13 にあります。

問4 次の表は，ソーシャルネットワークサービス「Instagram」の20代男女の利用者数を整理したクロス集計表である。

	利用している	利用していない	計
20代男	38	73	111
20代女	60	46	106
計	98	119	217

資料：総務省「平成28年情報通信メディアの利用時間と情報行動に関する調査報告書」

〔1〕次の図の中で，上のクロス集計表のモザイクプロットはどれか。次の①〜⑤のうちから最も適切なものを一つ選べ。 1

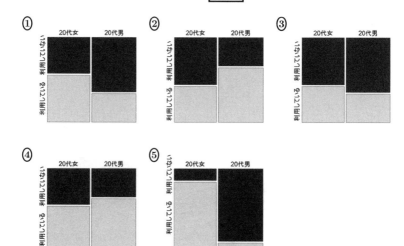

統計検定　準1級

〔2〕Instagram の利用率に男女差があるかどうかを調べるために，検定統計量 Z を用いて，利用率に男女差がないという帰無仮説に対する有意水準 α の両側検定

$$|Z| > z_{\alpha/2} \Rightarrow \text{利用率に男女差がある}$$

を行うことにした。ただし $z_{\alpha/2}$ は標準正規分布の上側 $\alpha/2$ 点である。検定統計量 Z として，次の ①～⑤ のうちから最も適切なものを一つ選べ。　　2

① $\dfrac{38/111 - 60/106}{\sqrt{(1/111 + 1/106) \times (98/217) \times (119/217)}}$

② $\dfrac{38/111 - 60/106}{\sqrt{(1/(111 + 106)) \times (1/2) \times (1 - 1/2)}}$

③ $\dfrac{(38 - 50.1)^2}{50.1} + \dfrac{(73 - 60.9)^2}{60.9} + \dfrac{(60 - 47.9)^2}{47.9} + \dfrac{(46 - 58.1)^2}{58.1}$

④ $\dfrac{\log((38 \times 46)/(73 \times 60)) - 1}{\sqrt{1/38 + 1/73 + 1/60 + 1/46}}$

⑤ $\dfrac{217(38 \times 46 - 73 \times 60)^2}{98 \times 119 \times 111 \times 106}$

2018年6月

問 5 高血圧の治療のために，血圧を下げる効果のある治療薬 (A 薬) を開発した。A 薬の効果を従来薬 (B 薬) と比較するために，血圧がほぼ等しい高血圧患者 6 名をランダムに 3 名ずつに分け，それぞれ，A 薬と B 薬のいずれかを投与した。薬の投与後の血圧測定の結果が以下である（単位：mmHg）。

治療薬	血圧 (mmHg)		
A	135	127	131
B	132	144	138

2 種類の治療薬の効果が等しいという帰無仮説を，A 薬の方が効果が高いという片側対立仮説に対してウィルコクソンの順位和検定を用いて検定することを考える。

〔1〕 A 薬群，B 薬群のデータを併せ，血圧が低い順に 1 から 6 までの番号をつける。これを順位という。次に，A 薬群に属する患者についた順位の和と B 薬群に属する患者についた順位の和を求める。これらをそれぞれの群の順位和とよぶ。A 薬群と B 薬群の順位和はいくつになるか。次の ① 〜 ⑤ のうちから適切なものを一つ選べ。 **3**

① A：3，B：8 ② A：5，B：16 ③ A：7，B：14
④ A：9，B：12 ⑤ A：10，B：11

〔2〕 帰無仮説が正しいと仮定すると，6 名の測定値は A 薬群，B 薬群にランダムに割り振られると考えてよい。A 薬群の順位和が〔1〕で求めた値以下となる確率を，ウィルコクソンの順位和検定の片側 P-値と考える。この考え方による片側 P-値はいくらか。次の ① 〜 ⑤ のうちから適切なものを一つ選べ。 **4**

① 0.05 ② 0.10 ③ 0.20 ④ 0.25 ⑤ 0.50

〔3〕 別の患者のデータを用いて，同様の仮説に対するウィルコクソンの順位和検定を行ったところ，片側 P-値が 3 ％未満になった。このとき，最低でも何人以上の患者がいたか。次の ① 〜 ⑤ のうちから適切なものを一つ選べ。 **5**

① 8 人 (A 群 4 人，B 群 4 人) ② 7 人 (A 群 3 人，B 群 4 人)
③ 6 人 (A 群 3 人，B 群 3 人) ④ 5 人 (A 群 2 人，B 群 3 人)
⑤ 4 人 (A 群 2 人，B 群 2 人)

問 6　ある大学の文理融合系学部における統計学の講義の受講生 300 名のうち，200 名は文系，100 名は理系の学生で，300 名全員が期末試験を受験した。期末試験は 100 点満点で，受講生全体の成績の分布は，文系が平均 65 点，標準偏差 5 点の正規分布 $N(65, 5^2)$，理系が平均 80 点，標準偏差 3 点の正規分布 $N(80, 3^2)$ という 2 つの正規分布の混合正規分布で近似できた。

〔1〕このテストにおいて，文系の A さんは 64 点，理系の B さんは 86 点であった。文系の学生の中における A さんの偏差値と，理系の学生の中における B さんの偏差値の組として正しいものはどれか。次の ①〜⑤ のうちから最も適切なものを一つ選べ。　6

① A：29.4，B：92.4　　② A：37.8，B：92.0　　③ A：48.0，B：70.0
④ A：49.0，B：72.7　　⑤ A：49.5，B：63.5

〔2〕得点分布の近似分布である混合正規分布の確率密度関数のグラフはどれか。次の ①〜⑤ のうちから最も適切なものを一つ選べ。　7

①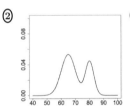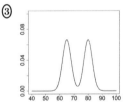

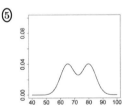

〔3〕この期末試験では 60 点以上を合格とした。この試験の合格率はおよそ何パーセントか。次の ①〜⑤ のうちから最も適切なものを選べ。　8

① 65 %　　② 70 %　　③ 80 %　　④ 90 %　　⑤ 98 %

問7 5種類の寿司ネタ (まぐろ, サーモン, うに・いくら, 貝類, 白身) の好みに関し,
1. 好きでない　　　2. あまり好きでない　3. どちらでもない
4. わりと好きである　5. 好きである

という5件法を用いてA, B, ..., Oの15人を対象にアンケート調査を行った。このデータに対し, ユークリッド距離を用いたウォード法によって階層的クラスター分析を適用した結果, 以下のようなデンドログラムを得た。

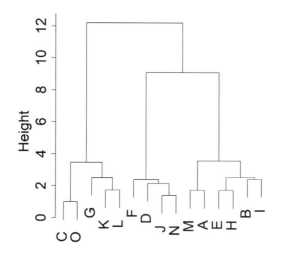

〔1〕ウォード法ではクラスター間の距離をどのように定義するか。次の ① ～ ⑤ のうちから最も適切なものを一つ選べ。　9

① 2つのクラスターの重心間の距離
② 2つのクラスターの個体同士で最も距離の近い個体間の距離
③ 2つのクラスターの個体同士で最も距離の遠い個体間の距離
④ 2つのクラスター内の偏差平方和の和と, 結合した後のクラスター内の偏差平方和との差の絶対値の平方根
⑤ 2つのクラスター間のすべての個体の組合せにおける距離の平均

〔2〕A, B, Cの3名は, 次の表の (ア) ～ (ウ) のいずれかの回答をした。

	まぐろ	サーモン	うに・いくら	貝類	白身
(ア)	5	3	2	4	5
(イ)	3	4	5	5	3
(ウ)	4	5	5	4	4

A, B, C と（ア）〜（ウ）の組合せとして，次の ①〜⑤ のうちから最も適切なものを一つ選べ。 10

① A：(ア)， B：(イ)， C：(ウ)　② A：(ア)， B：(ウ)， C：(イ)
③ A：(イ)， B：(ア)， C：(ウ)　④ A：(ウ)， B：(ア)， C：(イ)
⑤ A：(ウ)， B：(イ)， C：(ア)

〔3〕同じデータに対し，主成分分析を適用したところ，第 1，第 2 主成分ベクトルは次の表のようになり，これらの累積寄与率は 90.13 % となった。

	第 1 主成分	第 2 主成分
まぐろ	0.824	0.450
サーモン	-0.763	0.580
うに・いくら	-0.662	0.703
貝類	0.878	0.290
白身	0.906	0.313

主成分負荷量のマップ（横軸：第 1 主成分，縦軸：第 2 主成分）はどれか。次の ①〜⑤ のうちから最も適切なものを一つ選べ。 11

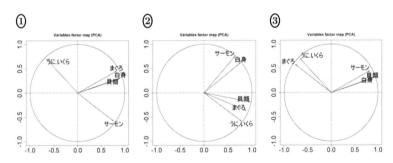

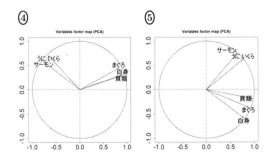

問 8 $u_1, u_2, \ldots, u_T$ が 1 次の自己回帰モデル (AR(1) モデル)

$$u_{t+1} = \alpha u_t + \epsilon_{t+1} \quad (t = 1, \ldots, T-1) \tag{1}$$

に従うとする。ここで，$|\alpha| < 1$，ϵ_t は $N(0, \sigma^2)$ に従うホワイトノイズとし，$u_1, u_2, \ldots, u_T$ は定常であると仮定できるものとする。

〔1〕$\alpha = 0.5$ の AR(1) モデルに従う $T = 1000$ 個の標本から求めた偏自己相関係数のプロットはどれか。次の ①〜⑤ のうちから最も適切なものを一つ選べ。ただし，図中の破線は，偏自己相関係数が 0 であるという帰無仮説に対する有意水準 5% の両側検定の臨界点である。 12

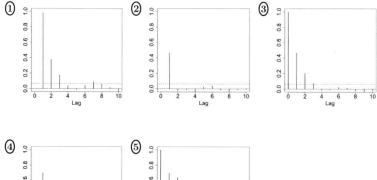

〔2〕$\alpha = 0.1$ のとき，u_t の分散 σ_u^2 の値はいくらか。次の ①〜⑤ のうちから適切なものを一つ選べ。 13

① $\sigma^2/0.9$　② $\sigma^2/0.99$　③ σ^2　④ $0.1\sigma^2$　⑤ $0.011\sigma^2$

統計検定　準1級

〔3〕 $x_1, x_2, \ldots, x_{10}$ は独立に同一の分布 $N(\mu, \sigma_u^2)$ に従うとし，$\bar{x} = (1/10) \sum_{i=1}^{10} x_i$ をその平均とする。また，y_t を

$$y_t = \mu + u_t \quad (t = 1, \ldots, T)$$

とし，$\bar{y}_T = (1/T) \sum_{t=1}^{T} y_t$ をその平均とする。ただし，u_t は式 (1) で定義され，ここでは $\alpha > 0$ とする。μ の推定量として，$\bar{x}$，$\bar{y}_T$ の 2 つの統計量を考えるときに，これらの統計量の性質に関する記述として，次の ① ～ ⑤ のうちから最も適切なものを一つ選べ。　⬚14⬚

① $\bar{x}$，$\bar{y}_T$ ともに不偏で，$T = 10$ のときは $\bar{x}$ の分散と $\bar{y}_{10}$ の分散は等しい。従って，$\bar{x}$ と $\bar{y}_{10}$ は μ の推定量として同等の精度を持つと言える。

② $T = 10$ のときは $\bar{x}$ の分散と $\bar{y}_{10}$ の分散は等しいが，$\bar{y}_{10}$ には偏りがある。従って，μ の推定量として，$\bar{y}_{10}$ は $\bar{x}$ より精度が劣る。

③ $\bar{x}$，$\bar{y}_T$ ともに不偏であるが，$T = 10$ のときは $\bar{x}$ の分散の方が $\bar{y}_{10}$ の分散より小さい。従って，$\bar{y}_T$ が μ の推定量として $\bar{x}$ よりよい精度を得るためには，$T > 10$ の標本が必要である。

④ $\bar{x}$，$\bar{y}_T$ ともに不偏である。$T = 10$ のときの $\bar{x}$ の分散と $\bar{y}_{10}$ の分散の大小関係は α の値に依存する。つまり，α の値によっては $\bar{x}$ よりも $\bar{y}_{10}$ の方が，μ の推定量として精度がよくなることがあり得る。

⑤ $T = 10$ のとき，$\bar{y}_{10}$ には偏りがあるが，$\bar{y}_{10}$ の分散は $\bar{x}$ の分散よりも小さい。従って，μ の推定量としての $\bar{x}$ と $\bar{y}_{10}$ の精度を比較することはできない。

問9 次の表は，世の中の動きについて信頼できる情報を得るために最もよく利用する
メディアを年代別に整理したクロス集計表である。標本サイズは 1500 である。

	テレビ	ラジオ	新聞	雑誌	書籍	インターネット	その他
10 代	94	2	15	0	4	23	1
20 代	106	3	41	0	2	64	3
30 代	133	2	53	1	6	73	7
40 代	186	3	55	1	3	56	6
50 代	157	6	67	0	1	24	2
60 代	203	7	69	1	4	15	1

資料：総務省「平成 28 年情報通信メディアの利用時間と情報行動に関する調査報告書」

　年代によってメディアの利用実態に相違があるかどうかを調べるために，ピアソ
ンのカイ二乗適合度検定と，クラメールの連関係数を利用することを考えた。上の
表について計算したカイ二乗統計量の値は 116.52 であった。また，クラメールの
連関係数 V とは，n を標本サイズ，k をクロス集計表の行数と列数の大きくない方
の値，χ^2 をカイ二乗統計量の値としたときに，$V = \sqrt{\dfrac{\chi^2}{n \times (k-1)}}$ によって定義
される量である。

〔1〕クロス集計表の各セルの頻度を a 倍 $(a = 2, 3, \ldots)$ したときの，カイ二乗統計
量，ピアソンのカイ二乗適合度検定の P-値，クラメールの連関係数の値の関係
として，次の ① 〜 ⑤ のうちから最も適切なものを一つ選べ。 | 15 |

　　① a を大きくしていくと，カイ二乗統計量，P-値，クラメールの連関係数の
　　　値はすべて大きくなる。

　　② a を大きくしてもカイ二乗統計量，P-値，クラメールの連関係数の値はす
　　　べて変わらない。

　　③ a を大きくしていくと，カイ二乗統計量の値は大きくなるが，P-値とクラ
　　　メールの連関係数の値は小さくなる。

　　④ a を大きくしていくと，カイ二乗統計量の値は大きく，P-値は小さくなる
　　　が，クラメールの連関係数の値は変わらない。

　　⑤ a を大きくしていくと，カイ二乗統計量の値とクラメールの連関係数の値
　　　は大きくなるが，P-値は小さくなる。

〔2〕年代とメディア利用の関係について，次の ① 〜 ⑤ のうちから最も適切なもの
を一つ選べ。 | 16 |

　　① クラメールの連関係数の値が 0.1 程度であるので，年代とメディアの間に
　　　強い関係があるかどうかは疑わしい。ピアソンのカイ二乗適合度検定の P-
　　　値が 1 ％未満なのは標本サイズが大きいためである。

② クラメールの連関係数の値が 0.1 程度なので，標本サイズが大きいが，年代とメディアの間には実質的に有意な関係があると言える。

③ クラメールの連関係数の値が 0.5 程度なので，年代とメディアの間には中程度の関係があると言える。

④ ピアソンのカイ二乗適合度検定の P-値は 1 % 未満であるから，年代とメディアの間には強い関係があると言える。

⑤ ピアソンのカイ二乗適合度検定は 5 % 有意ではなく，クラメールの連関係数の値も 0.1 程度であることから，年代とメディアの間の関係の有無に関する情報を得ることはできない。

〔3〕このクロス集計表に対し対応分析を適用したところ，図 1 のバイプロットを得た。このバイプロットの解釈として，次の ① ～ ⑤ のうちから 適切でない ものを一つ選べ。 17

① 10 代の回答者は 20 代や 30 代と比べ，メディアの中でテレビを選択した割合が多い。

② 20 代，30 代の回答者は他の世代に比べ，メディアの中でインターネットを選択した割合が多い。

③ 40 代の回答者には，メディアの中で新聞が最も多く選択されている。

④ ラジオを選択した回答者の中で 50 代が占める割合は，書籍を選択した回答者の中で 50 代が占める割合よりも多い。

⑤ 60 代の回答者は 40 代以下に比べて，メディアの中でテレビ，ラジオ，新聞を選

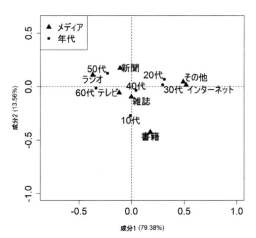

図 1：メディアと年代のバイプロット

問 10 ふるさと納税による寄付金額の要因を調べるために，日本の 1741 市町村について，寄付金額 (百万円) を被説明変数とし，人口 (人)，返礼品の種類数 (品目)，ふるさと納税ポータルサイトのふるさとチョイス (https://www.furusato-tax.jp/) で分類されている 166 品目の返礼品の取扱いの有無に関するダミー変数を説明変数として，重回帰分析を行った。i 番目の市町村の寄付金額を y_i，説明変数を

- x_{1i}：人口 (人)
- x_{2i}：返礼品の種類数 (品目)
- x_{ki}：166 品目の返礼品の有無に関するダミー変数 ($k = 3, 4, \ldots, 168$)

と書く。すべての説明変数は平均 0，分散 1 に標準化されている。このときモデルは

$$y_i = \beta_0 + \sum_{k=1}^{168} \beta_k x_{ki} + u_i \quad (i = 1, \ldots, 1741)$$

と表すことができる。ここで，u_i は誤差項である。このモデルの推定には，最小二乗法 (OLS 法)，最小二乗法と AIC による変数減少法を用いた説明変数選択 (OLS 法 +AIC)，L_1 正則化法，L_2 正則化法 (リッジ回帰) の 4 つの方法を用いた。L_q 正則化法 ($q = 1, 2$) とは，

$$\sum_{i=1}^{1741} \left(y_i - \left(\beta_0 + \sum_{k=1}^{168} \beta_k x_{ki} \right) \right)^2 + \lambda \sum_{k=1}^{168} |\beta_k|^q$$

の最小化によって回帰係数の推定値を求める方法である。λ は正則化パラメータで，ここでは交差検証法を用いて求めた。

〔1〕次の図（ア）〜（エ）は，各手法における回帰係数の推定値を説明変数に対してプロットしたものである。

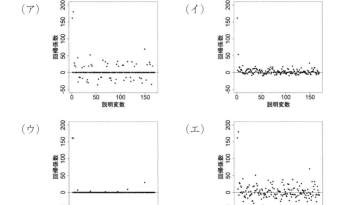

上の 4 つの推定法と推定値のプロットの組合せはどれか。次の ① 〜 ⑤ のうちから最も適切なものを一つ選べ。 | 18 |

① （ア）OLS 法, （イ）L_1 正則化法, （ウ）OLS 法 +AIC, （エ）リッジ回帰
② （ア）OLS 法, （イ）OLS 法 +AIC, （ウ）L_1 正則化法, （エ）リッジ回帰
③ （ア）リッジ回帰, （イ）OLS 法 +AIC, （ウ）L_1 正則化法, （エ）OLS 法
④ （ア）OLS 法, （イ）リッジ回帰, （ウ）L_1 正則化法, （エ）OLS 法 +AIC
⑤ （ア）OLS 法 +AIC, （イ）リッジ回帰, （ウ）L_1 正則化法, （エ）OLS 法

〔2〕次に Elastic Net 回帰法を用いて推定を行った。Elastic Net 回帰法とは，

$$\sum_{i=1}^{1741}\left(y_i-\left(\beta_0+\sum_{k=1}^{168}\beta_k x_{ki}\right)\right)^2+\lambda\sum_{k=1}^{168}\left(\alpha|\beta_k|+(1-\alpha)|\beta_k|^2\right),\quad 0\leq\alpha\leq 1$$

の最小化によって回帰係数を推定する方法で，$\alpha=1$ のときは L_1 正則化法，$\alpha=0$ のときはリッジ回帰にそれぞれ一致する。λ はここでも正則化パラメータである。

下の図（ア）〜（エ）は，Elastic Net 回帰法において α を $0, 0.5, 0.7, 1$ のいずれかに固定した場合の回帰係数の推定値を $\log(\lambda)$ に対してプロットした解パスである。グラフ上部の数値は，非ゼロの回帰係数を持つ説明変数の数を表す。$\alpha=0.5$ のときの解パスはどれか。次の ① 〜 ④ のうちから最も適切なものを一つ選べ。 | 19 |

① （ア）   ② （イ）   ③ （ウ）   ④ （エ）

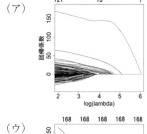

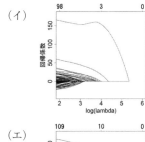

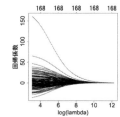

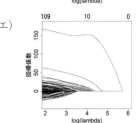

問 11 消費者のファッションブランドに対するイメージを可視化するために，100 人の消費者を対象に，A から J までの 10 のファッションブランドに対して，
1．高級感を感じるか（高級感）
2．品質がよいと思うか（品質）
3．親しみを感じるか（親しみ）
4．認知の有無（認知度）
5．所有の有無（所有率）

の 5 項目についてアンケート調査を行った。調査で得られたデータからファッションブランドごとに平均を求め，その 10 行 5 列の集計結果に因子分析を適用することで 5 項目間の関連を分析した。因子数は 2 とし，推定には最尤法，回転にはバリマックス回転をそれぞれ用いた。各因子に対する因子負荷量と共通性は表 1 のようになった。この結果から，第 1 因子を「洗練度」，第 2 因子を「普及率」と名付けることにした。図 1 は各ブランドの因子得点を，横軸を第 1 因子，縦軸を第 2 因子としてプロットしたものである。

表1: 各項目の因子負荷量

	第1因子	第2因子	共通性
高級感	0.96	(ア)	0.9412
品質	0.75	−0.08	0.5689
親しみ	−0.71	(イ)	0.8762
認知度	−0.04	0.94	0.8852
所有率	0.00	0.70	0.4900

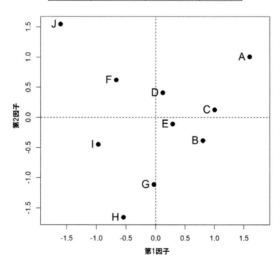

図1: 各ブランドの因子得点のプロット

統計検定　準1級

〔1〕表1の（ア）と（イ）の因子負荷量の組合せはどれか。次の ① 〜 ⑤ から最も
適切なものを一つ選べ。　20

① （ア）　0.14,（イ）　0.61　　　　② （ア）−0.02,（イ）　1.59

③ （ア）−0.02,（イ）−0.17　　　　④ （ア）　0.14,（イ）−0.17

⑤ （ア）−0.02,（イ）−0.61

〔2〕バリマックス回転によって定められた因子軸は，一般にどのような性質を持つ
傾向にあるか。次の ① 〜 ⑤ から最も適切なものを一つ選べ。　21

① 特定の因子のすべての項目でのみ因子負荷量の絶対値が1に近くなり，そ
れ以外の因子の因子負荷量はすべて0に近くなる傾向にある。

② 因子得点のプロットが均一に散らばる傾向にある。

③ 因子得点のプロットが軸の近くに配置される傾向にある。

④ 各因子について，いくつかの項目のみ因子負荷量の絶対値が1に近くな
り，それ以外の項目では因子負荷量が0に近くなる傾向にある。

⑤ 各因子で各項目の因子負荷量が均一になる傾向にある。

〔3〕各ブランドのイメージに関する記述として，次の ① 〜 ⑤ のうちから 適切でない
ものを一つ選べ。　22

① A は B，C，D，E に比べて洗練度，普及率ともに高い。

② C は相対的に洗練度の高くないブランドであるが，普及率も高い方では
ない。

③ F は B，C，D，E と比べると洗練度は相対的に低いが，普及率は高い。

④ H は普及率の点で相対的に他のブランドに劣るが，I，J に比べると洗練
度は高いと言える。

⑤ J は洗練度は高くないが，普及率は他のブランドに比べて高い。

2018年6月

223

問 12　図 1 は，2012 年 1 月から 2017 年 3 月までの，京都府における平均現金支給給与額 (千円) の月次データの時系列プロットである。

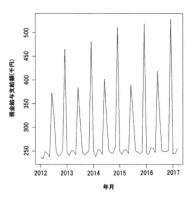

図 1：京都府における現金支給給与額 (千円)

資料：京都府「毎月勤労統計調査地方調査」

〔1〕この系列のコレログラムはどれか。次の①〜⑤のうちから最も適切なものを一つ選べ。　23

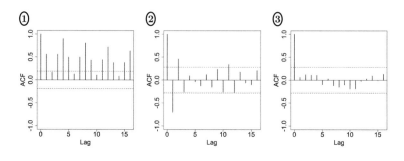

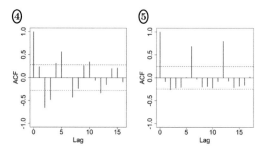

〔2〕図 2 は，図 1 の現金給与支給額の原系列と，それを季節成分，トレンド成分，不規則成分の 3 成分に分解してプロットしたものである。

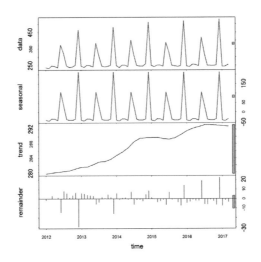

図 2：京都府における現金支給給与額の成分分解 (単位：千円)
(上から原系列，季節成分，トレンド成分，不規則成分)

この図の解釈として，次の ① 〜 ⑤ のうちから 読み取れない ものを一つ選べ。
24

① トレンド成分から，現金支給給与額はこの期間を通しては増加の傾向にあるが，直近の数ヶ月は停滞している。

② トレンド成分から，現金支給給与額はこの 5 年強の間で 1 万円程度上昇している。

③ 季節成分から，年 2 回のボーナスの影響が読み取れる。

④ 給与額の季節成分では，1 年間の最大値と最小値に 20 万円以上の差がある。

⑤ 不規則成分はホワイトノイズとみなせる。

問 13 次の Step 1 - Step 6 のように，目標分布が混合正規分布

$$\frac{1}{4}N(0,1) + \frac{3}{4}N(6,1)$$

であるような，酔歩連鎖によるメトロポリス・ヘイスティングス法を用いて，乱数 x を 10000 個発生させることを考える。ここで，$U(a,b)$ は，閉区間 $[a,b]$ 上の一様分布を表すものとする。

Step 1 初期値 $x^{(0)}$ を設定し，$t \leftarrow 0$ とする。また，$a > 0$ をひとつ定める。

Step 2 ϵ を $U(-a,a)$ から発生させ，

$$y = x^{(t)} + \epsilon$$

とする。

Step 3 u を $U(0,1)$ から発生させ，

$$x^{(t+1)} = \begin{cases} y, & u \leq \alpha(x^{(t)}, y) \\ x^{(t)}, & \text{それ以外} \end{cases}$$

とする。ただし，$\alpha(x^{(t)}, y)$ は採択確率 (C) である。

Step 4 $t \leftarrow t+1$ とする。

Step 5 $t \leq 1000$ のときは $x^{(t)}$ を出力しない。$1000 < t \leq 11000$ のときは $x^{(t)}$ を $t-1000$ 番目の乱数として出力する。

Step 6 $t = 11000$ なら終了，それ以外の場合は Step 2 に戻る。

〔1〕酔歩連鎖によるメトロポリス・ヘイスティングス法では，目標分布の確率密度関数が $\pi(x)$ のとき，採択確率 $\alpha(x^{(t)}, y)$ は

$$\alpha(x^{(t)}, y) = \min\left(1, \frac{\pi(y)}{\pi(x^{(t)})}\right)$$

と表される。$\phi(\cdot)$ を標準正規分布の確率密度関数としたときに，Step 3 の採択確率 (C) を $\phi(\cdot)$ を用いて表せ。 記述 8

〔2〕次の図の（ア）〜（ウ）は，Step 1 で初期値を $x^{(0)} = 6$，a を 0.1, 1, 6 のいずれかに設定したときに得られた 10000 個の乱数のヒストグラムと時系列プロットの組合せである。（ア）〜（ウ）に対応する a の値はそれぞれいくつになるか。理由も含めて述べよ。 記述 9

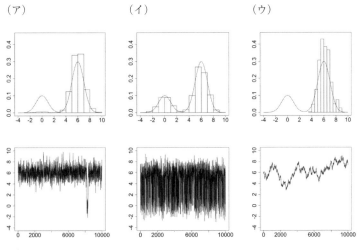

ヒストグラム (上段) と時系列プロット (下段)

〔3〕Step 5 にあるように，$x^{(1)}, \ldots, x^{(1000)}$ を出力に加えない理由を簡潔に説明せよ。 記述 10

統計検定準1級　2018年6月　正解一覧

　選択問題及び部分記述問題の正解一覧です。次ページ以降に解説を掲載しています。問題の趣旨やその考え方を理解するために活用してください。

　論述問題の問題文，解答例は242ページに掲載しています。

問		解答番号	正解
問1	〔1〕	記述1	50%
	〔2〕	記述2	95%
問2	〔1〕	記述3	$\frac{1}{2}$
	〔2〕	記述4	$\frac{2}{9}$
	〔3〕	記述5	$\frac{1}{36}$
問3	〔1〕	記述6	※
	〔2〕	記述7	※
問4	〔1〕	1	①
	〔2〕	2	①
問5	〔1〕	3	③
	〔2〕	4	②
	〔3〕	5	②
問6	〔1〕	6	③
	〔2〕	7	②
	〔3〕	8	④
問7	〔1〕	9	④
	〔2〕	10	⑤
	〔3〕	11	④

問		解答番号	正解
問8	〔1〕	12	②
	〔2〕	13	②
	〔3〕	14	③
問9	〔1〕	15	④
	〔2〕	16	①
	〔3〕	17	③
問10	〔1〕	18	⑤
	〔2〕	19	①
問11	〔1〕	20	①
	〔2〕	21	④
	〔3〕	22	②
問12	〔1〕	23	⑤
	〔2〕	24	⑤
問13	〔1〕	記述8	※
	〔2〕	記述9	
	〔3〕	記述10	

※は次ページ以降を参照。

統計検定　準1級

選択問題及び部分記述問題　解説

問1

〔1〕 | 記述 1 | ⋯⋯⋯⋯⋯⋯⋯⋯⋯⋯⋯⋯⋯⋯⋯⋯⋯⋯⋯⋯⋯ | 正解 | 50%

　　X，Y_1 をそれぞれ

● X : 感染している

● Y_1 : 検査 1 の結果が陽性

という事象としたとき，ここで求める確率は $P(X \mid Y_1)$ である。問題文の仮定より

$$P(Y_1 \mid X) = 0.999, \quad P(Y_1 \mid X^c) = 0.001, \quad P(X) = 0.001, \quad P(X^c) = 0.999$$

であることと，全確率の公式から

$$P(Y_1) = P(Y_1 \mid X)P(X) + P(Y_1 \mid X^c)P(X^c)$$

となることを用いると，ベイズの定理より

$$\begin{aligned}
P(X \mid Y_1) &= \frac{P(Y_1 \mid X)P(X)}{P(Y_1)} \\
&= \frac{0.999 \times 0.001}{0.999 \times 0.001 + 0.001 \times 0.999} \\
&= 0.5 (= 50\%)
\end{aligned}$$

となる。

〔2〕 | 記述 2 | ⋯⋯⋯⋯⋯⋯⋯⋯⋯⋯⋯⋯⋯⋯⋯⋯⋯⋯⋯⋯⋯ | 正解 | 95%

　　Y_2 を検査 2 の結果が陽性であったという事象とすると，ここで求める確率は $P(X \mid Y_1, Y_2)$ である。問題文の仮定と〔1〕の結果より

$$\begin{aligned}
P(Y_2 \mid Y_1, X) &= 0.95 \\
P(Y_2 \mid Y_1, X^c) &= 0.05 \\
P(X \mid Y_1) &= 0.5 \\
P(X^c \mid Y_1) &= 0.5
\end{aligned}$$

であることと，全確率の公式から

$$P(Y_2|Y_1) = P(Y_2 \mid Y_1, X)P(Y_1 \mid X) + P(Y_2 \mid Y_1, X^c)P(Y_1 \mid X^c)$$

となることを用いると，ベイズの定理より

2018年6月

229

$$P(X \mid Y_1, Y_2) = \frac{P(Y_2 \mid X, Y_1)P(X \mid Y_1)}{P(Y_2 \mid Y_1)}$$
$$= \frac{0.95 \times 0.5}{0.95 \times 0.5 + 0.05 \times 0.5}$$
$$= 0.95 (= 95\%)$$

となる。

問2

〔1〕 記述 3 .... 正解 $\dfrac{1}{2}$

$E[X_i^2]$ は次のように求められる。

$$E[X_i^2] = 1^2 \times \frac{5}{10} + 0^2 \times \frac{5}{10} = \frac{1}{2}$$

〔2〕 記述 4 .... 正解 $\dfrac{2}{9}$

$E[X_i X_j]\ (i \neq j)$ は次のように求められる。

$$E[X_i X_j] = 1 \times 1 \times \frac{5}{10} \times \frac{4}{9} + 1 \times 0 \times \frac{5}{10} \times \frac{5}{9}$$
$$+ 0 \times 1 \times \frac{5}{10} \times \frac{5}{9} + 0 \times 0 \times \frac{5}{10} \times \frac{4}{9} = \frac{2}{9}$$

〔3〕 記述 5 .... 正解 $\dfrac{1}{36}$

$E[X_i]$ も $E[X_i^2]$ と同様に

$$E[X_i] = 1 \times \frac{5}{10} + 0 \times \frac{5}{10} = \frac{1}{2}$$

したがって，$\mathrm{Var}[X_i]$ は

$$\mathrm{Var}[X_i] = \frac{1}{2} - \left(\frac{1}{2}\right)^2 = \frac{1}{4}$$

また，$\mathrm{Cov}[X_i, X_j](i \neq j)$ は

$$\mathrm{Cov}[X_i, X_j] = E[X_i X_j] - E[X_i]E[X_j]$$
$$= \frac{2}{9} - \left(\frac{1}{2}\right)^2 = -\frac{1}{36}$$

230

統計検定　準1級

以上より,

$$\mathrm{Var}[\bar{X}] = \frac{1}{25}\sum_{i=1}^{5}\mathrm{Var}[X_i] + \frac{2}{25}\sum_{i<j}\mathrm{Cov}[X_i, X_j] = \frac{1}{36}$$

となる。

問3

〔1〕 記述6 ··· 正解 下記参照

このデータは判別関数 $r(\boldsymbol{x}) = \mathrm{sign}\{(x-3)(x-1)(x+1)(x+3)\} = \mathrm{sign}(x^4 - 10x^2 + 9)$ によって，完全に判別が可能である。従って，適当な a_i $(i = 1, \ldots, n)$ を用いて，$r(\boldsymbol{x}) := \mathrm{sign}\left(\sum_{i=1}^{n} a_i k(\boldsymbol{x}, \boldsymbol{x}_i)\right)$ と表すことができれば，ハードマージン SVM で判別可能である。

図より y 軸の値が 0 に十分近く，x 軸の値がそれぞれ $-4, -2, 0, 2, 4$ に十分近いデータ点が存在するので，一般性を失わずこれらを $\boldsymbol{x}_1, \ldots, \boldsymbol{x}_5$ とする。このとき，4 次の多項式カーネルは近似的に，

$$\sum_{i=1}^{5} a_i k(\boldsymbol{x}, \boldsymbol{x}_i) = a_1(1-4x)^4 + a_2(1-2x)^4 + a_3 + a_4(1+2x)^4 + a_5(1+4x)^4$$

という形の関数で表現できる。各項の線形独立性から，$a_1, \ldots, a_5$ をうまく選べば，$r(\boldsymbol{x}) = \mathrm{sign}\{(x-3)(x-1)(x+1)(x+3)\}$ を構成できる。よって，データは 4 次のハードマージン SVM で完全に判別可能である。

一方，3 次以下の多項式カーネルでは判別関数が 3 次以下の多項式になり，$y = 0$ を代入すると x のみの 3 次以下の式になる。x 軸周辺のデータを判別できるためには符号が 5 回以上変わる必要があり，4 次式以上でなくてはならない。

よって，判別に必要な最小の次数 p は 4 である。

〔2〕 記述7 ··· 正解 下記参照

SVM はサポートベクトルのみ保持していればよいので，それ以外の観測は除去しても結果は変わらない。一方，線形判別分析の判別直線は与えられた観測すべてを用いて推測するため，除去された観測の影響がある。

問4

〔1〕 **1** ·· 正解 ①

男女別の利用率は次のようになる。

	利用している	利用していない
20代男	0.3423	0.6577
20代女	0.5660	0.4340

これに矛盾しないモザイクプロットを探せばよい。利用率が女性の方が高いものを探し，次いで女性の値を見ることにすると次のようになる。

①：正しい。上の表を反映している。

②：誤り。利用率が男性の方が高い。

③：誤り。利用率は女性の方が高いが，女性の利用率が50%以下である。

④：誤り。利用率が男性の方が高い。

⑤：誤り。利用率は女性の方が高いが，女性の利用率が56.6%より明らかに大きい。

よって，正解は①である。

〔2〕 **2** ·· 正解 ①

n_M を20代男の標本サイズ，p_M をその真の利用率とすれば，$n \to \infty$ のとき中心極限定理によりデータにおける利用率 $\hat{p}_M$ は近似的に $N(p_M, p_M(1-p_M)/n)$ に従う。20代女の標本サイズ，真の利用率，データにおける利用率を $n_F, p_F, \hat{p}_F$ としたときも同様である。いま帰無仮説を

$$H_0 : p_M = p_F (= p \text{ とおく})$$

とすれば，$\hat{p}_M$ と $\hat{p}_F$ は独立であるから，正規分布の再生性より H_0 の下で $\hat{p}_M - \hat{p}_F$ は近似的に $N(0, (\frac{1}{n_M} + \frac{1}{n_F})(p(1-p))$ の正規分布に従う。p は未知なので全体の利用率 $\hat{p}$(本問題では98/217) を代入すれば検定統計量

$$Z = \frac{\hat{p}_M - \hat{p}_F}{\sqrt{(\frac{1}{n_M} + \frac{1}{n_F})\hat{p}(1 - \hat{p})}}$$

は近似的に標準正規分布に従う。

①：正しい。

統計検定　準1級

②：誤り。①に似ているが，標準誤差が異なる。

③：誤り。ピアソンのカイ二乗統計量で，帰無分布の漸近分布は $\chi^2(1)$ となるので，標準正規分布に基づいた検定ではない。

④：誤り。オッズ比に基づいた検定統計量に似ているが，分子で対数オッズ比から1を引いているので，漸近分布が $N(-1,1)$ となり，標準正規分布に基づいた検定にはならない。

⑤：誤り。これは①の2乗なので，帰無分布の漸近分布は $\chi^2(1)$ となり，標準正規分布に基づいた検定ではない。

よって，正解は①である。

問5

〔1〕　**3** ･･･ 正解　③

値の低い順に番号を付けた順位と順位和は次のようになる。

治療薬	順位			順位和
A	4	1	2	7
B	3	6	5	14

よって，正解は③である。

〔2〕　**4** ･･･ 正解　②

1から6までの値のうち，3つが選ばれる組合せは $_6C_3$ である。順位和が7以下になるのは，6と7の場合のみである。6のときの順位の組は $(1,2,3)$，7のときの順位の組は $(1,2,4)$ のときのみなので，順位和が7以下になる確率は

$$\frac{2}{_6C_3} = 0.1$$

となる。

よって，正解は②である。

〔3〕　**5** ･･･ 正解　②

患者が4人 (A群2人，B群2人) のとき，患者が5人 (A群2人，B群3人) のときは，順位和が最小の3のときでも，P-値はそれぞれ

233

$$\frac{1}{{}_4C_2} = \frac{1}{6} > 0.03, \quad \frac{1}{{}_5C_2} = \frac{1}{10} > 0.03$$

にしかならない。また，患者が 6 人 (A 群 3 人，B 群 3 人) のときは，順位和が最小の 6 のときでも，P-値は

$$\frac{1}{{}_6C_3} = 0.05 > 0.03$$

にしかならない。一方，患者が 7 人 (A 群 3 人，B 群 4 人) のときは，A 群の順位和が最小の 6 のときの P-値が

$$\frac{1}{{}_7C_3} = \frac{1}{35} \approx 0.0286 < 0.03$$

となる。

よって，正解は ② である。

問6

〔1〕 **6** ··· 正解 ③

A さんの文系での偏差値は，

$$50 + 10 \times \frac{64 - 65}{5} = 48$$

B さんの理系での偏差値は，

$$50 + 10 \times \frac{86 - 80}{3} = 70$$

よって，正解は ③ である。

〔2〕 **7** ··· 正解 ②

与えられた密度関数のグラフの中で，文系（左側の山）の平均が 65 にあり，分散が右側の山より大きいことが満たされるかを考察する。

① : 誤り。右側の山の方が分散が大きい。

② : 正しい。前文の内容を反映している。これに加えて，左側の山は分散が大きいにも関わらず山が高いことが，文系：理系 ＝ 2：1 の混合ウェイトを反映している。

③ : 誤り。左右の分散が等しい。

234

統計検定　準1級

④：　誤り。右側の山の方が分散が大きい。

⑤：　誤り。左右の分散が等しい。

よって，正解は②である。

〔3〕　　**8**　……………………………………………………………　正解▶④

60 点の文系，理系における標準化得点は，それぞれ

$$\frac{60-65}{5} = -1, \quad \frac{60-80}{3} = -\frac{20}{3} = -6.67$$

であることから，

$$P(X \geq 60) \approx \frac{2}{3} \cdot (1 - \Phi(-1)) + \frac{1}{3} \cdot (1 - \Phi(-6.67)) = 0.8942$$

となる。

よって，正解は④である。

問7

〔1〕　　**9**　……………………………………………………………　正解▶④

④ がウォード法の定義である。その他の距離は，次のような手法の説明である。

①：　重心法

②：　最短距離法

③：　最遠距離法

⑤：　群平均法

よって，正解は④である。

〔2〕　　**10**　……………………………………………………………　正解▶⑤

（ア），（イ），（ウ）間の距離行列は

	（ア）	（イ）	（ウ）
（ア）	0		
（イ）	$\sqrt{19}$	0	
（ウ）	$\sqrt{15}$	$\sqrt{4}$	0

となる。これより，(イ) と (ウ) の間の距離は (ア) と (イ)，(ア) と (ウ) の間に比べて近いので，デンドログラム内でも近い。従って，A：(イ)，B：(ウ)，または，A：(ウ)，B：(イ) である。このいずれかを満たすのは ⑤ しかない。

よって，正解は⑤である。

〔3〕 **11** .... 正解 ④

第 1 主成分ベクトルから，「まぐろ」，「貝類」，「白身」の要素が正で，「サーモン」，「うに・いくら」の要素が負であることがわかる。第 2 主成分ベクトルの要素はすべて正である。この条件を満たすのは ④ のみである。また，「サーモン」と「うに・いくら」が左上の象限にあるのは ④ のみであることからもわかる。

よって，正解は④である。

問8

〔1〕 **12** .... 正解 ②

AR(1) モデルの偏自己相関係数は，ラグ 1 のみ正で，残りは 0 である。$T = 1000$ と標本サイズが大きいことから，標本から求めた偏自己相関係数も同じようなパターンを示すはずである。① ～ ⑤ の中で，ラグ 1 の偏自己相関係数のみ有意であるのは ② だけである。残りの図もラグ 1 は有意であるが，ラグ 1 以外でも有意なものがある。

よって，正解は②である。

〔2〕 **13** .... 正解 ②

定常性を仮定すると，

$$\mathrm{Var}(u_{t+1}) = 0.1^2 \cdot \mathrm{Var}(u_t) + \mathrm{Var}(\epsilon_{t+1})$$
$$\Leftrightarrow \sigma_u^2 = 0.01\sigma_u^2 + \sigma^2$$
$$\Leftrightarrow \sigma_u^2 = \sigma^2/0.99$$

よって，正解は②である。

〔3〕 **14** .... 正解 ③

① ： 誤り。u_t に正の系列相関がある場合には $\bar{x}$ と $\bar{y}_{10}$ の分散が等しくない。

② ： 誤り。① と同様に $\bar{x}$ と $\bar{y}_{10}$ の分散が等しくない。加えて，$\bar{y}_{10}$ は不偏推定量なので偏りはない。

統計検定　準1級

③：正しい。$\bar{x}$ と $\bar{y}_{10}$ の不偏性は自明である。$\mathrm{Cov}(y_i, y_j) = \sigma_u^2 \alpha^{|i-j|}$ である。したがって，$\alpha > 0$ のとき

$$\mathrm{Var}(\bar{y}) = \frac{1}{T^2} \sum_{h=-T+1}^{T-1} (T - |h|)\sigma_u^2 \alpha^{|h|} > \frac{1}{T}\sigma_u^2 = \mathrm{Var}(\bar{x})$$

である。従って，$\bar{x}$ よりも優れた精度を得るためには，$T > 10$ の標本が必要である。

④：誤り。$\alpha > 0$ のとき，α の値によらず $\bar{y}_{10}$ の分散は $\bar{x}$ の分散より大きくなる。

⑤：誤り。②と同様に，$\bar{y}_{10}$ は不偏推定量なので偏りはない。また，④でも述べたように，$\alpha > 0$ のとき，$\bar{y}_{10}$ の分散は $\bar{x}$ の分散より大きい。

よって，正解は③である。

問9

〔1〕　**15**　$\cdots\cdots\cdots\cdots\cdots\cdots\cdots\cdots\cdots\cdots\cdots\cdots\cdots\cdots\cdots$　正解▶④

定義より，a を大きくしていくと，

- カイ二乗統計量の値は a に比例して増大する。カイ二乗統計量の値が大きくなれば，P-値は小さくなる。
- クラメールの連関係数の値は一定である。
- 表のサイズが変化しなければ，カイ二乗統計量の漸近分布は変化しない。

以上をまとめると，a を大きくしていくと，カイ二乗統計量の値は大きく，P-値は小さくなるが，クラメールの連関係数の値は変わらない。

よって，正解は④である。

〔2〕　**16**　$\cdots\cdots\cdots\cdots\cdots\cdots\cdots\cdots\cdots\cdots\cdots\cdots\cdots\cdots\cdots$　正解▶①

カイ二乗統計量は帰無仮説の下で近似的に自由度 30 のカイ二乗分布に従う。カイ二乗分布表から，ピアソンのカイ二乗適合度検定の P-値は 0.01 未満であることがわかる。一方，クラメールの連関係数を計算すると

$$\sqrt{\frac{116.52}{1500 \times 5}} \approx 0.125$$

となり，0.1 程度で小さい。

①：正しい。クラメールの連関係数が 0.1 程度のときは，年代とメディアの間に有意な関係があるとは言いきれない。また，P-値が 0.01 未満なのは，標本サイズが大きいからであると考えられる。

237

②：誤り。クラメールの連関係数が 0.1 程度のときは，年代とメディアの間に有意な関係があるとは言いきれない。

③：誤り。クラメールの連関係数は 0.1 程度で，0.5 程度ではない。

④：誤り。P-値は 0.01 未満であるが，クラメールの連関係数が 0.1 程度の小さい値のときは，年代とメディアの間に強い関係があるとは言いきれない。

⑤：誤り。P-値は 0.01 未満であり，ピアソンのカイ二乗適合度検定は 5% 有意である。

　　よって，正解は①である。

〔3〕 **17** ⋯⋯⋯⋯⋯⋯⋯⋯⋯⋯⋯⋯⋯⋯⋯⋯⋯⋯⋯⋯⋯⋯⋯ 正解 ③

対応分析によるバイプロットは，互いの関係性を示す図である。距離の近さを見ることで解釈する。

①：適切である。バイプロット上での 10 代は，20 代，30 代よりテレビとの距離が近い。

②：適切である。バイプロット上で，20 代，30 代は他の世代に比べてインターネットのプロットに近い。

③：適切でない。「40 代」と「新聞」は距離は近いが，メディアの中で「新聞」が最も多く選択されているかまではわからない。

④：適切である。50 代のプロットは書籍よりもラジオとの距離が近い。

⑤：適切である。バイプロットの横軸の負のエリアに着目すると，60 代のプロットは，40 代以下の世代に比べて，テレビ，ラジオ，新聞のプロットとの距離が近い。

　　よって，正解は③である。

問 10

〔1〕 **18** ⋯⋯⋯⋯⋯⋯⋯⋯⋯⋯⋯⋯⋯⋯⋯⋯⋯⋯⋯⋯⋯⋯⋯ 正解 ⑤

（ア）と（ウ）の推定法に見られるような，多くのパラメータが 0 と推定される性質をスパース性と言う。本問での 4 つの推定法のうち，スパース性を持つ推定法は L_1 正則化法と OLS 法 +AIC である。L_1 正則化法や L_2 正則化法 (リッジ回帰) のような正則化法は，OLS 法と比べてパラメータの推定値の絶対値が小さくなる。以上より，（ウ）が L_1 正則化法，（ア）が OLS 法 +AIC であることがわかる。

また，スパース性がない推定法は OLS 法と L_2 正則化法 (リッジ回帰) で，これらが（イ），（エ）のいずれかである。前述の正則化法の性質より，推定値の絶対値が小

238

統計検定　準1級

さい（イ）がリッジ回帰，（エ）が OLS 法とわかる。

以上から，（ア）OLS 法 +AIC，（イ）リッジ回帰，（ウ）L_1 正則化法，（エ）OLS 法である。

よって，正解は⑤である。

〔2〕 **19** ・・ 正解 ①

Elastic Net 回帰法とは，定義からもわかるように，L_1 正則化法と L_2 正則化法の中間的な性質を持つ推定法であり，α が 1 に近づくにつれて L_1 正則化法に近づき推定値はよりスパースになる。$\alpha = 0.5$ の解パスとしては，2 番目にスパースでないものを選べばよい。図の上部の非ゼロの回帰係数の数から，正解は（ア）となる。

よって，正解は①である。

問11

〔1〕 **20** ・・ 正解 ①

バリマックス回転のような直交回転を用いた推定法の場合，共通性は因子負荷量の 2 乗和なので，（ア），（イ）はそれぞれ

$$（ア）= \sqrt{0.94 - 0.96^2} = \pm 0.135, \quad （イ）= \sqrt{0.88 - (-0.71)^2} = \pm 0.613$$

となる。符号まではわからないが，この絶対値を持つ選択肢は ① のみである。

よって，正解は①である。

〔2〕 **21** ・・ 正解 ④

バリマックス回転は，因子負荷行列（表 1 の第 1 因子と第 2 因子）の各要素の 2 乗の分散の和を最大にするような回転である。このようにすると，各因子でいくつかの因子負荷量の絶対値は 1 に近づき，それ以外の因子の因子負荷量は 0 に近づく傾向にある。

よって，正解は④である。

〔3〕 **22** ・・ 正解 ②

第 1 因子を「洗練度」，第 2 因子を「普及度」と名付けたことから，因子得点のプロットにおいて正の高い値をとったなら，それらの内容が高いことになる。

① : 適切である。A は第 1，第 2 因子の因子負荷量がともに最も大きいことから適切である。

239

②：適切でない。C は第 1 因子が正で，洗練度は高いブランドであるので，「相対的に洗練度は高くない」というのは適切でない。

③：適切である。F は B，C，D，E に比べると第 1 因子の因子負荷量が小さく，第 2 因子の因子負荷量が大きいことから適切である。

④：適切である。H は第 2 因子の因子負荷量は最も小さいが，I，J と比べて第 1 因子の因子負荷量は大きいことから適切である。

⑤：適切である。J は第 1 因子の因子負荷量が最も小さく，第 2 因子の因子負荷量が最も大きいことから適切である。

よって，正解は②である。

問12

〔1〕　**23**　‥‥‥‥‥‥‥‥‥‥‥‥‥‥‥‥‥‥‥‥‥‥‥‥‥　正解　⑤

給与の系列は 1 年ごとの周期が強いと考えられる。また，時系列プロットから，ボーナスの影響による半年 (Lag 6) の周期も観察される。Lag が 6 の倍数のみで自己相関係数が正で有意な値を示すコレログラムが正解である。

よって，正解は⑤である。

〔2〕　**24**　‥‥‥‥‥‥‥‥‥‥‥‥‥‥‥‥‥‥‥‥‥‥‥‥‥　正解　⑤

図 2 の上から，原系列，季節成分，トレンド成分，不規則成分を示している。これらの動きと値（単位：千円）から読み取る。

①：読み取れる。トレンド成分の動きからわかる。

②：読み取れる。トレンド成分の値を読むと，約 280 から約 292 になっているので 1 万円程度の上昇がわかる。

③：読み取れる。季節成分の動きから年に 2 回のピークが見られ，年 2 回のボーナスの影響であることがわかる。

④：読み取れる。季節成分の値を読むと，約 −50 から 150 を超える差があるので 20 万円以上の差があることがわかる。

⑤：読み取れない。不規則成分と季節成分を比較すると，不規則成分の分散にはまだ季節性が残っていることがわかるので，ホワイトノイズとみなすことはできない。

よって，正解は⑤である。

統計検定　準1級

問13

〔1〕 記述 8 ··· 正解 下記参照

採択率は，

$$(C) = \min\left(1, \frac{(1/4)\phi(y) + (3/4)\phi(y-6)}{(1/4)\phi(x^{(t)}) + (3/4)\phi(x^{(t)} - 6)}\right)$$

〔2〕 記述 9 ··· 正解 下記参照

（ア）が $a = 1$，（イ）が $a = 6$，（ウ）が $a = 0.1$ である。

（根拠）ステップ幅が小さいほど，左の山に推移しにくくなる。今回の例の場合，標準偏差が1の正規分布の混合で，期待値の差が6であることからも，$a = 0.1, 1, 6$ と大きくなるにつれ安定度が増すと考えられる。

〔3〕 記述 10 ··· 正解 下記参照

繰り返し回数が少ない段階では，初期値の影響を受けるためである。

2018年6月

論述問題 （3問中1問選択）

問 1

ある大学の数理系の学科では，一年次に微積分・線形代数，二年次に数理統計学，三年次に機械学習の講義をそれぞれ開講している。いずれの科目も期末試験の得点で成績が評価される。この3科目の得点の間に図1のような因果メカニズムを想定する。

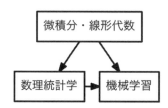

図1：3科目間の因果メカニズム

X_1 を微積分・線形代数の得点，X_2 を数理統計学の得点，X_3 を機械学習の得点とし，X_1, X_2, X_3 は平均0，分散1に標準化されているものとする。図1の因果メカニズムを線形構造方程式で表現すれば，

モデル1： $X_2 = \beta_{12} X_1 + \epsilon_2$
$X_3 = \beta_{13} X_1 + \beta_{23} X_2 + \epsilon_3$

となる。ここで，ϵ_2 と ϵ_3 は期待値が0で互いに独立な誤差項とする。また，ϵ_2 は X_1 と，ϵ_3 は X_1, X_2 と無相関であると仮定できるものとする。

〔1〕 X_1, X_2, X_3 の母相関行列が

$$\begin{pmatrix} 1.00 & & \\ 0.8 & 1.00 & \\ 0.6 & 0.7 & 1.00 \end{pmatrix}$$

であったとする。

(1) β_{12}, β_{13}, β_{23} の推定値を小数点以下第3位まで求めよ。

(2) 微積分・線形代数の得点の影響を除いた後の数理統計学と機械学習の得点の間の偏相関係数を小数点以下第3位まで求めよ。

〔2〕ある学年では微積分・線形代数の得点のデータが入手不能であった。そこで、数理統計学と機械学習の得点だけを用いて、

$$モデル 2: \quad X_3 = \gamma_{23} X_2 + \epsilon_3'$$

というモデルを最小二乗法で推定した。ϵ_3' は誤差項である。モデル 1 が正しいと想定できるとき、γ_{23} の最小二乗推定値は β_{23} の推定値として適切であるか。その理由とともに述べよ。

〔3〕〔2〕の学年では、プログラミングの履修の有無に関するデータ Z が別途入手可能であった。すなわち、Z は

$$Z = \begin{cases} 1, & \text{プログラミングを履修した} \\ 0, & \text{履修していない} \end{cases}$$

である。プログラミングも含めた因果メカニズムは図 2 のようであったとする。

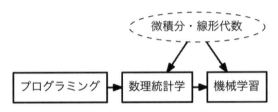

図 2：4 科目間の因果メカニズム

この場合、微積分・線形代数は潜在変数となる。また、Z は X_1 とも ϵ_3 とも無相関であると仮定する。

　数理統計学では、プログラミング受講生の平均点が 0.4、未受講生の平均点が -0.8、機械学習では、プログラミング受講生の平均点が 0.2、未受講生の平均点が -0.4 であった。これらを用いて、β_{23} の一致推定値を求めよ。

解答例

〔1〕

(1) 構造方程式より，

$$X_1 X_2 = \beta_{12} X_1^2 + X_1 \epsilon_2$$

$$X_1 X_3 = \beta_{13} X_1^2 + \beta_{23} X_1 X_2 + X_1 \epsilon_2$$

$$X_2 X_3 = \beta_{13} X_1 X_2 + \beta_{23} X_2^2 + X_2 \epsilon_3$$

である。両辺の期待値をとることによって，

$$0.8 = \beta_{12}$$

$$0.6 = \beta_{13} + 0.8\beta_{23}$$

$$0.7 = 0.8\beta_{13} + \beta_{23}$$

この連立方程式を解くことによって，

$$\beta_{12} = 0.8, \quad \beta_{13} = \frac{1}{9} \approx 0.111, \quad \beta_{23} = \frac{11}{18} \approx 0.611$$

(2) 偏相関係数 $r_{23|1}$ を求めればよい。

$$\begin{aligned} r_{23|1} &= \frac{r_{23} - r_{12} r_{13}}{\sqrt{1 - r_{12}^2}\sqrt{1 - r_{13}^2}} \\ &= \frac{0.7 - 0.8 \times 0.6}{\sqrt{1 - 0.8^2}\sqrt{1 - 0.6^2}} \\ &= 0.4583 \approx 0.458 \end{aligned}$$

〔2〕このモデルの OLSE は

$$E[X_2 X_3] = \beta_{23} + 0.8\beta_{13}$$

の一致推定量になるので，β_{23} の推定量としては $0.8\beta_{13}$ だけバイアス (欠落変数バイアス) を含むので不適切。

〔3〕Z が 2 値変数である場合，

$$\begin{aligned} \mathrm{Cov}[Z, X] &= E[ZX] - E[Z]E[X] \\ &= E\big[ZE[X \mid Z]\big] - E\big[E[Z]E[X \mid Z]\big] \\ &= pE[X \mid Z=1] - p\big(pE[X \mid Z=1] + (1-p)E[X \mid Z=0]\big) \\ &= p(1-p)\big(E[X \mid Z=1] - E[X \mid Z=0]\big) \end{aligned}$$

従って，X と Z が独立でなくても無相関 $\mathrm{Cov}[Z, X] = 0$ ならば，

$$E[X \mid Z = 1] = E[X \mid Z = 0] = E[X]$$

が成り立つ。

$$X_3 = \beta_{13} X_1 + \beta_{23} X_2 + \epsilon_2$$

の両辺について，Z で条件付けたときの期待値を求めると，

$$E[X_3 \mid Z] = \beta_{13} E[X_1 \mid Z] + \beta_{23} E[X_2 \mid Z] + E[\epsilon_3 \mid Z]$$

であり，2 値変数 Z と，X_1，ϵ_3 との相関は 0 であることから，

$$\begin{aligned}
E[X_3 \mid Z] &= \beta_{13} E[X_1] + \beta_{23} E[X_2 \mid Z] + E[\epsilon_3] \\
&= \beta_{23} E[X_2 \mid Z]
\end{aligned}$$

この式に

$$E[X_3 \mid Z = 1] = 0.2, \quad E[X_2 \mid Z = 1] = 0.4$$

および，

$$E[X_3 \mid Z = 0] = -0.4, \quad E[X_2 \mid Z = 1] = -0.8$$

を代入することで，β_{23} の一致推定量を求めると 0.5 である。

問2

次の図は，平成 29 年 12 月，平成 30 年 1 月の 62 日間における，新潟県越後湯沢地域の積雪量 (cm) と平均気温 (℃)，日照時間 (h) の関係をプロットしたものである。

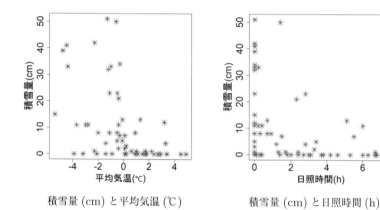

積雪量 (cm) と平均気温 (℃)　　　積雪量 (cm) と日照時間 (h)

[1] 平均気温 (X_1)，日照時間 (X_2) と積雪の有無 (Y)

$$Y = \begin{cases} 1, & \text{積雪あり} \\ 0, & \text{積雪なし} \end{cases}$$

の関係を，プロビットモデル

$$P(Y=1) = \Phi(\alpha_0 + \alpha_1 X_1 + \alpha_2 X_2)$$

を用いて分析を行った。ここで，$\Phi(\cdot)$ は標準正規分布の累積分布関数である。推定結果は次の表のようになった。

	推定値	標準誤差
$\hat{\alpha}_0$	-0.958	0.282
$\hat{\alpha}_1$	-0.265	0.094
$\hat{\alpha}_2$	-0.246	0.079

$\phi(\cdot)$ を標準正規分布の確率密度関数としたとき，$\phi(\hat{\alpha}_0) = 0.252$ であった。

(1) 上の推定結果を用いると，平均気温が 1 ℃，日照時間が 1h のときに積雪がある確率

$$P(Y=1 \mid X_1 = 1, X_2 = 1)$$

はおよそいくらと推定できるか。小数点以下第 3 位まで求めよ。

統計検定　準1級

(2) 平均気温が0℃のときに積雪がある確率の日照時間に対する限界効果と，日照時間が0hのときに積雪がある確率の平均気温に対する限界効果

$$\left. \frac{\partial P(Y=1 \mid X_1, X_2=0)}{\partial X_1} \right|_{X_1=0}, \quad \left. \frac{\partial P(Y=1 \mid X_1=0, X_2)}{\partial X_2} \right|_{X_2=0}$$

の推定値を，それぞれ小数点以下第3位まで求めよ。

〔2〕積雪量 (Z) と平均気温 (X_1)，日照時間 (X_2) の関係を調べるために，次のトービットモデル

$$Z^* = \beta_0 + \beta_1 X_1 + \beta_2 X_2 + \epsilon$$

$$Z = \begin{cases} Z^*, & Z^* \geq 0 \\ 0, & Z^* < 0 \end{cases}$$

を用いて分析することを考える。ここで，ϵ は独立に同一の正規分布 $N(0, \sigma^2)$ に従う誤差項であるとする。

(1) t 日目 $(t = 1, 2, \ldots, 62)$ における積雪量，平均気温，日照時間の観測値をそれぞれ z_t, x_{t1}, x_{t2} と書くことにする。このとき，このトービットモデルの尤度関数を $\Phi(\cdot)$, $\phi(\cdot)$ を用いて書け。

(2) 上のトービットモデルと，最低気温，最高気温も説明変数に用いた他のいくつかのトービットモデルを推定したところ，最大対数尤度は次の表のようになった。

説明変数	最大対数尤度
日照時間 + 平均気温	-168.496
日照時間 + 平均気温 + 最高気温	-168.304
日照時間 + 平均気温 + 最低気温	-166.565
日照時間 + 平均気温 + 最低気温 + 最高気温	-166.161

この結果から，AIC の意味でどの変数を説明変数に用いたモデルが最もよいモデルと言えるかを答えよ。

解答例　問題文中の「積雪量」は「降雪量」の誤りである。

〔1〕

(1) プロビットモデルの定義より，

$$\begin{aligned} P(Y=1 \mid X_1=1, \ X_2=1) &= \Phi(\hat{\alpha_0} + \hat{\alpha_1} + \hat{\alpha_2}) \\ &= \Phi(-1.469) \\ &\approx \Phi(-1.47) \\ &= 0.0708 \approx 0.071 \end{aligned}$$

247

(2) X_1, X_2 に対する限界効果はそれぞれ，

$$\frac{\partial P(Y = 1 \mid X_1,\ X_2)}{\partial X_1} = \phi(\alpha_0 + \alpha_1 X_1 + \alpha_2 X_2)\alpha_1,$$

$$\frac{\partial P(Y = 1 \mid X_1,\ X_2)}{\partial X_2} = \phi(\alpha_0 + \alpha_1 X_1 + \alpha_2 X_2)\alpha_2$$

である．これより，求める限界効果の推定値は，

$$\left.\frac{\partial P(Y = 1 \mid X_1,\ X_2 = 0)}{\partial X_1}\right|_{X_1 = 0} = \phi(\hat{\alpha}_0)\hat{\alpha}_1$$
$$= 0.252 \times (-0.265)$$
$$= -0.0667 \approx -0.067,$$

$$\left.\frac{\partial P(Y = 1 \mid X_1 = 0,\ X_2)}{\partial X_2}\right|_{X_2 = 0} = \phi(\hat{\alpha}_0)\hat{\alpha}_2$$
$$= 0.252 \times (-0.246)$$
$$= -0.0619 \approx -0.062.$$

〔2〕

(1) t 日目の潜在変数を Z_t^* と書くことにする．$z_t = 0$ のときは，$Z_t^* \leq 0$ のときなので

$$P(z_t = 0) = P(Z_t^* \leq 0)$$
$$= \Phi\left(-\frac{\beta_0 + \beta_1 x_{1t} + \beta_2 x_{2t}}{\sigma}\right)$$

一方，$Z_t^* = z_t > 0$ のときは，そのまま観測されるので，密度関数は

$$f(z_t) = \frac{1}{\sigma}\phi\left(\frac{z_t - (\beta_0 + \beta_1 x_{1t} + \beta_2 x_{2t})}{\sigma}\right)$$

となる．従って，尤度関数は，

$$L(\boldsymbol{\beta}, \sigma^2) = \prod_{t:z_t > 0} \frac{1}{\sigma}\phi\left(\frac{z_t - (\beta_0 + \beta_1 x_{1t} + \beta_2 x_{2t})}{\sigma}\right) \times \prod_{t:z_t = 0} \Phi\left(-\frac{\beta_0 + \beta_1 x_{1t} + \beta_2 x_2}{\sigma}\right)$$

(2) AIC は

$$\text{AIC} = -2 \times \text{最大対数尤度} + 2 \times \text{自由パラメータの数}$$

である．今の場合，自由パラメータは回帰係数と分散 σ^2 であることから，下表を得る．

統計検定　準1級

説明変数	パラメータ数	AIC
日照時間 + 平均気温	4	344.992
日照時間 + 平均気温 + 最高気温	5	346.608
日照時間 + 平均気温 + 最低気温	5	343.130
日照時間 + 平均気温 + 最低気温 + 最高気温	6	344.322

従って，AIC の意味では「日照時間 + 平均気温 + 最低気温」のモデルが最適である。

問3

　ある農業試験場では，品種改良により開発中の2種類のイネ A_1, A_2 と3種類の肥料 B_1, B_2, B_3 について，単位面積あたりの収穫量が最も多くなる組合せを調べることにした。ある若手の研究員S氏は，利用できる土地を18区画に分け，イネと肥料の6通りの組合せのそれぞれを図1のようにランダムに3区画ずつ割り当てる，繰返しのある二元配置法により実験をしようと考えた。

A_2B_1	A_2B_2	A_1B_1	A_1B_2	A_1B_3	A_2B_3
A_1B_3	A_2B_3	A_2B_1	A_1B_1	A_2B_2	A_1B_3
A_2B_1	A_1B_1	A_1B_2	A_2B_2	A_2B_3	A_1B_2

図1: 試験場の割当て（繰返しのある二元配置法）

A_iB_j 水準の k 番目の繰返しで得られるイネの収穫量を Y_{ijk} とすると，S氏が考えた構造式は

$$Y_{ijk} = \mu + \alpha_i + \beta_j + (\alpha\beta)_{ij} + \varepsilon_{ijk}, \quad \varepsilon_{ijk} \sim N(0, \sigma^2)$$
$$\sum_{i=1}^{2}\alpha_i = 0, \quad \sum_{j=1}^{3}\beta_j = 0, \quad \sum_{i=1}^{2}(\alpha\beta)_{ij} = \sum_{j=1}^{3}(\alpha\beta)_{ij} = 0 \tag{2}$$

である $(i = 1, 2;\ j = 1, 2, 3;\ k = 1, 2, 3)$。

　この計画をチェックしたベテラン研究員H氏は，この土地の日当たりが均一ではないことを指摘し，日当たりの影響をブロック因子とする乱塊法実験を行うことを提案した。S氏はこの提案に従い，18区画を日当たりで3つのブロック C_1, C_2, C_3 に分け，それぞれのブロックで，イネと肥料の6通りの組合せを図2のようにランダムに1区画ずつ割当てた。

C_1		C_2		C_3	
A_1B_1	A_2B_2	A_1B_1	A_1B_3	A_1B_1	A_2B_3
A_2B_1	A_1B_3	A_2B_3	A_2B_1	A_2B_2	A_1B_3
A_2B_3	A_1B_2	A_1B_2	A_2B_2	A_2B_1	A_1B_2

図2: 試験場の割当て（乱塊法）

〔1〕A_iB_j 水準のブロック C_k でのイネの収穫量を Y_{ijk} とする。ブロック因子に関する項を適切に定義し，式 (2) を修正して，Y_{ijk} に対する構造式を書け。

統計検定　準1級

〔2〕S 氏が最初に計画した，繰返しのある二元配置法に比べ，乱塊法にはどのような利点があるか，説明せよ。

　　この乱塊法により実験を行ったところ，1 年後，イネの収穫量は以下のようであった（単位：グラム）。

		B_1	B_2	B_3
C_1	A_1	926	1040	1068
	A_2	1009	1054	1071
C_2	A_1	970	1052	1057
	A_2	1033	1061	1073
C_3	A_1	1035	1076	1082
	A_2	1039	1089	1093

〔3〕空欄を埋めて分散分析表を作成せよ。以下は，各因子の水準ごとの収穫量の平均値と，因子 A と因子 B の組合せごとの収穫量の平均値である。

A_1	A_2
1034.0	1058.0

B_1	B_2	B_3
1002.0	1062.0	1074.0

C_1	C_2	C_3
1028.0	1041.0	1069.0

	B_1	B_2	B_3
A_1	977.0	1056.0	1069.0
A_2	1027.0	1068.0	1079.0

また，収穫量 y_{ijk} についての以下の値を利用してもよい。

$$\sum_{i=1}^{2}\sum_{j=1}^{3}\sum_{k=1}^{3} y_{ijk} = 18828, \quad \sum_{i=1}^{2}\sum_{j=1}^{3}\sum_{k=1}^{3} y_{ijk}^2 = 19724546$$

因子	平方和	自由度	分散	F 値
A				
B				
$A \times B$				
C				
残差				
合計				

〔4〕分散分析表をもとに，〔1〕で得た Y_{ijk} の構造式の右辺に現れる各項について，その有意性を論ぜよ。

251

〔5〕この結果から得られる，最適な水準の組合せを求めよ。また，その水準でのイネの収穫量の点推定値を求めよ。

解答例

〔1〕ブロック因子の効果を γ_k とする。制御因子 A, B とブロック因子の交互作用は，誤差として扱う。構造式は

$$Y_{ijk} = \mu + \alpha_i + \beta_j + (\alpha\beta)_{ij} + \gamma_k + \varepsilon_{ijk}, \quad \varepsilon_{ijk} \sim N(0, \sigma^2)$$

$$\sum_{i=1}^{2} \alpha_i = 0, \quad \sum_{j=1}^{3} \beta_j = 0, \quad \sum_{i=1}^{2} (\alpha\beta)_{ij} = \sum_{j=1}^{3} (\alpha\beta)_{ij} = 0,$$

$$\sum_{k=1}^{3} \gamma_k = 0$$

となる。

〔2〕乱塊法では，繰返しのある二元配置法では検証することができなかった，日当たりの違いによる変動を考慮することができる。つまり，誤差から，日当たりの違いによる変動を分離することができる。

〔3〕分散分析表は以下のようになる。

因子	平方和	自由度	分散	F 値
A	2592.0	1	2592.0	8.0547
B	17856.0	2	8928.0	27.7439
$A \times B$	1524.0	2	762.0	2.3679
C	5268.0	2	2634.0	8.1852
残差	3218.0	10	321.8	
合計	30458.0	17		

計算式は以下のとおり。

統計検定　準1級

$$\bar{y} = 18828/18 = 1046$$

$$S_A = \sum_{i=1}^{2} \sum_{j=1}^{3} \sum_{k=1}^{3} (\bar{y}_{i\cdot\cdot} - \bar{y})^2 = 9((1034 - 1046)^2 + (1058 - 1046)^2) = 2592$$

$$S_B = \sum_{i=1}^{2} \sum_{j=1}^{3} \sum_{k=1}^{3} (\bar{y}_{\cdot j\cdot} - \bar{y})^2$$

$$= 6((1002 - 1046)^2 + (1062 - 1046)^2 + (1074 - 1046)^2) = 17856$$

$$S_C = \sum_{i=1}^{2} \sum_{j=1}^{3} \sum_{k=1}^{3} (\bar{y}_{\cdot\cdot k} - \bar{y})^2$$

$$= 6((1028 - 1046)^2 + (1041 - 1046)^2 + (1069 - 1046)^2) = 5268$$

$\bar{y}_{ij\cdot} - \bar{y}_{i\cdot\cdot} - \bar{y}_{\cdot j\cdot} + \bar{y}$ の値は

	B_1	B_2	B_3
A_1	-13	6	7
A_2	13	-6	-7

となるから，これより

$$S_{A \times B} = \sum_{i=1}^{2} \sum_{j=1}^{3} \sum_{k=1}^{3} (\bar{y}_{ij\cdot} - \bar{y}_{i\cdot\cdot} - \bar{y}_{\cdot j\cdot} + \bar{y})^2 = 3 \times 2(13^2 + 6^2 + 7^2) = 1524$$

$$S_T = \sum_{i=1}^{2} \sum_{j=1}^{3} \sum_{k=1}^{3} (y_{ijk} - \bar{y})^2 = \sum_{i=1}^{2} \sum_{j=1}^{3} \sum_{k=1}^{3} y_{ijk}^2 - 18(\bar{y})^2$$

$$= 19724546 - 18 \times 1046^2 = 30458$$

$$S_E = S_T - S_A - S_B - S_C - S_{A \times B} = 3218$$

〔4〕付表 4 から，以下がわかる。因子 A と因子 B の二因子交互作用 $A \times B$ の F 値 2.3679 は，自由度 $(2, 10)$ の F 分布の上側 5 ％の値 $F_{0.05}(2, 10) = 4.103$ よりも小さい。従って，因子 A と因子 B の二因子交互作用は無視してもよいと考えられる。因子 A の主効果の F 値 8.0547 は，自由度 $(1, 10)$ の F 分布の上側 2.5 ％の値 $F_{0.025}(1, 10) = 6.937$ よりも大きいので，有意と考えられる。因子 B の主効果の F 値 27.7439 は，自由度 $(2, 10)$ の F 分布の上側 2.5 ％の値 $F_{0.025}(2, 10) = 5.456$ よりもはるかに大きいので，高度に有意である。同様に，ブロック因子 C の主効果も有意である。

〔5〕因子 A と因子 B に交互作用が存在しないとすると，最適な水準は，各因子の水準ごとの平均値より (A_2, B_3) となる。ブロック因子 C の水準設定には再現性がないので，因子 C について最適水準を選ぶことには意味がない。最適水準 (A_2, B_3) での収穫量の

点推定値は

$$\bar{y}_{2\cdot\cdot} + \bar{y}_{\cdot 3\cdot} - \bar{y} = 1058 + 1074 - 1046 = 1086$$

となる。

付　表

付表1. 標準正規分布の上側確率

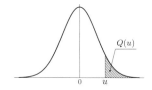

u	.00	.01	.02	.03	.04	.05	.06	.07	.08	.09
0.0	0.5000	0.4960	0.4920	0.4880	0.4840	0.4801	0.4761	0.4721	0.4681	0.4641
0.1	0.4602	0.4562	0.4522	0.4483	0.4443	0.4404	0.4364	0.4325	0.4286	0.4247
0.2	0.4207	0.4168	0.4129	0.4090	0.4052	0.4013	0.3974	0.3936	0.3897	0.3859
0.3	0.3821	0.3783	0.3745	0.3707	0.3669	0.3632	0.3594	0.3557	0.3520	0.3483
0.4	0.3446	0.3409	0.3372	0.3336	0.3300	0.3264	0.3228	0.3192	0.3156	0.3121
0.5	0.3085	0.3050	0.3015	0.2981	0.2946	0.2912	0.2877	0.2843	0.2810	0.2776
0.6	0.2743	0.2709	0.2676	0.2643	0.2611	0.2578	0.2546	0.2514	0.2483	0.2451
0.7	0.2420	0.2389	0.2358	0.2327	0.2296	0.2266	0.2236	0.2206	0.2177	0.2148
0.8	0.2119	0.2090	0.2061	0.2033	0.2005	0.1977	0.1949	0.1922	0.1894	0.1867
0.9	0.1841	0.1814	0.1788	0.1762	0.1736	0.1711	0.1685	0.1660	0.1635	0.1611
1.0	0.1587	0.1562	0.1539	0.1515	0.1492	0.1469	0.1446	0.1423	0.1401	0.1379
1.1	0.1357	0.1335	0.1314	0.1292	0.1271	0.1251	0.1230	0.1210	0.1190	0.1170
1.2	0.1151	0.1131	0.1112	0.1093	0.1075	0.1056	0.1038	0.1020	0.1003	0.0985
1.3	0.0968	0.0951	0.0934	0.0918	0.0901	0.0885	0.0869	0.0853	0.0838	0.0823
1.4	0.0808	0.0793	0.0778	0.0764	0.0749	0.0735	0.0721	0.0708	0.0694	0.0681
1.5	0.0668	0.0655	0.0643	0.0630	0.0618	0.0606	0.0594	0.0582	0.0571	0.0559
1.6	0.0548	0.0537	0.0526	0.0516	0.0505	0.0495	0.0485	0.0475	0.0465	0.0455
1.7	0.0446	0.0436	0.0427	0.0418	0.0409	0.0401	0.0392	0.0384	0.0375	0.0367
1.8	0.0359	0.0351	0.0344	0.0336	0.0329	0.0322	0.0314	0.0307	0.0301	0.0294
1.9	0.0287	0.0281	0.0274	0.0268	0.0262	0.0256	0.0250	0.0244	0.0239	0.0233
2.0	0.0228	0.0222	0.0217	0.0212	0.0207	0.0202	0.0197	0.0192	0.0188	0.0183
2.1	0.0179	0.0174	0.0170	0.0166	0.0162	0.0158	0.0154	0.0150	0.0146	0.0143
2.2	0.0139	0.0136	0.0132	0.0129	0.0125	0.0122	0.0119	0.0116	0.0113	0.0110
2.3	0.0107	0.0104	0.0102	0.0099	0.0096	0.0094	0.0091	0.0089	0.0087	0.0084
2.4	0.0082	0.0080	0.0078	0.0075	0.0073	0.0071	0.0069	0.0068	0.0066	0.0064
2.5	0.0062	0.0060	0.0059	0.0057	0.0055	0.0054	0.0052	0.0051	0.0049	0.0048
2.6	0.0047	0.0045	0.0044	0.0043	0.0041	0.0040	0.0039	0.0038	0.0037	0.0036
2.7	0.0035	0.0034	0.0033	0.0032	0.0031	0.0030	0.0029	0.0028	0.0027	0.0026
2.8	0.0026	0.0025	0.0024	0.0023	0.0023	0.0022	0.0021	0.0021	0.0020	0.0019
2.9	0.0019	0.0018	0.0018	0.0017	0.0016	0.0016	0.0015	0.0015	0.0014	0.0014
3.0	0.0013	0.0013	0.0013	0.0012	0.0012	0.0011	0.0011	0.0011	0.0010	0.0010
3.1	0.0010	0.0009	0.0009	0.0009	0.0008	0.0008	0.0008	0.0008	0.0007	0.0007
3.2	0.0007	0.0007	0.0006	0.0006	0.0006	0.0006	0.0006	0.0005	0.0005	0.0005
3.3	0.0005	0.0005	0.0005	0.0004	0.0004	0.0004	0.0004	0.0004	0.0004	0.0003
3.4	0.0003	0.0003	0.0003	0.0003	0.0003	0.0003	0.0003	0.0003	0.0003	0.0002
3.5	0.0002	0.0002	0.0002	0.0002	0.0002	0.0002	0.0002	0.0002	0.0002	0.0002
3.6	0.0002	0.0002	0.0001	0.0001	0.0001	0.0001	0.0001	0.0001	0.0001	0.0001
3.7	0.0001	0.0001	0.0001	0.0001	0.0001	0.0001	0.0001	0.0001	0.0001	0.0001
3.8	0.0001	0.0001	0.0001	0.0001	0.0001	0.0001	0.0001	0.0001	0.0001	0.0001
3.9	0.0000	0.0000	0.0000	0.0000	0.0000	0.0000	0.0000	0.0000	0.0000	0.0000

$u = 0.00 \sim 3.99$ に対する,正規分布の上側確率 $Q(u)$ を与える.
例:$u = 1.96$ に対しては,左の見出し 1.9 と上の見出し .06 との交差点で,$Q(u) = .0250$ と読む。表にない u に対しては適宜補間すること.

付表2. t 分布のパーセント点

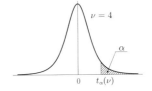

ν	α 0.10	0.05	0.025	0.01	0.005
1	3.078	6.314	12.706	31.821	63.656
2	1.886	2.920	4.303	6.965	9.925
3	1.638	2.353	3.182	4.541	5.841
4	1.533	2.132	2.776	3.747	4.604
5	1.476	2.015	2.571	3.365	4.032
6	1.440	1.943	2.447	3.143	3.707
7	1.415	1.895	2.365	2.998	3.499
8	1.397	1.860	2.306	2.896	3.355
9	1.383	1.833	2.262	2.821	3.250
10	1.372	1.812	2.228	2.764	3.169
11	1.363	1.796	2.201	2.718	3.106
12	1.356	1.782	2.179	2.681	3.055
13	1.350	1.771	2.160	2.650	3.012
14	1.345	1.761	2.145	2.624	2.977
15	1.341	1.753	2.131	2.602	2.947
16	1.337	1.746	2.120	2.583	2.921
17	1.333	1.740	2.110	2.567	2.898
18	1.330	1.734	2.101	2.552	2.878
19	1.328	1.729	2.093	2.539	2.861
20	1.325	1.725	2.086	2.528	2.845
21	1.323	1.721	2.080	2.518	2.831
22	1.321	1.717	2.074	2.508	2.819
23	1.319	1.714	2.069	2.500	2.807
24	1.318	1.711	2.064	2.492	2.797
25	1.316	1.708	2.060	2.485	2.787
26	1.315	1.706	2.056	2.479	2.779
27	1.314	1.703	2.052	2.473	2.771
28	1.313	1.701	2.048	2.467	2.763
29	1.311	1.699	2.045	2.462	2.756
30	1.310	1.697	2.042	2.457	2.750
40	1.303	1.684	2.021	2.423	2.704
60	1.296	1.671	2.000	2.390	2.660
120	1.289	1.658	1.980	2.358	2.617
240	1.285	1.651	1.970	2.342	2.596
∞	1.282	1.645	1.960	2.326	2.576

自由度 ν の t 分布の上側確率 α に対する t の値を $t_\alpha(\nu)$ で表す。
例：自由度 $\nu = 20$ の上側 5%点 $(\alpha = 0.05)$ は，$t_{0.05}(20) = 1.725$ である。
表にない自由度に対しては適宜補間すること。

付表 3. カイ二乗分布のパーセント点

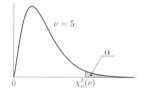

ν	0.99	0.975	0.95	0.90	0.10	0.05	0.025	0.01
1	0.00	0.00	0.00	0.02	2.71	3.84	5.02	6.63
2	0.02	0.05	0.10	0.21	4.61	5.99	7.38	9.21
3	0.11	0.22	0.35	0.58	6.25	7.81	9.35	11.34
4	0.30	0.48	0.71	1.06	7.78	9.49	11.14	13.28
5	0.55	0.83	1.15	1.61	9.24	11.07	12.83	15.09
6	0.87	1.24	1.64	2.20	10.64	12.59	14.45	16.81
7	1.24	1.69	2.17	2.83	12.02	14.07	16.01	18.48
8	1.65	2.18	2.73	3.49	13.36	15.51	17.53	20.09
9	2.09	2.70	3.33	4.17	14.68	16.92	19.02	21.67
10	2.56	3.25	3.94	4.87	15.99	18.31	20.48	23.21
11	3.05	3.82	4.57	5.58	17.28	19.68	21.92	24.72
12	3.57	4.40	5.23	6.30	18.55	21.03	23.34	26.22
13	4.11	5.01	5.89	7.04	19.81	22.36	24.74	27.69
14	4.66	5.63	6.57	7.79	21.06	23.68	26.12	29.14
15	5.23	6.26	7.26	8.55	22.31	25.00	27.49	30.58
16	5.81	6.91	7.96	9.31	23.54	26.30	28.85	32.00
17	6.41	7.56	8.67	10.09	24.77	27.59	30.19	33.41
18	7.01	8.23	9.39	10.86	25.99	28.87	31.53	34.81
19	7.63	8.91	10.12	11.65	27.20	30.14	32.85	36.19
20	8.26	9.59	10.85	12.44	28.41	31.41	34.17	37.57
25	11.52	13.12	14.61	16.47	34.38	37.65	40.65	44.31
30	14.95	16.79	18.49	20.60	40.26	43.77	46.98	50.89
35	18.51	20.57	22.47	24.80	46.06	49.80	53.20	57.34
40	22.16	24.43	26.51	29.05	51.81	55.76	59.34	63.69
50	29.71	32.36	34.76	37.69	63.17	67.50	71.42	76.15
60	37.48	40.48	43.19	46.46	74.40	79.08	83.30	88.38
70	45.44	48.76	51.74	55.33	85.53	90.53	95.02	100.43
80	53.54	57.15	60.39	64.28	96.58	101.88	106.63	112.33
90	61.75	65.65	69.13	73.29	107.57	113.15	118.14	124.12
100	70.06	74.22	77.93	82.36	118.50	124.34	129.56	135.81
120	86.92	91.57	95.70	100.62	140.23	146.57	152.21	158.95
140	104.03	109.14	113.66	119.03	161.83	168.61	174.65	181.84
160	121.35	126.87	131.76	137.55	183.31	190.52	196.92	204.53
180	138.82	144.74	149.97	156.15	204.70	212.30	219.04	227.06
200	156.43	162.73	168.28	174.84	226.02	233.99	241.06	249.45
240	191.99	198.98	205.14	212.39	268.47	277.14	284.80	293.89

自由度 ν のカイ二乗分布の上側確率 α に対する χ^2 の値を $\chi^2_\alpha(\nu)$ で表す。
例:自由度 $\nu = 20$ の上側 5%点 ($\alpha = 0.05$) は, $\chi^2_{0.05}(20) = 31.41$ である。
表にない自由度に対しては適宜補間すること。

付表 4. F 分布のパーセント点

$\nu_1 = 10$
$\nu_2 = 20$

α = 0.05

$\nu_2 \backslash \nu_1$	1	2	3	4	5	6	7	8	9	10	15	20	40	60	120	∞
5	6.608	5.786	5.409	5.192	5.050	4.950	4.876	4.818	4.772	4.735	4.619	4.558	4.464	4.431	4.398	4.365
10	4.965	4.103	3.708	3.478	3.326	3.217	3.135	3.072	3.020	2.978	2.845	2.774	2.661	2.621	2.580	2.538
15	4.543	3.682	3.287	3.056	2.901	2.790	2.707	2.641	2.588	2.544	2.403	2.328	2.204	2.160	2.114	2.066
20	4.351	3.493	3.098	2.866	2.711	2.599	2.514	2.447	2.393	2.348	2.203	2.124	1.994	1.946	1.896	1.843
25	4.242	3.385	2.991	2.759	2.603	2.490	2.405	2.337	2.282	2.236	2.089	2.007	1.872	1.822	1.768	1.711
30	4.171	3.316	2.922	2.690	2.534	2.421	2.334	2.266	2.211	2.165	2.015	1.932	1.792	1.740	1.683	1.622
40	4.085	3.232	2.839	2.606	2.449	2.336	2.249	2.180	2.124	2.077	1.924	1.839	1.693	1.637	1.577	1.509
60	4.001	3.150	2.758	2.525	2.368	2.254	2.167	2.097	2.040	1.993	1.836	1.748	1.594	1.534	1.467	1.389
120	3.920	3.072	2.680	2.447	2.290	2.175	2.087	2.016	1.959	1.910	1.750	1.659	1.495	1.429	1.352	1.254

α = 0.025

$\nu_2 \backslash \nu_1$	1	2	3	4	5	6	7	8	9	10	15	20	40	60	120	∞
5	10.007	8.434	7.764	7.388	7.146	6.978	6.853	6.757	6.681	6.619	6.428	6.329	6.175	6.123	6.069	6.015
10	6.937	5.456	4.826	4.468	4.236	4.072	3.950	3.855	3.779	3.717	3.522	3.419	3.255	3.198	3.140	3.080
15	6.200	4.765	4.153	3.804	3.576	3.415	3.293	3.199	3.123	3.060	2.862	2.756	2.585	2.524	2.461	2.395
20	5.871	4.461	3.859	3.515	3.289	3.128	3.007	2.913	2.837	2.774	2.573	2.464	2.287	2.223	2.156	2.085
25	5.686	4.291	3.694	3.353	3.129	2.969	2.848	2.753	2.677	2.613	2.411	2.300	2.118	2.052	1.981	1.906
30	5.568	4.182	3.589	3.250	3.026	2.867	2.746	2.651	2.575	2.511	2.307	2.195	2.009	1.940	1.866	1.787
40	5.424	4.051	3.463	3.126	2.904	2.744	2.624	2.529	2.452	2.388	2.182	2.068	1.875	1.803	1.724	1.637
60	5.286	3.925	3.343	3.008	2.786	2.627	2.507	2.412	2.334	2.270	2.061	1.944	1.744	1.667	1.581	1.482
120	5.152	3.805	3.227	2.894	2.674	2.515	2.395	2.299	2.222	2.157	1.945	1.825	1.614	1.530	1.433	1.310

自由度 (ν_1, ν_2) の F 分布の上側確率 α に対する F の値を $F_\alpha(\nu_1, \nu_2)$ で表す。
例：自由度 $\nu_1 = 5$, $\nu_2 = 20$ の上側 5%点 ($\alpha = 0.05$) は、$F_{0.05}(5, 20) = 2.711$ である。
表にない自由度に対しては適宜補間すること。

付表5. 指数関数と常用対数（1級「統計応用」と準1級のみ）

指数関数					常用対数			
x	e^x	x	e^x		x	$\log_{10} x$	x	$\log_{10} x$
0.01	1.0101	0.51	1.6653		0.1	-1.0000	5.1	0.7076
0.02	1.0202	0.52	1.6820		0.2	-0.6990	5.2	0.7160
0.03	1.0305	0.53	1.6989		0.3	-0.5229	5.3	0.7243
0.04	1.0408	0.54	1.7160		0.4	-0.3979	5.4	0.7324
0.05	1.0513	0.55	1.7333		0.5	-0.3010	5.5	0.7404
0.06	1.0618	0.56	1.7507		0.6	-0.2218	5.6	0.7482
0.07	1.0725	0.57	1.7683		0.7	-0.1549	5.7	0.7559
0.08	1.0833	0.58	1.7860		0.8	-0.0969	5.8	0.7634
0.09	1.0942	0.59	1.8040		0.9	-0.0458	5.9	0.7709
0.10	1.1052	0.60	1.8221		1.0	0.0000	6.0	0.7782
0.11	1.1163	0.61	1.8404		1.1	0.0414	6.1	0.7853
0.12	1.1275	0.62	1.8589		1.2	0.0792	6.2	0.7924
0.13	1.1388	0.63	1.8776		1.3	0.1139	6.3	0.7993
0.14	1.1503	0.64	1.8965		1.4	0.1461	6.4	0.8062
0.15	1.1618	0.65	1.9155		1.5	0.1761	6.5	0.8129
0.16	1.1735	0.66	1.9348		1.6	0.2041	6.6	0.8195
0.17	1.1853	0.67	1.9542		1.7	0.2304	6.7	0.8261
0.18	1.1972	0.68	1.9739		1.8	0.2553	6.8	0.8325
0.19	1.2092	0.69	1.9937		1.9	0.2788	6.9	0.8388
0.20	1.2214	0.70	2.0138		2.0	0.3010	7.0	0.8451
0.21	1.2337	0.71	2.0340		2.1	0.3222	7.1	0.8513
0.22	1.2461	0.72	2.0544		2.2	0.3424	7.2	0.8573
0.23	1.2586	0.73	2.0751		2.3	0.3617	7.3	0.8633
0.24	1.2712	0.74	2.0959		2.4	0.3802	7.4	0.8692
0.25	1.2840	0.75	2.1170		2.5	0.3979	7.5	0.8751
0.26	1.2969	0.76	2.1383		2.6	0.4150	7.6	0.8808
0.27	1.3100	0.77	2.1598		2.7	0.4314	7.7	0.8865
0.28	1.3231	0.78	2.1815		2.8	0.4472	7.8	0.8921
0.29	1.3364	0.79	2.2034		2.9	0.4624	7.9	0.8976
0.30	1.3499	0.80	2.2255		3.0	0.4771	8.0	0.9031
0.31	1.3634	0.81	2.2479		3.1	0.4914	8.1	0.9085
0.32	1.3771	0.82	2.2705		3.2	0.5051	8.2	0.9138
0.33	1.3910	0.83	2.2933		3.3	0.5185	8.3	0.9191
0.34	1.4049	0.84	2.3164		3.4	0.5315	8.4	0.9243
0.35	1.4191	0.85	2.3396		3.5	0.5441	8.5	0.9294
0.36	1.4333	0.86	2.3632		3.6	0.5563	8.6	0.9345
0.37	1.4477	0.87	2.3869		3.7	0.5682	8.7	0.9395
0.38	1.4623	0.88	2.4109		3.8	0.5798	8.8	0.9445
0.39	1.4770	0.89	2.4351		3.9	0.5911	8.9	0.9494
0.40	1.4918	0.90	2.4596		4.0	0.6021	9.0	0.9542
0.41	1.5068	0.91	2.4843		4.1	0.6128	9.1	0.9590
0.42	1.5220	0.92	2.5093		4.2	0.6232	9.2	0.9638
0.43	1.5373	0.93	2.5345		4.3	0.6335	9.3	0.9685
0.44	1.5527	0.94	2.5600		4.4	0.6435	9.4	0.9731
0.45	1.5683	0.95	2.5857		4.5	0.6532	9.5	0.9777
0.46	1.5841	0.96	2.6117		4.6	0.6628	9.6	0.9823
0.47	1.6000	0.97	2.6379		4.7	0.6721	9.7	0.9868
0.48	1.6161	0.98	2.6645		4.8	0.6812	9.8	0.9912
0.49	1.6323	0.99	2.6912		4.9	0.6902	9.9	0.9956
0.50	1.6487	1.00	2.7183		5.0	0.6990	10.0	1.0000

注: 常用対数を自然対数に直すには 2.3026 をかければよい。

■**統計検定ウェブサイト**：http://www.toukei-kentei.jp/
　検定の実施予定，受験方法などは，年によって変更される場合もあります。最新の情報は上記ウェブサイトに掲載しているので，参照してください。

本書の内容に関するお問合せは，以下のあて先に郵便またはFAXでお送りください。
〒163-8671　東京都新宿区新宿1-1-12
株式会社　実務教育出版　編集部　書籍質問係（書名を明記のこと）
FAX：03-5369-2237

日本統計学会公式認定

統計検定1級・準1級　公式問題集〈2018〜2019年〉

2020年3月20日　初版第1刷発行　　　　　　　　　　　　　〈検印省略〉

編　者　一般社団法人　日本統計学会　出版企画委員会
著　者　一般財団法人　統計質保証推進協会　統計検定センター
発行者　小山隆之

発行所　株式会社　実務教育出版
　　　　〒163-8671　東京都新宿区新宿1-1-12
　　　　☎編集　03-3355-1812　　販売　03-3355-1951
　　　　振替　00160-0-78270

組　版　ジェット
印　刷　シナノ印刷
製　本　東京美術紙工

©Japan Statistical Society　2020　　　　　　　　本書掲載の試験問題等は無断転載を禁じます。
©Japanese Association for Promoting Quality Assurance in Statistics　2020
ISBN 978-4-7889-2551-9 C3040　Printed in Japan
乱丁，落丁本は本社にておとりかえいたします。

本書の印税はすべて一般財団法人 統計質保証推進協会を通じて統計教育に役立てられます。